국내 최대 군사무기 채널 지리튜브가 전하는

시대를 초월한 전투 현대전의 결정적 순간들

들어가며

전쟁과 군사에 대한 폭넓은 이해를 위하여

존경하는 독자 여러분께,

이 책은 현대 사회를 살아가는 사람들에게 전쟁의 잔혹함과 군사 무기의 복잡한 영역에 대한 통찰력 있는 탐구로 여러분을 안내할 것입니다. 또한, 과거와 현재의 군사 현안을 탐구함으로써 미래를 대비하는 통찰력을 제공하는 것입니다. 이러한 점에 목표를 두고 독자들이 이해하기 쉽게 전략적으로 중요한 주제에 대한 깊이 있는 이해를 위한 초석으로 설계되었습니다.

군사 무기의 진화는 산업혁명 이후 전쟁의 양상을 변화시켰습니다. 군사기술이 사회, 정치 및 경제에 미치는 영향에 대해서도 상세히 알아야 지금 우리가 처한 상황을 정확히 파악할 수 있습니다. 이 책은 이러한 변화를 세밀하게 살펴보고, 전쟁의 이유와 결과, 그리고 전 세계 유일의 분단국가인 우리에게 가장 중요한 평화를 지킬 방법을 제시할 것입니다.

필자는 군사 전문가로서의 경험과 연구를 바탕으로 전세계적인 전쟁의 본질을 해부하고 분석하였습니다. 더불어 독자들을 위해 군사 전문 용어와 개념을 사용하여 전쟁과 군사 무기의 복잡성을 해명할 것입니다. 이를 통해 독자들은 전문가 수준의 이해를 얻을 수 있을 것입니다. 독자들이 이 책의 마지막 장을 덮을 때 이전과는 다른 전략적 사고를 향상하고, 복잡한 군사 문제에 대한 통찰력을 확장할 수 있을 것입니다.

마지막으로, 이 책이 독자들에게 새로운 시각과 지식을 제공하며, 전쟁과 군사에 대한 폭넓은 이해를 증진할 것으로 기대합니다. 우리는 미래를 대비하여 전쟁의 비극적인 현실을 극복할 수 있는 길을 모색할 것입니다.

감사합니다.

차례

3 육군

4 해군

5 공군

전쟁

러시아의 이유 · 이스라엘-팔레스타인

이스라엘 해수펌프 · 이스라엘 신무기

1

러시아의 이유

일반 상식으로는 이해하기 어려운 나라, 러시아

러시아는 이상한 나라다. 그냥 웃자고 하는 소리가 아니다. 도저히 일반 상식으로는 이해하기 어려운 나라가 바로 러시아다. 그리고 그 이유를 알기 위해선 러시아의 역사를 바로 알아야 한다.

사실 러시아의 역사는 곧 영토 확장의 역사라 할 수 있다. 러시아인들은 옛날부터 지금까지 영토 확장에 애를 써왔는데, 이는 바로 러시아의 수도 모스크바의 위치 때문이었다.

역사를 거슬러 올라가 보면 지금의 우크라이나, 벨라루스, 러시아 서부 일대 등은 중세 국가 '키예프루스'의 영토였다. 결과적으로 이 나라는 몽골제국에 의해 멸망하게 되는데, 이는 러시아인들의 유전자 속에 씻을 수 없는 상처를 남겼다. 오죽했으면 몽골 점령 기간을 의미하는 '타타르의 멍에'라는 표현이 따로 존재할 정도다. 그리고 이 사건 탓에 키예프루스의 수도 격이었던 현 키이우 지역이 쑥대밭이 되었다.

하지만 반대로 서부 시골이었던 모스크바는 멀쩡한 상태를 유지했고 몽골제국의 몰락과 함께 자연스레 권력의 중심지가 되었다. 또한 살아남은 키예프루스의 권력을 흡수한 모스크바는 자연스레 모스크바 대공국의 수도가 되었다. 실질적으로 이때부터 '러시아'라는 나라가 시작되었다고 할 수 있다.

그러나 동시에 모스크바가 가진 고질적인 문제가 러시아인들의 골머리를 썩이기 시작했다. 러시아를 기준으로 모스크바는 엉뚱하게도 서쪽 끝단에 자리 잡고 있다. 하지만 정작 러시아 전체 인구의 77%는 이 근방에 몰려 살고 있다. 1억 명이 넘는 인구가 러시아 전체 국토 면적의 단 30%에 옹기종기 모여 살고 있는 것이다.

반면 나머지 70%인 북아시아에는 고작 3천300만 명 정도가 살고 있다. 대한민국의 118배쯤 되는 광활한 대지에 정작 인구는 절반 조금 넘는 사람들이 살고 있는 셈이다. 그 이유를 한마디로 요약하자면, 러시아 서부가 그만큼 사람 살기 좋은 땅이기 때문이다. 일례로 모스크바는 4,000,000㎢에 달하는 동유럽 대평원 중심에 자리 잡고 있다. 게다가 땅도 비옥하고 날씨도 '비교적' 온화한 편이다.

1월 평균 기온이 영하 40도까지 곤두박질치는 시베리아에 비하면, 모스크바는 천국이나 다름없다. 게다가 땅도 비옥하니 농사짓고 사람 살기에는 최적의 지리 조건이라 하겠다. 그러나 반대로 이를 군사적 관점에서 본다면 골치도 이런 골치가 없다. 끝도 없는 평야가 이어진다는 것은, 적이 기동전을 벌일 시 이를 저지할 자연적 방어선이 없다는 것과 같은 말이기 때문이다.

지나친 기우라고 생각할 수도 있지만 당장 키예프루스가 몽골에 의해 바로 그렇게 멸망했다. 심지어 몽골 제국뿐만 아니라 크림 칸국, 폴란드 왕국-리투아니아 대공국 연합도 돌아가면서 한 번씩 대평원을 내달려 모스크바를 함락했었다.

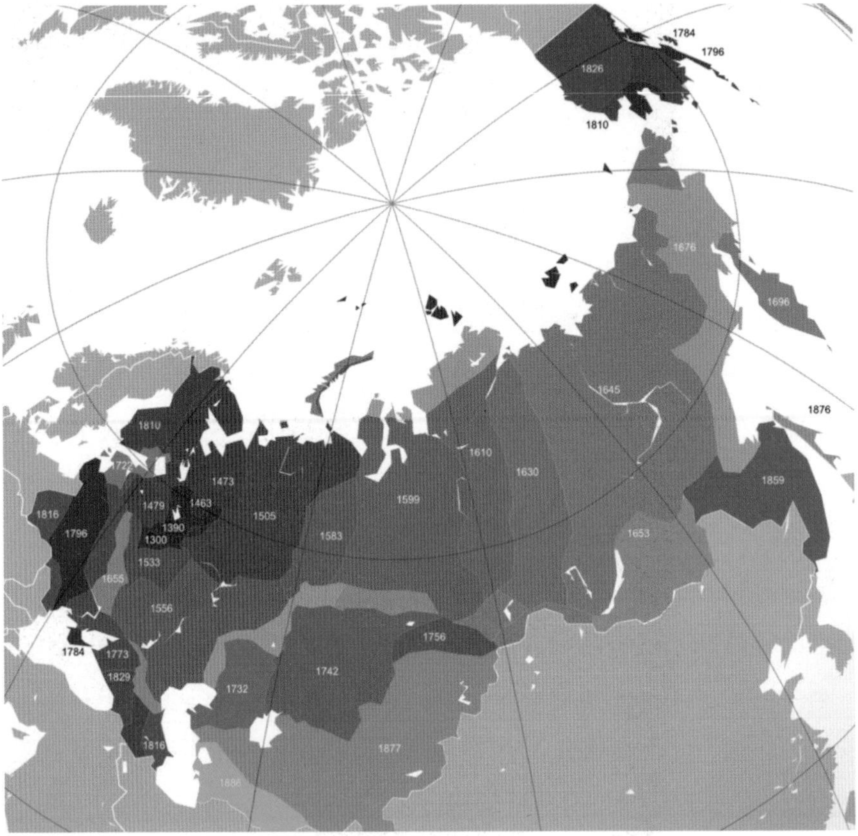

시대별 러시아 영토 변화

그런데 도저히 이대로는 안 되겠다 싶었던 러시아인들이 기가 찬 방법을 하나 내놓았다. 바로 '영토 확장'이다. 평야뿐이라 수도 모스크바의 사수가 어렵다면 마음에 드는 충분한 자연 방어선, 즉 산맥이 있는 곳까지를 자신들의 땅으로 만들어 버리면 문제를 해결할 수 있다고 생각한 것이다. 일반적인 상식이라면 도무지 상상조차 할 수 없는 정신 나간 방식처럼 보이지만 이는 상당히 실리적인 방법이기도 했다. 기존 지리 조건 문제를 해결할 수 있을 뿐 아니라, 지금보다 땅이 더 넓으면 적이 아무리 기동전을 벌여도 대응할 시간을 벌 수 있기 때문이었다.

우크라이나 전쟁만 봐도 알 수 있듯이 보급선이 길어지면 길어질수록 원정군의 전투력도 약해지기 마련이다. 즉, 옛 러시아인들은 만약 모스크바에서 수 천km, 이를테면 지금의 폴란드나 우크라이나, 몰도바, 루마니아 등이 전부 자신들의 땅이라면 아무리 수도가 평야 한가운데 있더라도 충분한 완충지대를 확보할 수 있으리라 생각한 것이다.

모스크바 대공국의 이런 팽창주의는 러시아 제국에 이르러 정점에 달했다. 그러나 이런 광활한 영토 확장에도 불구하고 모스크바는 다시 한번 함락당한다. 스스로 황제에 오른 나폴레옹 보나파르트의 러시아 원정에 의해서였다. 또한 제2차 세계대전 당시에는 나치 독일에 의해 모스크바 함락 직전까지 내몰리기도 했다. 이쯤 되면 무조건적인 영토 확장이 절대 정답이 될 수 없다는 걸 깨달을 만도 할 텐데 러시아는 되려 '땅이 부족해서 그랬다'라는 희한한 결론을 내렸다.

그렇게 제2차 세계대전에서 승리하면서 유럽대륙 최강의 권력자가 된 소련은 중앙아시아부터 동유럽에 이르는 모든 나라를 사회주의 공화국 연방에 편입시켜 버렸다. 러시아인들이 꿈에 그리던 '안전하고 비옥한 조국'이라는 이상향의 완성이었다. 동쪽은 시베리아로 막고 남쪽은 중앙아시아 국가들과 카프카스산맥, 서쪽은 동유럽 국가들로 방어선을 구성한 것이다. 모스크바를 함락했던 폴란드, 독일, 프랑스 모두 동유럽에 있었으니 소련 입장에서는 이게 최선의 방책이었다. 또한 여기서 우크라이나는 소련의 2차 보험이었다. 만약 동유럽 위성국가들이 뚫리더라도 우크라이나라면 카르 파티야 산맥도 있고 영토도 넓으니 충분한 완충 효과를 기대할 수 있었다.

그러나 영원할 줄 알았던 소련이 1991년 붕괴하면서 러시아의 꿈은 산산조각이 나버렸다. 소련의 붕괴와 함께 연방에 속해있던 나라들이 연이어 독립을 선언하면서, 모스크바가 다시 한번 외부의 위협에 알몸으로 노출되어 버린 것이다. 더군다나 엎친 데 덮친 격으로 러시아 제국, 소련의 팽창주의에 시달렸던 유럽 국가들은 미국을 끌어들여 나토를 건설한 상태였고, 공격적으로 동진을 실시했다. 이는 사실 당연한 수순이었다. 지금 당장이야 소련이 붕괴의 여파로 러시아도 휘청이고 있지만, 언제 그로기에서 회복돼 또다시 팽창주의 노선을 선택할지 장담할 수 없었기 때문이다. 지금까지 역사가 그래 왔으니 발 빠르게 연방에서 독립한 국가들을 나토에 편입시켰던 것이다.

즉, 러시아로서는 두려울 수밖에 없는 상황이었다는 얘기다. 하지만 이 뿌리 깊은 불안감을 해소하겠다며 국민을 등에 업은 통지자가 등상했다. 바로 블라디미르 푸틴이었다. "러시아를 다시 위대한 제국, 차르의 나라로 돌려놓겠다"는 푸틴의 행동 원리는 유럽에서부터 아시아를 전부 러시아가 지배해야 한다는 유라시아주의라는 강력한 파시즘의 일종이었고, 정말 유감스럽게도 이를 앞세운 푸틴은 성공해 버리고야 말았다. 천연가스를 이용해 유럽의 목줄을 틀어쥐었고 체첸 전쟁부터 남오세티아 전쟁, 시리아 내전, 리비아 내전 등에 개입해 모두 성공적인 군사 작전을 치렀다.

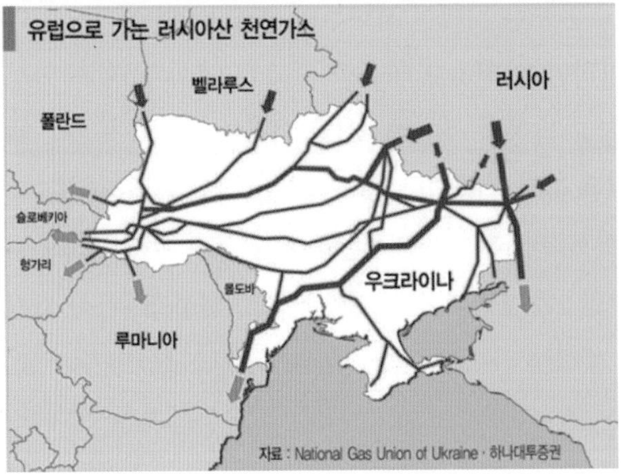

유럽의 '목줄'을 틀어쥐었다고 해도 과언이 아닌 러시아의 '노르트스트림'

푸틴은 카리스마 있는 군주였고 그의 독재 아래 러시아는 다시 소련 시절의 영향력을 회복했다. 실제로 푸틴의 최전성기 지지율은 무려 86%에 육박했다. 비록 실상은 약소국 내전에 용병들을 보내어 온갖 추잡한 전쟁범죄를 저지르며 이루어낸 것이었고, 이로 인해 위기감을 느낀 나토가 더욱 본격적으로 동진을 추구하기 시작했지만 전혀 고려되지 않은 사실이었다.

그런데 우크라이나가 그동안의 친러주의 노선을 벗어나 나토 가입 의사를 피력하기 시작했다. 만에 하나 우크라이나가 나토에 가입한다면 모스크바까지는 고작 450km 남짓에 불과해진다. 휴전선에서 서울까지 최단 거리가 40km 남짓인 대한민국으로서는 귀여운 수준이지만 러시아엔 상상만으로도 오금이 지리는 상황인 셈이다. 결국 푸틴은 자신의 정치적 지지 이념인 유라시아 주의를 관철하기 위해 세 번이나 연속으로 최악의 결정을 내렸다. 크림반도 합병과 돈바스 내전, 그리고 우크라이나 침략이다. 사실 그동안은 매번 성공했으니 우크라이나 함락도 쉽게 생각했을 가능성도 있다. 더군다나 코로나 사태로 말미암은 경제 위기로 유럽은 사분오열 중이었고 미국은 내부에서 불거진 문제로 이미 바빠서 국제적 영향력이 극도로 약해진 상태였다. 이쯤이면 내전 개입이 아니라 전쟁으로 러시아 제국, 소련의 영토를 부활시킬 수 있겠다 판단했을 가능성도 있다.

하지만 결과는 모두가 아시다시피 '실패'였다. 더 정확히 말하면 푸틴과 러시아는 역사상 가장 긴 실패를 겪고 있다. 앞서 푸틴은 세 개의 실수를 저질렀다고 언급했다. 사실상 그 첫 번째인 2014년 크림반도 합병부터 푸틴은 돌아올 수 없는 강을 건넜다. 국제 사회에서 러시아는 고립되기 시작했고 미국의 경제 제재는 시작되었으며 우크라이나는 이때부터 본격적으로 군사력을 강화하기 시작했다. 그래도 그나마 이때까지는 유럽이 러시아의 행동을 용인하는 분위기였다. 하지만 푸틴은 크림반도 합병의 손실을 만회하기 위해 돈바스 내전까지 일으켜 버렸다. 우크라이나 내부에서는 반러주의 성향이 강해지기 시작했고, 2019년 젤렌스키가 당선되면서 나토 가입을 본격적으로 추진하기 시작했다.

우크라이나 전쟁은 크림반도 합병 사태와 돈바스 내전의 실패를 만회하기 위해 벌집을 들쑤신 꼴에 지나지 않는다. 전쟁으로 유럽은 다시 한번 연합했고, 미국은 여전히 한 나라의 전쟁을 책임질 정도로 건재하다는 걸 증명했다. 지금 러시아가 패배한다면 우크라이나는 무슨 일이 있어도 나토에 가입할 것이다. 그리고 푸틴은 비유적으로나, 물리적으로나 목이 잘릴 것이다. 그리고 권력 투쟁으로 혼란해진 러시아는 소련 붕괴 때와 마찬가지로 연방국들의 독립을 막지 못할 게 분명하다.

많은 이들이 간과하고 있는 사실이지만, 러시아는 연방국으로서 24개의 공화국이 포함되어 있다. 즉, 러시아라는 구심점이 사라진다면 이들은 저마다 독립을 시작할 가능성이 높다. 푸틴이 꿈꾸던 현대의 러시아 제국, 현대의 소련이 무너지는 것이다. 또한 이는 러시아에 우크라이나 전쟁의 패배가 곧 국가의 해체인 이유이기도 하다.

푸틴의 의도가 어찌 되었든, 독재자의 잘못된 판단이 고작 10년 만에 무려 11개의 시간대에 걸쳐있는 방대한 국토로 이루어진 나라를 사분오열 해체해 버리는 셈이다. 물론 궁지에 몰린 건 우크라이나, 미국 등 서방 세계도 마찬가지다. 만약에라도 러시아가 전쟁에서 승리한다면, 침략이 문제 해결을 위한 최적의 수단이 될 수 있다는 걸 입증해 버리는 꼴이기 때문이다.

평화를 원한다면 절대 우크라이나 전쟁에서 물러날 수 없다. 이제 우크라이나 전쟁은 절벽을 향해 돌진하는 치킨 레이스가 되어버렸다. 상호파괴적인 이 레이스가 어떻게 끝날지는 아무도 확답을 내릴 수 없을 것이다.

2

이스라엘 - 팔레스타인 전쟁

이스라엘 - 팔레스타인 전쟁?, 이스라엘 - 하마스 전쟁?

가만히 생각해 보면 이스라엘-하마스 전쟁에는 이상한 점이 한두 개가 아니다. 아무리 좋게 봐줘야 테러 집단에 불과한 하마스는 도대체 무슨 정신으로 이스라엘에 선공을 가한 걸까?

이스라엘은 작은 나라지만 2023년 기준 세계 18위의 군사력을 지닌 강한 나라다. 즉, 하마스가 전쟁에서 승리할 가능성은 한없이 0%에 가깝다는 얘기다.

또, 왜 언론은 이스라엘-팔레스타인 전쟁이 아니라 이스라엘과 하마스의 전쟁으로 이번 사태를 보도하는 걸까? 그리고 여기서 한발 더 나아가, 이스라엘과 팔레스타인의 관계는 왜 최악으로 기운 것일까?

각종 매체에서 이스라엘-하마스 전쟁을 둘러싼 궁금증을 풀기 위해 시도했다. 하지만 정작 본질을 꿰뚫는 경우는 매우 드물다. 그래서 아래 본문에서는 이스라엘-하마스 전쟁이 발발한 '진짜 이유'에 대해 파헤쳐보고자 한다.

이스라엘 침략 이후 하마스는 입에 담기도 어려운 끔찍한 전쟁 범죄를 자랑하듯 규제가 약한 틱톡 등과 같은 SNS에 업로드하기 시작했다.

트위터에 올라온 하마스의 전쟁범죄 영상 캡쳐, 출처: 트위터_Israel ישראל

일례로 지난 10월 7일 침략 직후 하마스에 점령되었던 크파르 아자는 고작 12시간 만에 이스라엘군의 맹공에 의해 해방되었다. 하지만 그 짧은 시간 동안 어린아이를 포함한 150명 이상이 목숨을 잃었다. 심지어 그 수준이 지나치게 끔찍해 언급조차 두려울 지경이다. 오죽하면 하마스의 전쟁범죄가 이스라엘에서 조작한 프로파간다라고 주장하던 아랍권조차 크파르 아자 사건 이후, 공공연한 하마스 옹호를 지양할 정도였다.

그런데 더욱 충격적인 건 월스트리트저널에 의해 하마스 내부에서 민간인 대상 전쟁범죄 지시가 담긴 서면 명령서가 사전에 하달되었다는 증거가 발견되었다는 것이었다. 다시 말해 크파르 아자, 레임 음악 축제, 베에리, 니르오즈, 스내롯 등에서 재현된 지옥이 전쟁의 광기가 아니라 의도된 범죄 행위였다는 얘기다. 도대체 같은 인간으로서 어떻게 이런 잔악무도한 짓을 저지를 수 있는지 궁금할 지경이다. 이쯤이면 이스라엘의 강경 대응도 이해가 간다.

그러나 이와 다르게 일각에서는 이스라엘의 대응이 '선을 넘었다'는 비판도 적지 않았다. 전쟁 발발 직후 끔찍한 참상을 목도한 이스라엘은 보복으로 하마스의 근거지인 가자 지구에 집중 포격과 공습을 가했다. 그리고 여기까지는 지극히 당연하고 정상적인 대응처럼 보인다.

그런데 문제는 가자 지구의 특성에 있었다. 가자 지구는 하마스의 군사 시설과 민간인 거주 지역이 어지럽게 뒤섞여 있기 때문에 '반드시'라고 해도 좋을 만큼 민간인 피해가 수반되는 곳이다. 물론 이스라엘도 이를 모르진 않았다. 그렇기에 그들은 '루프 노킹' 전술을 사용했다. 쉽게 말해 하마스의 군사 시설을 폭격하기 전 주변의 민간인 건물에 경고문을 살포하고 현지어 안내방송을 송출하는 등 민간인 대피를 위한 최소한의 유예 시간을 주는 전술이다. 하지만 그 시간이라는 게 기본적으로는 10~15분 짧으면 5분에 불과하다. 인구 밀도가 높은 가자 지구에서는 자칫하면 수만의 사상자가 발생할 수도 있는 위험한 방식이다. 아무리 당한 게 있다 해도 이스라엘의 대응이 인도적으로 지탄받을 수밖에 없는 이유다.

특히 이번 전쟁에서 이스라엘이 지상군 투입까지 대피를 위해 가자 지구 주민들에게 준 시간은 고작 24시간에 불과했다. 가자 지구 주민이 200만 명이 넘는다는 걸 감안하면 턱없이 적은 시간이다. 실제로 UN, EU 심지어 미국까지 지상군 투입은 지나치게 섣부르다며 이스라엘을 뜯어말렸다.

가자 지구는 도대체 왜 이렇게 된 걸까? 이를 알기 위해선 예루살렘을 알아야 한다. 복잡한 종교 얘기는 빼놓고 얘기하자면, 예루살렘은 기독교, 유대교, 이슬람 세 종교의 성지다. 그러나 대략 1세기경 로마의 지배 이후 1948년에 이르기까지 유대인은 자신들의 성지인 예루살렘으로 돌아가지 못했고 전 세계를 떠돌며 핍박을 받아왔다.

그렇다면 지금 이스라엘 영토에 살았던 이들은 누구일까? 그것은 바로 팔레스타인의 원류였다. 로마에 편입되지 않고 옛 이스라엘 땅에 남은 일부 유대계 소수 민족과 다수의 아랍인 등은 팔레스타인이라는 나라, 더욱 정확히는 오스만 제국에 남아 살고 있었다. 그동안 이슬람 제국이나, 십자군 전쟁으로 건립된 예루살렘 왕국 등이 있었지만, 어찌 되었든 근대 팔레스타인의 뿌리는 오스만 제국에서 찾을 수 있는 셈이다.

그런데 1918년, 현대로 접어들면서 팔레스타인의 역사에도 대격변이 일어났다. 대영제국이 요르단강 유역을 위임통치하면서 변화의 바람이 불기 시작한 것이다. 대영제국은 제1차 세계대전에 미국을 끌어들이기 위해 유대인들에게 이스라엘 건국을 약속했고 그로부터 30년이 지난 1948년, 이번엔 미국의 도움을 받아 정말로 건국에 성공해 버렸다. 사실 이 뒤에는 영국과 미국이라는 두 초거대 강대국의 복잡한 정치적 계산이 있었지만, 어찌 되었든 역사 속에서나 등장했던 '가나안 땅', 이스라엘이 2000년에 가까운 시간을 뛰어넘어 부활한 것이다. 당연히 이스라엘 건국이 중동에 미치는 여파는 어마어마했다. 그도 그럴 게 유대교 적 관점에서 보면 기적과 다름없는 일이지만 아랍권 입장에서는 뜬금없이 이교의 나라가 나타나 자신들의 성지에 권리를 주장하는 셈이나 다름없었다.

그리고 이에 불만을 품은 아랍 국가들은 총연합하여 이스라엘을 공격하기에 이른다. 이는 제1차 중동전쟁의 도화선이 되었다. 하지만 서구 열강을 등에 업은 이스라엘은 폭발적인 속도로 발전했고 제4차 중동전쟁까지 거치면서 영토와 인구를 계속해서 확장했다. 그 결과 현재는 972만 명의 유대인이 이스라엘에 거주하고 있다. 건국 당시 80만 명에 불과하던 인구가 75년 만에 12배로 늘어난 것이다.

그럼, 이스라엘 지역에 거주하던 팔레스타인인은 어떻게 되었을까? 안타깝게도 일부는 요르단, 시리아, 레바논 등으로 망명했다. 2020년을 기준으로 팔레스타인 난민은 무려 570만 명에 육박한다.

그러나 모든 팔레스타인인이 난민이 된 건 아니었다. 일부는 여전히 이스라엘 내에 있는 팔레스타인 거주 구역에 남아있는데 그것이 바로 현재 팔레스타인의 두 영토, 서안 지구와 가자 지구다. 이쯤이면 왜 팔레스타인이 이스라엘을 증오하는지 쉽게 유추할 수 있을 것이다.

물론 이스라엘을 위한 변명이 없는 건 아니다. 편의상 팔레스타인 입장에서 설명했지만, 로마에 의해 멸망하기 전까지 지금의 이스라엘 지역을 지배했던 건 유대인이었다. 이들 입장에서는 팔레스타인이 주인 없는 빈자리를 꿰찬 셈이다.

더군다나 팔레스타인의 원류가 로마를 떠돌지 않고 해당 지역에 남아 있었던 유대인의 후손이라는 시각도 존재한다. 유대인들은 세계를 떠돌며 2000년에 가까운 시간 동안 팔레스타인 지방에 유대인 민족 국가를 건설하는 것을 목표로 삼아왔다. 그 오랜 시간 동안 이스라엘의 부활을 놓지 않았던 건데, 이를 시오니즘이라고 부른다. 즉, 요약하자면 이스라엘이 탄생부터 팔레스타인, 나아가 아랍권과의 분쟁을 일으킬 수밖에 없는 구조였다는 것이다.

그런데, 그렇다면 한 가지 이상한 점이 또 있다. 이번 전쟁은 왜 이스라엘과 팔레스타인의 전쟁이 아니라 이스라엘과 하마스의 전쟁일까? 이에 대한 해답은 지도를 보면 알 수 있다. 팔레스타인은 서안 지구와 가자 지구로 나뉘어져 있다. 영토가 둘로 이분되어 있는 만큼 통치 세력도 다르다. 서안지구는 비교적 온건파인 파타당이 통치하고 있고 가자 지구는 하마스의 영역이었다. 지난 2006년 팔레스타인 자치 정부 총선에서 분리 독립에 대한 급진적인 사상을 모토로 내세운 하마스가 가자 지구 주민들의 절대적인 지지를 받아 정식 정당이 된 것이었다.

부정부패로 얼룩진 데다 이스라엘 앞에서 큰 소리 한 번 내지 못하는 파타당과 달리 하마스는 가자 지구 내에서 이슬람식 복지 정책을 펼치며 이스라엘에서 핍박받는 팔레스타인 국민들을 보호했다. 이를 바탕으로 지지 기반을 단단히 구축했다. 테러 단체로서의 하마스는 1987년 결성되었지만, 이들이 본격적인 영향력을 행상하기 시작한 건 바로 이때부터라고 볼 수 있다.

그러나 아무리 독립이라는 미명이 깔려있다 하더라도, 오히려 민간인 피해를 장려하는 듯한 테러 행위가 긍정적인 영향을 미칠 리 없었다. 게다가 엎친 데 덮친 격으로 연이은 가자 전쟁으로 인해 2014년부터 하마스 지지율도 추락하기 시작했다. 일례로 가자 지구는 굉장히 심각한 물 부족에 시달리고 있다. 이는 외국의 원조로 수도 파이프를 매설하면, 거꾸로 하마스가 캐내서 까삼 로켓 몸통으로 사용하는 등 얼간이 같은 짓을 저지르고 있기 때문이다.

하마스 '까삼 로켓'의 제작과정, 출처: 트위터_Visegrád 24

심지어 하마스는 이런 행동을 '구국을 위한 영웅적인 행동'으로 포장하고 있다. 상황이 이렇다 보니 지난 7~8월에는 가자 지구 내에서 반 하마스 시위가 발생하는 등 사태가 심각해지기도 했다.

여기에 바레인, 오만, 아랍에미리트, 수단 같은 '형제 국가'들이 하나같이 이스라엘과 수교를 맺었다. 그러면서 팔레스타인, 그중에서도 하마스를 지지하는 세력이 약해지기 시작했다. 이는 곧 해석에 따라 팔레스타인 독립이 요원해지고 있다고도 볼 수 있다. 심지어 최근에는 이슬람의 거두인 사우디아라비아까지 미국의 중재로 이스라엘과의 관계 회복을 추구하면서 하마스의 입지는 바람 앞의 등불이 되었다. 결정적으로 극우 성향인 베냐민 네타냐후 이스라엘 총리가 3연임에 성공하면서 서안 지구의 유대인 정착촌을 늘리는 등 매우 강경한 팔레스타인 압박 정책을 펼치기 시작했다.

네타냐후 총리는 완전한 이스라엘, 다시 말해 팔레스타인과의 공존이 아니라 이스라엘만의 유대 국가를 목표로 하는 근본주의로서 장기적으로 팔레스타인의 입지가 어찌 될지는 불 보듯 뻔한 일이다. 게다가 네타냐후 총리는 행정부의 권력을 강화하기 위해 사법부의 권한을 대폭 축소하기까지 했다. 사실상 독재 정치를 선포한 것이나 다름없는 사안인 만큼, 이스라엘 내부에서도 건국 이래 최대의 민주주의 시위까지 발생할 정도였다.

정리하자면 하마스는 지지기반과 동맹 파괴에 더불어 적국인 이스라엘 내부의 최대 혼란까지 마주한 상태였다. 팔레스타인 분리 독립만이 자신들의 권력 유지를 위한 유일한 명분인 하마스에는 이번이 마지막 남은 기회였던 셈이다.

이는 비단 하마스뿐만이 아니다. 반미 노선을 걷고 있고 여전히 이스라엘 건국을 '재앙'이라고 표현하는 아랍 국가, 이를테면 레바논의 헤즈볼라나, 하마스 공격의 배후에 있다고 추정되는 이란 등도 이번에야말로 이스라엘을 약화할 절호의 기회라고 생각한다.

또 미국은 대선이 1년 앞으로 다가온 상황에서 이스라엘을 잃을 수 없다. 모처럼 사우디아라비아와의 관계 개선에 청신호가 켜졌는데 만에 하나라도 이스라엘이 패배하기라도 한다면 자신들이 쌓아놓은 금자탑을 중국이 꿰찰 게 분명하기 때문이다. 즉, 중동을 버릴 게 아니라면 이스라엘도 버릴 수 없는 상황이다.

이처럼 이스라엘-하마스 전쟁의 이유는 딱 하나로 규정할 수 없다. 종교적, 역사적, 민족적, 사회적 앙금이 첫 번째 이유일 테고 그 내면에는 권력에 대한 투쟁과 강대국들의 이권 다툼이 숨어있다. 정작 당사자인 이스라엘 그리고 팔레스타인은 전쟁의 향방을 붙들고 있는 것만으로도 힘에 벅찰 지경이다.

다행히 일각의 전문가들 사이에서는 이스라엘-하마스 전쟁이 단기적인 소요 사태로 종결될 가능성이 높다고 분석하고 있다. 전면전이 시작되면 하마스는 승산이 없고 반대로 이스라엘은 전쟁 직전의 민주주의 시위를 생각하면 전쟁을 이어가기 어렵다. 미국은 우크라이나 전쟁으로 골치 아픈 상황에서 가능하면 전쟁이 빨리 끝나길 바랄 테고 이란 역시 아직은 미국과 대리전을 치르고 싶지는 않을 것이다.

불안할지언정 평화를 예측한 이들의 분석이 부디 적중하길 바랄 뿐이다.

3

이스라엘 해수펌프

이스라엘-하마스 전쟁, 해수를 이용한 침수 작전

두 명의 군인이 레버를 돌리자, 굉음과 함께 호스가 부풀어 오른다. 짧은 시간의 숨 고르기 후 더욱 참혹한 격전이 된 이스라엘-하마스 전쟁, 가자 지구의 땅굴로 골머리를 앓던 이스라엘은 기상천외한 작전을 펼치고 있다. 기상천외한 작전은 바로 해수를 이용한 침수 작전이다. 작전의 내용은 간단하다. 지중해에서 바닷물을 대량으로 끌어와 가자 지구에 퍼져있는 땅굴을 침수시키는 것이다.

지난 13일 이스라엘은 침수 작전을 본격적으로 개시했다. 가자 터널의 규모를 생각하면 앞으로 한 달가량 이스라엘의 작전이 효과가 있는지 지켜봐야 할 것 이다. 이스라엘의 침수 작전은 전쟁 초기부터 꾸준히 제기되어 온 주장이다. 이에 하마스의 대변인 온사마 함단은 레바논 베이루트에서 열린 기자회견을 통해 "하마스의 터널은 고도로 숙련된 기술자들에 의해 건설되었다"며 "침수를 비롯한 예측할 수 있는 모든 공격 방식에 대비되어 있다"고 주장했다.

하마스 대변인의 주장은 충분히 일리가 있다. 그의 주장대로 침수 작전에 별다른 효과를 보지 못한다면 이스라엘은 그야말로 '일생일대의 자책골'을 넣는 형국이 아닐 수 없기 때문이다.

가자 지구 스카이라인

이스라엘의 침수 작전은 사람이 살고있는 도시 지하에 바닷물을 넣는 무모한 계획인 만큼 이 작전으로 인해 발생하는 피해도 무시할 수 없다. 하지만 이스라엘에게는 이 작전으로 전쟁이 끝난다면 시도해 봄 직한 작전임이 틀림없다. 이 작전은 특히 대한민국 안보 상황에 대입해 보면 눈여겨 볼만한 작전이다. 그 이유는 북한 때문이다.

현재까지 대한민국에 발견된 북한의 남침 땅굴은 총 4개로, 군에서는 정기적으로 대남 땅굴 조사를 펼치고 있다. 반대로 관련 전문가들은 추가적인 대남 땅굴의 존재 가능성에 대해 회의적인 경우가 많다. 북한의 예산이나 기술력, 유지 관리 등 현실적인 이유로 추가적인 땅굴 건설이 불가능했을 것이라는 의견 때문이다. 하지만 비록 그렇다 해도 북한의 지하 세력을 간과할 수는 없다. 북한의 추가적인 땅굴은 없을지라도 북한 내부 대부분의 전략시설이 지하화 되어있기 때문이다. 그래서 준비한 이스라엘 침수 작전에 대해 알아보도록 하자.

최근 이스라엘 군이 찾아낸 하마스의 땅굴이다. 해당 땅굴은 '땅굴'이라는 말이 무색할 만큼 작은 지하차도 규모로 만들어져 있다. 현재 이스라엘이 찾아낸 땅굴 길이만 최소 4km 이상이며, 땅굴의 입구는 가자 지구의 출입구인 에레즈 교차로에서 400m 떨어진 곳에 있다. 하마스가 언제든지 해당 땅굴을 이용해 가자 지구 인근 이스라엘 키부츠로 병력을 침투시킬 수 있다. 더욱 무서운 것은 땅굴의 규모를 보면 테크니컬, 장갑차도 충분히 이동할 만큼 여유 있다.

이처럼 이스라엘-하마스 전쟁이 시작된 지난 10월 이후, 이스라엘 군이 지금까지 찾아낸 터널 입구만 약 800개에 달한다. 이스라엘 군이 찾아낸 개수만 이 정도니 아직 밝혀지지 않은 규모는 얼마나 거대할지 가늠할 수조차 없다. 심지어 발견된 땅굴 중 대부분은 민가나 병원, 학교 등에 입구가 있었다.

결국 이스라엘은 하마스의 땅굴에 대해 칼을 빼 들었다. 하마스의 땅굴인 '가자 메트로'에 지중해 해수를 이용해 수공을 가하기로 한 것이다.

가자 메트로는 이름처럼 웬만한 대도시의 지하철과 대등한 거대한 지하 네트워크이다. 대략적인 길이만 500km가 넘을 것으로 추정된다. 서울 지하철의 길이가 357km 정도인 것을 감안하면 가자 지구 지하에 땅굴이 얼마나 복잡하게 펼쳐져 있을지 짐작할 수 있을 것이다. 하마스는 가자 메트로 내에 지휘 본부와 무기고, 탄약창을 건설하는가 하면 보급을 위한 거점 기지로도 활용하고 있다.

또한 하마스 대원은 가자 메트로를 이용한 전투 훈련을 필수적으로 받으므로 게릴라 전술에 용하다. 게다가 극악의 시가전 난이도를 자랑하는 가자 지구에서 가자 메트로를 제압하지 못하면 하마스를 퇴치할 수 없다.

실제로 이스라엘 군은 지난 2021년부터 가자 메트로를 파괴하고 있지만, 그중 파괴에 성공한 것은 고작 100km 내외에 불과하다. 평균적으로 지하 30m에 건설되어 있어 어중간한 타격에는 끄떡없기 때문이다.

이런 이유로 가자 메트로는 일종의 초거대 벙커나 마찬가지이다. 그래서 이스라엘은 전쟁을 오래 끌수록 내부 반발까지 상대해야 하므로 해수를 이용한 묘수를 둘 수 밖에 없었다.

가자 지구 해변 모습

이스라엘 군은 지난 11월 알샤티 난민캠프에서 약 4km 북쪽에 대형 해수펌프 5개를 설치했고, 이번 달에 추가로 2개를 설치했다. 전문가들은 이 해수펌프가 시간당 수천㎥의 물을 퍼붓는다면 길어도 2~3주면 땅굴을 모두 수장시킬 수 있을 것으로 예상하고 있다.

하지만 이스라엘의 수공 공격은 극단적인 방법인 만큼 찬반양론이 뜨겁다. 한 군사 관계자는 "이미 파괴한 가자 메트로를 제외한 나머지 땅굴만 보더라도 최소한 1,000,000㎥의 해수가 필요할 것"이라며 "이 경우 가자 지구를 포함한 이스라엘 남·서부 지하수 생태계가 무너질 확률이 높다"고 주장했다.

가자 지구는 대수층의 염분이 높아지며 수자원 시스템이 많이 망가진 상태이다. 이런 상황에서 이스라엘-하마스 전쟁이 발발하며 그나마 작동하던 정수 시설들이 멈췄으며, 이스라엘에서 가자 지구로 이어지는 수도관 3개 중 1개가 끊기며 물 보급이 차단된 상태이다. 원래 물이 부족했던 도시에 외부에서 유입되던 물 보급이 차단된 것이다.

가자 지구 현지인들의 인터뷰에 따르면, "전쟁 발발 전에는 하루에 1인당 최소 83리터까지 보급되었던 담수가 전쟁 후에는 3리터 이하로 줄어들었다"고 증언했다. 이런 상황에서 지하에 해수까지 들이붓는다면 전쟁이 끝나도 가자 지구의 수자원은 회복될 수 없을 것으로 예상된다.

미국 싱크탱크인 CSIS(국제전략문제연구소)도 "바닷물이 기존 상·하수 시설에 어떤 영향을 미칠지 가능하기 어렵다" 또한 "건물의 안전 역시 보장할 수 없다"고 지적했다. 관계자의 말에 따르면 바닷물이 유입되면서 지반이 물러져 지상의 건축물들이 무너질 수도 있다고 조언했다. 게다가 아직 지하에 남아있는 137명의 인질들도 걱정이다. 이스라엘군은 인질이 없는 것으로 확인된 가자 메트로에만 해수를 투입하겠다고 밝혔다. 하지만 가자 메트로의 정확한 규모와 입구의 위치도 파악이 안된 상태에서 확인이 가능할지 의문이다.

지난 15일, 이스라엘 군의 오인 사격으로 자국 인질 3명이 목숨을 잃는 사고도 있었다. 그래서 침수 작전은 거대한 인명 참사로 이어질 수 있어 양날의 검으로 볼 수 밖에 없다. 그리고 이스라엘과 안보 구조가 비슷한 대한민국은 이스라엘의 침수 작전이 어떻게 마무리될지 처음부터 끝까지 모든 것을 지켜보고 습득해야 한다.

하마스가 가자 지구에 거대한 땅굴을 건설할 수 있었던 것은 바로 북한의 도움이 있었기 때문이다. 지난 2021년부터 이스라엘군이 하마스의 땅굴을 파괴하기 시작했다. 이와 동시에 군사 전문가들과 관계자들은 하마스의 땅굴 구조에 대한 다양한 연구를 진행했다. 연구 끝에 내린 결론은 북한이 이란을 통해 하마스, 헤즈볼라 등 테러단체에 땅굴 기술을 판매했다는 것이다. 그렇기에 우리도 유사시 북한의 땅굴을 이용한 게릴라전을 걱정해야 하는 이유이다.

물론 화강암이 널리 분포된 한반도의 석질을 생각하면 북한의 초장거리 땅굴은 불가능할 것이다. 화강암은 흔히 발견되는 돌 중 가장 단단한 축에 속해있다. 이런 화강암이 중생대 마그마 관입으로 인해 전 국토에 걸쳐 대량으로 분포되어 있다. 실제로 지금까지 발견된 북한의 땅굴 4개의 길이는 2, 3km에 그치는 경우가 많다.

TBM의 모습

이보다 긴 장거리 땅굴을 건설하려면 지하철과 터널을 뚫을 때 사용하는 TBM이 필요하다. 대한민국 지하에 TBM이 투입되는 대규모 토목 공사가 진행된다면 우리 군의 정찰 자산으로 포착하지 못할 수 없다. 하지만 더 중요한 문제는 북한의 땅굴이 아닌 북한 내부이다.

북한은 1962년부터 이른바 '4대 군사 노선'을 채택했다. 4대 군사 노선은 전군의 간부화, 전군의 현대화, 전 인민의 무장화와 함께 전 국토의 요새화를 추진했는데 이 중 전 국토 요새화를 통해 단단한 화강암을 뚫고 전국 각지에 최소 8천 개 이상의 요새를 지하화하는 데 성공했다. 북한 지하 시설물의 총길이는 무려 547km로, 일직선으로 이을 시 강원도 철원에서 제주 남단까지 닿을 정도이다.

특히 북한은 전체 군수공장의 80%에 달하는 약 200개의 군수공장도 지하화했다. 더군다나 산 하나를 통째로 관통하는 공군 비행장과 활주로를 갖췄다는 탈북자의 증언도 있었다. 탈북자의 증언처럼 동해의 원산 갈마비행장 남서 인근과 서해 쪽에 자리 잡은 남포 근처의 온천비행장 등에는 지하 활주로를 실제로 확인할 수 있었다. 산속에 자리 잡은 동굴기지를 중심으로 활주로를 설치해 비행기가 산으로 들어갔다가 산에서 나오는 식으로 운영했다. 하지만 가장 골치 아픈 건 평양이다. 결국 수도를 점령하지 못하면 전쟁을 끝낼 수 없기 때문이다.

평양 지하철은 전체 노선의 평균 깊이만 해도 100m에 달하며 가장 깊은 곳은 150m가 넘는다. 대한민국에서 가장 깊은 지하철역인 부산 만덕역이 70m 깊이에 위치해 있다는 것을 감안하면 2배가 넘는 깊이이다.

제 3땅굴의 모습

북한의 지하철역들은 유사시 방공호로 즉시 사용이 가능하다. 이런 이유로 북한의 지하철이 건설된 목적이 김정은 주석궁과 순안공항을 잇기 위해 건설되었다는 의견도 있다. 결국 제2차 한국전쟁이 벌어진다면 이스라엘-하마스 전쟁처럼 지하 요새를 어떻게 파괴할지가 관건일 것이다. 하지만 대한민국은 이스라엘처럼 해수를 이용하는 것은 결코 쉬운 일이 아니다.

우선 북한은 이스라엘의 가자 지구처럼 바다에 붙어있거나 폭이 좁은 지형도 아니다. 한반도에서 동서 간의 거리가 가장 먼 곳은 300km가 넘고 지형이 복잡하고 산지가 많아 물을 끌어 쓰는 게 사실상 불가능하다. 게다가 동해와 서해를 전부 동원해도 최소 수십km에 달하는 파이프를 설치해야 하는데 이는 현실적으로 불가능하다. 파이프를 설치하는 동안 전쟁이 끝날 수도 있다. 또 다른 문제는, 내륙 땅속에 해수를 붓는 것은 지하수는 물론이고 땅속 생태계를 교란할 수 있다. 그뿐 아니라 그 피해를 되돌리기 위해 얼마나 많은 시간이 걸릴지 아무도 장담할 수 없다.

결국 대한민국이 선택할 수 있는 방법은 정공법뿐이다. 우리가 자랑하는 화력으로 북한의 지하 요새를 뚫어내는 것이다. 그것도 최소 300m 이하의 방공호를 파괴할 수 있어야 한다. 조선로동당 중앙위원회 사상비서와 최고인민회의 상설회의 의장을 역임한 탈북자 황장엽 씨 증언에 따르면 "북한 지휘부는 지하 300m 깊이의 방공호에 있으며, 방공호에는 지휘 시설뿐만 아니라 대량살상무기 생산시설과 저장시설까지 갖춰져 있다"고 조언했기 때문이다.

현무-5 탄생에는 이런 비화가 숨어있다. 우리 국방과학연구소는 지난 2000년대 초반부터, 북한의 날로 강화되는 지하 시설을 대응하기 위해 지하 관통 기술을 연구해 왔다. 그 결과물이 바로 탄두 중량만 8~9톤의 현무-5이다. 8~9톤의 탄두 중량에 사거리 300km 내외를 갖는 기형적인 형태의 미사일이 탄생한 것도 이런 이유 때문이다. 일반적인 미사일이라면 탄두 중량을 줄이고 사거리를 확장하는

데 반해, 북한의 지하 방공호를 파괴하기 위해 전무후무한 탄두 중량의 탄도 미사일을 만들 수밖에 없었던 것이다.

현무-5는 사실상 지하 관통에 특화된 미사일로서 철근 콘크리트 기준 100m, 일반 대지의 경우 최고 400m를 관통할 수 있을 것으로 추정된다. 하지만 이런 전력을 갖추고 있지만 전술의 다양성을 위해 이스라엘 침수 작전을 눈여겨봐야 한다. 끊임없이 변화하지 않으면 우리의 적도 대응 방법을 준비할 것이 분명하기 때문이다. 이스라엘 침수 작전에 대한 여러분의 생각은 어떠한가?

4

이스라엘 신무기

이스라엘의 기상천외한 신무기들

이스라엘이 하마스 소탕을 위해 상상도 하지 못한 신무기들을 공개했다. 전쟁이라는 급박한 상황 속에, 그동안 개념만 존재했던 무기 체계들이 공개되고 있다. 특히 땅굴과 고밀집 지역인 가자 지구 시가전의 특수성으로 인해 미래에 등장할 것으로 여겼던 최첨단 무기 체계까지 실전에 투입되고 있다. 이런 상황은 대한민국의 안보 상황에서 눈여겨봐야 할 주제이다. 유사시 대한민국이 북진을 시작한다면 북한이 구축해 놓은 기존 인프라를 최대한 보전하는 게 전후 관리에 유리할 것이다. 이를 위해서 이스라엘 못지않은 족집게 타격이 필요하다. 게다가 하마스는 기껏 가자 지구 내 수백 km의 땅굴을 구축했을 뿐이지만 북한은 국토 전영역에 걸쳐 군사 시설을 지하화했다. 이를 돌파할 방법을 찾아내지 못한다면 대한민국이 겪을 전쟁도 길고 긴 장기전이 될 것은 분명하다. 그래서 준비했다. 실전을 통해 급속도로 성장 중인 이스라엘의 기상천외한 신무기들을 알아보자.

이스라엘-하마스 전쟁의 출구가 좀처럼 보이지 않고 있다. 이에 전문가들은 우크라이나 전쟁 이상의 장기전을 염두에 둬야 한다고 경고하고 있다. 실제로 최근 하마스 포로들을 통해 이스라엘 대도시에 대한 추가 공격 계획과 함께 온건파인 서안 지구를 전쟁에 끌어들이려 한다는 증거가 발견되고 있다. 이스라엘-하마스 전쟁이 확전되지 않는다 하더라도 이스라엘과 팔레스타인의 전면전은 불가피할 것으로 보인다. 이미 지난 7일 전쟁 발발 이후 팔레스타인에서만 11,180명이 목숨을 잃었고, 이스라엘에서도 6,800명 이상의 사상자가 발생했다. 게다가 양측 모두 원하는 것을 얻기 전까지 휴전이나 종전을 거부하고 있다. 이런 상황에도 이스라엘은 차근차근 공격 범위를 넓혀가는 중이다.

IDF 나할 여단 정규군의 모습

최근 이스라엘은 이미 예고했던 대로 시가전에 돌입했다. 또한 많은 전문가들은 이스라엘이 가자 터미널로 불리는 하마스의 지하터널에서 고전할 것으로 예상했지만, 국제 사회가 우려한 악명높은 하마스의 지하터널 앞에서도 거침없는 행보를 이어가고 있다. 마치 미로처럼 건설된 이 비밀 터널들은 전체 길이 41km, 폭은 10km로 가자 지구 아래 거미줄처럼 연결되어 있다고 추정된다. 이스라엘 군을 공격하기 위해 건설된 땅굴은 각종 상품을 들여오는 통로가 되었고, 결국 하마스가 사용할 무기와 연료를 전달받는 밀반입로가 되었다.

2021년 이후 이스라엘군은 약 100km 이상의 지하터널을 파괴했다고 밝혔다. 하지만 30~40km 아래 위치한 땅굴은 복잡하게 얽혀있어 여전히 구조가 파악되지 않고 있다. 그래서 땅굴은 이번 전쟁에서 이스라엘군을 위협할 하마스의 가장 강력한 무기로 언급되기도 했다. 하지만 이 무기 체계들이 실전에 투입된 후 상황은 바뀌었다. 투입된 무기 체계 중 가장 유명한 무기는 바로 스펀지 폭탄이다.

최근 이스라엘군이 물리적 폭발 없이도 하마스 땅굴을 무력화하기 위한 스펀지 폭탄을 실험 중이라는 사실이 알려지면서 화제가 됐다. 스펀지 폭탄은 특수한 액체 물질로 이루어진 각기 다른 액체가 들어있는 봉투로 구성되어 있다. 스펀지 폭탄을 사용할 때, 액체를 분리하고 있는 금속을 제거한 후 던지면, 액체가 혼합하며 팽창해 터널 입구를 막는 방식이다. 실질적인 폭발이 없어 부수적인 피해는 최소화하며 효율적으로 터널을 차단할 수 있다. 스펀지 폭탄의 원리는 건축물 단열재로 사용하는 우레탄폼과 유사하다. 이런 방식을 전장에 적용한 이스라엘 군의 유연한 사고방식이 놀랍지만, 취급이 매우 까다로운게 약점으로 꼽힌다. 일부 병사가 스펀지 폭탄 취급 규정을 소홀히 해 시력을 잃었다는 소식도 전해졌다.

이런 이유로 이스라엘 전투 공병대는 더욱 확실한 '괴물 불도저'를 선호하고 있다. D9R 대형 전투 장갑 불도저는 길이 8.1m, 높이 4m의 육중한 몸집에, 무게는 48.9톤에 달한다. 가자 지구에 솟아있는 높은 철조망 장벽을 무너뜨리거나 장갑차나 전차가 지나갈 수 있는 통로를 개척하는 데 활용된다. 이스라엘 공병 특수부대 야할롬은 이 '괴물 불도저'로 최소 100여 개의 하마스 땅굴을 찾아 파괴하는 데 커다란 공을 세웠다. 역시 가장 효과적인 방법은 우직하더라도 직관적인 방법이다. 이런 이스라엘군이 하마스의 지하 터널에 대응하는 방법은 대한민국에서도 반면교사 삼아 배울 필요가 있다.

이제 하마스의 땅굴 기술은 북한에서 넘어간 것이 기정사실로 됐다. 군사적인 목적의 북한 땅굴 건설 기술은 세계 최고 수준이다. 불과 30여 년 전까지, 대한민국에는 과거 북한이 만들어 놓은 땅굴이 심심치 않게 발견되기도 했다. 현재 우리 군은 북한이 최대 20여 개의 땅굴을 만들었을 것으로 추정 중이며, 유사시 대남 침투용으로 사용할 수 있다고 경고하고 있다. 유지 보수의 어려움과 지반이 단단한 한반도의 지리적 특성상, 북한이 추가로 땅굴을 건설했을 가능성은 작지만, 지하터널의 은밀성을 고려하면 불안감을 완전히 해소하기는 어렵다.

더욱이 북한 내 주요 군사 시설은 전부 지하화되었다고 생각해야 한다. 추가로 대한민국의 지하 시설이 복잡해 침투할 수 있는 여지가 많다는 점도 반드시 고려해야 할 사항 중 하나이다. 육군 수도방위사령부가 주기적으로 서울 지하 공동구에서 대테러 대비 훈련을 하는 것도 유사시 지하 시설을 통한 적의 침투를 막기 위함이다.

GBU-24 벙커버스터

물론 핵무기급 미사일로 평가되는 현무-5를 동원하면 지하 100m 깊이의 지하 벙커를 파괴할 수 있다. 하지만 북한의 땅굴 배치를 완전히 파악하지 않고 벙커버스터를 사용한다면 민간인 피해를 유발할 수 있어 신중한 사용이 요구된다. 그렇다면 결국 보병을 이용한 각개 돌파가 반드시 수반될 수밖에 없다. 이 과정에서는 화력보다 지하 통신체계가 더욱 중요하다.

이스라엘 야할롬 특수부대는 일반적인 통신이나 GPS 활용이 불가한 지하 환경을 고려해 로봇과 드론을 활용한 MUM-T 체계를 도입하는 한편, 강력한 통신 장비로 지상과 유기적으로 연계하며 작전을 수행했다. 덕분에 더욱 정밀한 작전이 가능했고 전투원들의 안전도 확보할 수 있었다. 이를 가능하게 했던 것은 소형 드론 아이리스를 기반으로 한 견고한 통신체계이다.

사실 지하라는 특수 환경은 전투에 있어 극한의 조건임이 분명하다. 어두운 곳에서 시야 확보를 위해 사용하는 야간 투시경조차 주변에 어느 정도 빛이 있어야 유용하며 암전에서는 효용성이 적다. 그 때문에 빛이 전혀 들지 않는 완벽한 어둠의 공간인 지하에서는 열화상에 의존해 작전을 수행해야 한다. 이스라엘군이 운용하는 아이리스 드론은 영상 송신은 물론 무기 부착이 가능해 훨씬 효율적인 공격이 가능했다.

하마스에 의한 자파거리 폭탄 테러

또한 AI 표적센터를 활용해 공격의 효율성을 높이고 있다. AI 표적센터는 지상전 시작부터 약 1,200개의 하마스 공격 표적을 찾아 추천해 주며 이스라엘 방위군의 지상 작전을 도왔다. 이스라엘군은 공습 대상 선택과 그에 따른 후속 전략을 준비할 때 AI 시스템을 적극 활용했다. 실제 예로, AI가 드론이나 위성 등으로 수집한 이미지를 분석해 표적을 확인한다. 이후 군사용 AI가 표적을 제거하는 데 필요한 탄약의 무게를 계산해 알려주는 방식으로 운용되었다.표적이 여러 개일 경우, 우선 공격 순위까지 제안할 수 있으며 가용 전력에 적합한 공습 대상과 적정 시기까지 추천해 준다.

물론 군사적 목적의 AI 기술을 공격 목적으로 사용하면 너무 위험하다는 지적도 있다. 특히 불가피하게 사상자가 발생하는 전쟁에서, 인간의 생명 가치에 기반한 결정 만큼은 AI에 의존해는 안 된다는 윤리적인 지적이 많다. 그 때문에 이스라엘군 역시 AI가 포괄적이고 객관적인 데이터를 수집하면 그에 대한 표적 공격 승인은 군이 직접 내리도록 하고 있다. 이러한 군사 AI 기술은 미국, 중국을 비롯한 다양한 국가에서 활용되고 있다.

미국의 경우 최근 시속 1,000km로 비행할 수 있는 AI 전투기 XQ-58 발키리의 시험 비행에 성공했으며, 중국의 경우 마하 11로 날아가는 극초음속 비행기의 시뮬레이션을 실시하면서 F-35와 동일한 조건의 전투기를 불과 8초 만에 격추했다고 발표했다.(물론 중국의 경우 근거가 불분명한 주장이지만 AI 기술에 대한 관심과 노력은 충분히 짐작할 수 있다.) 대한민국 역시 AI와 항공 우주 기술을 미래 전장의 승리를 좌우하는 필수 요건으로 여겨 AI 디지털 기반을 가속할 계획이다. 대한민국은 이미 지난 2021년부터 20건 이상의 AI 관련 무기체계 개발 과제를 진행하는 만큼 현대전에서 정밀함은 다른 어떤 가치보다 우선순위가 높다.

정밀한 타격은 적의 주요 기지를 무력화하고 불필요한 사상자를 줄이는 데 도움을 준다. 이런 이유로 AI 기술은 정확도를 높이는 방산의 미래이자 인력과 비용을 줄이는 혁신적 대안으로 꼽히고 있으며 향후 글로벌 방산 시장의 게임 체인저가 될 것으로 평가된다. 그리고 이에 따른 정밀한 타격 방법 역시 중요하다.

특히 이스라엘의 정밀함에 대한 집착은 한국이 배워야 하는 수준이다. 최근 이스라엘군이 실전 배치한 신형 레이저 유도 120mm 박격포는 '아이언스팅'으로 불리며 정확도가 낮고 사거리가 짧은 일반 120mm 박격포와는 달리 1~12km의 사거리에도 오차범위 1m 이내의 정확한 타격이 가능하다. 게다가 타격력은 이중 철근 콘크리트까지 관통할 수 있을 정도이다. 이를 가능케 한 것이 바로 GPS와 레이저 유도 기술이다.

생산중인 KFX 시제기의 모습

이처럼 이스라엘이 정밀함에 집착하게 된 것은 민간인과 하마스가 동시에 거주하고 있는 가자 지구의 고밀집 특성 때문이다. 하마스를 효과적으로 타격함과 동시에 민간인 피해를 줄이려면 가능한 정밀한 타격이 필요한데 이는 한국이 눈여겨볼 부분이다. 우리의 적국은 비교적 인구 밀집도가 낮은 북한이지만 전투가 장기화되면 중국은 물론 러시아까지 상대해야 할 가능성이 높다.

특히 북러 간의 연대는 최근 들어 부쩍 강화되었는데, 김정은의 방러에 이은 러시아 외무장관의 방북, 그리고 양국 외무성이 체결한 교류 계획서 등은 충분히 우려스러운 부분이다.

국제 제재에도 불구하고 버젓이 진행되는 양국 간 무기 거래는 군사 협력의 가능성까지 높이고 있다. 물론 북한과 러시아 어느 쪽도 무기 거래나 군사 협력 가능성은 인정하지 않는다. 그러나 미 NSC와 관련 전문가에 따르면, 지난 8월부터 현재까지 총 15척의 선박이 북한을 드나들며 무기 거래를 한 것으로 확인되며, 해당 선박에 수많은 군사 장비와 탄약이 실려 있었다고 분석한다. 양국의 연대가 강화된다는 것은 유사시 한국이 상대해야 할 적국이 늘어난다는 뜻이다.

그리고 이는 곧 병참의 부족으로 이어질 수 있다는 것을 의미한다. 그런 만큼 한국 역시 외과수술 같은 정밀한 포격으로 백발백중할 수 있는 고도의 전력을 마련해야 한다.

정밀함에 대한 이스라엘의 집착이 기존 120mm 박격포의 단점을 극복한 아이언스팅을 만들었듯이 우리 또한 정밀함과 타격력을 갖춘 무기체계 개발에 나서야 할 것이다.

Top 5

항공모함 · KF-21 · 현무
원자력 잠수함 · 위그선

1

항공모함

미 항모 전단과 한국의 장보고함

한 군사 전략가는 "미국 항공모함 한 척을 격침하는데 중국 인민해방군 해군력의 40%가 희생될 것이다"라고 말했다. 그만큼 미국의 항공모함의 전력이 뛰어나다는 것을 의미한다. 우리가 평소에 드라마나 영화에서 봐왔던 해상 전투는 사실 영화적 상상력이 많이 가미되어 있다. 실제로는 인공위성, 공격기, 레이더망을 총동원하더라도 이동 중인 항모의 위치를 정확히 추적해 타격하기는 쉽지 않다. 만에 하나 발견한다고 하더라도 항모의 호위 전단을 뚫고 들어가기는 만만치 않다. 미국의 항모가 순양함·구축함·잠수함은 물론 정찰기·대잠헬기까지 동원해 철저한 호위를 받기 때문이다. 게다가 가장 발전된 함대 방공망이라는 이지스 시스템을 통해 날아드는 적 미사일을 거의 정확하게 요격할 수 있다. 그런데 이토록 강력한 미국 항모전단에 대응하기 위해 군사력을 팽창시킨다는 나라가 있다. 바로 중국이다.

중국에게 미국의 항공모함은 항상 골칫거리였다. 대만에 대한 중국의 공격을

미국의 항모전단

저지하기 위해 미국의 항공모함이 번번이 나섰기 때문이다. 천문학적인 국방비로 점점 강해지고 있는 중국은 과연 미국 군사력의 끝판왕이라 할 수 있는 항공모함을 격침할 수 있을까?

미국의 항공모함은 절대 독자적으로 행동하지 않는다. 일반적으로 항모전단(Carrier Battlr Group)은 항모를 호위하는 수많은 군함과 잠수함이 약 500km 이내 주변을 포진한다. 항공모함을 호위하는 군함들도 보통 군함이 아니라 이지스함과 호위함이다. 만약 방심을 틈타 중국이 항공모함 근처까지 접근하더라도 항공모함은 자체적으로 웬만한 원거리, 근거리, 초근접거리의 위협에 대응할 수 있다.

항공모함의 설계 시 어뢰, 미사일 등의 피격에 대비하여 좌현, 우현에 3겹 방호철갑과 피침의 침수를 대비하여 충분한 격실을 확보하고 있다. 또한 400km 이상의 원거리 공격과 방어는 함재기 슈퍼호넷이 담당하고 100km 이내의 근거리 방어는 RAM이 담당하며 20km 이내의 초근접거리 경우 팰렁스, 골키퍼 등의 CIWS체제를 갖추고 있다.

만약에 미국의 방공망을 뚫고 전투기가 접근했다 하더라도 항공모함 자체에 조기경보기와 첨단의 인공위성 정보를 바탕으로 수백 km부터 피아식별할 수 있다. 적으로 판단되면 F-18 슈퍼호넷 전투기가 발진하여 위험을 사전에 차단한다. 반면, 해저에서의 공격은 항모전단 자체의 소나에 탐지된다. 게다가 항모전단의 호위함 및 호위 잠수함에 의해 이중 삼중으로 탐지되어 접근 자체가 불가능하다. 항공모함은 어뢰의 기만을 위한 어뢰 음향 대응시스템과 대잠헬기도 탑재하고 있다. 그렇지만 미국의 항공모함에도 약점은 존재한다.

항공모함을 더욱 강력하게 하는 것은 항상 팀을 이뤄 삭선하는 순양함과 구축함, 잠수함의 존재다. 통상 항모는 이지스 순양함, 구축함 등 수상함의 지원과 함께 수중 공격 원자력 잠수함까지 함께 작전을 펼친다. 이는 항모 혼자서는 대공방어 능력이나 대잠 능력에 취약하기 때문이다. 그래서 항모를 호위하는 이지스함의 전투체계는 동시에 1000여 개의 표적 탐지·추적이 가능하고 그중 20개의 표적을 동시에 공격할 수 있다.

하지만 이지스 전투체계가 무적은 아니다. 중국에서 미국의 항모전단 방공체계를 무력화하기 위해 100대 이상의 저가 무인기를 한 번에 띄우거나 값싼 순항 미사일을 무더기로 쏟아부어 이지스 전투체계의 방공능력을 초과시키는 방법을 연구하고 있다. 만약 중국이 이 방법으로 공격한다면 항공모함을 지키는 방공함도 한계가 있을 것이라는 게 여러 전문가들의 분석이다. 이즈스함이 동시에 탐지할 수 있는 표적의 수는 1,000개이지만 동시에 추적하고 탐지할 수 있는 수는 20개에 불과하기 때문에 저가 무인기와 미사일 세례를 요격하다가 위협적인 핵심타깃을 놓칠 수 있기 때문이다. 이렇게 되면 당연히 항모전단의 대공능력도 약화될 수밖에 없다. 또한 대함 유도탄 방어체제가 음속을 넘지 못하는 아음속 유도탄 공격에 맞춰져 있다는 것도 미 항공모함의 약점 중 하나다.

이런 상황에 최근 중국과 러시아는 보란 듯이 대함탄도탄(ASBM)을 배치하고

중국의 둥펑 21-D의 모습

있다. 중국은 미국의 항공모함을 상대하기 위해 일명 '항모 잡는 미사일', 둥펑 21-D를 개발했다. 이 둥펑 21-D의 원리는 미사일을 대기권 밖으로 발사한 뒤 마하 10 이상의 속도로 수직 낙하하는 방법으로 근접방어 시스템을 무력화시키는 것이다. 하지만 이건 이론상의 이야기일 뿐이다. 정확도 등의 문제점이 많은 데다가 아직 실전 검증도 되지 않았다.

만약 미국의 항공모함 한 척이 격침된다면 미해군의 항모전단 하나가 무력화된다. 이는 바꿔 말하면 미 해군 전력의 10%가 날아간 것이나 마찬가지이다. 미국이 현장에서 운영 중인 10척의 항모 전단 중 하나가 무력화된 것이기 때문이다. 더 큰 손실은 승무원이다. 항모야 전시체제로 생산한다면 어떻게든 확보할 수 있지만 승무원은 복구가 불가능하다. 이처럼 항모 한 척의 손실은 엄청나다. 하지만 그럼에도 중국은 미국을 이길 수 없다. 양국의 전력차는 항모 한두 척 격침하는 것으로는 극복이 불가능할 정도로 어마어마하다.

2021년 한 해 동안 중국은 2척의 대형강습상륙함과 3척의 순양함급 준이지스 구축함, 7척의 방공구축함을 전력화했다. 하지만 그럼에도 불구하고 중국 해군의 총전력은 미군의 20%도 되지 않는다. 러시아의 군사 전문잡지 '국방산업지(Military-Industrial Courier)'의 보도가 이 사실을 잘 보여준다. 해당 매체는 미 항공전단이 중국 영해로 들어가면, 중국 해군은 대함미사일을 탑재한 구축함 10척과 미사일정 40척을 우선 투입하여 게릴라 전술로 미 함대에 맞설 것이라 분석했다. 그럼에도 불구하고 미국을 패배시킬 수는 없다고 봤는데 중국이 미국의 제럴드 R 포드급 항모 1척을 격침하기까지 중국 해군 전력의 30~40%가 소진될 것이라고 예상했다. 다시 한번 강조하자면 항모전단이 아닌 항공모함 단 1척이다.

현재 서태평양을 관할하는 미 해군 7함대엔 항모 조지 워싱턴함을 비롯해 60~70척의 군함이 배속돼 있다. 18척은 일본과 괌에 상시 배치되어 있다. 긴급사태가 된다고 하면 6~7척의 항모를 추가로 투입할 수도 있다. 결론적으로, 중국은 미국의 항공모함 한 척을 격침하는 것도 힘겨울 것이라는 뜻이다. 더 나아가 미국의 항모전단 2~3개 정도만 출격해도 막을 수 있는 나라는 아직 이 지구상에 없다.

그런데도 세계 패권 야욕에 불타는 중국은 이 무모한 도전을 멈출 수 없는 모양새다. 어떻게든 미국을 꺾기 위해 국가재정을 넘어서는 막대한 규모의 함대를 육성 중이다. 중국은 이 물량으로 미항모를 제압하겠다는 망상을 키우고 있다. 그러나 전문가들은 중국의 이런 계획이 절대 이루어질 수 없다고 말한다. 중국이 미사일을 퍼부으려 해도 항모 전단에서 출격한 함재기들에게 감시정찰 전력을 잃고 일방적으로 두들겨 맞을 것이라는 평가가 중론이다. 다만, 변수가 아예 없는 것은 아니다. 바로 잠수함 때문이다.

이를 증명한 나라는 놀랍게도 대한민국이다. 환태평양 훈련 림팩(RIMPAC)에서 우리 군의 장보급 잠수함 단 한 척이 미국의 항모를 격파한 적이 있다. 이 사건은 미국에 큰 충격을 줬다. 10여 척의 이지스함과 원자력 잠수함의 보호를 받던 만재 9만 7000t의 니미츠급 존 C. 스테니스함이 가상어뢰로 격침된 것이다. 2000t도 안 되는 크기에 건조 당시 가격이 2억 달러에 불과한 한국의 꼬마 잠수함이 100억 달러가 넘는 항모에 가상어뢰를 '먹인' 것은 실로 경악할 만한 사건이었다. 이 작은 디젤 잠수함이 미국 항공모함 전단의 촘촘한 잠수함 경계망을 쉽게 뚫어버린 것이다. 그것도 모자라 림팩 훈련에서는 미 항공모함과 순양함, 구축함들이 우리나라 해군 209급 잠수함 장보고함에게 어뢰를 맞고 대부분 침몰했다. 이 사건은 미 해군의 대잠정책을 송두리째 뒤집어 놨다.

애당초 미국은 항모전단을 위협할 만한 세력으로 러시아의 대형 원자력 잠수함을 생각해 전략을 세웠다. 그런데 그런 미국의 전략을 한국이 송두리째 뒤집어버린 것이다. 소음이 적은 디젤 잠수함이 원자력 잠수함보다 더 쉽게 항모에 접근하여 어뢰를 맞출 수 있다는 것을 한국이 증명한 셈이다. 이는 미국의 항공모함이 중국이나 북한의 소형 디젤 잠수함을 완벽하게 방어해 낼 수 없다는 뜻이기도 하다. 물론 항공모함이 어뢰 1~2발 정도로 침몰하지는 않는다. 하지만 그런 공격을 허용한다는 것, 그 자체만으로도 미국에는 커다란 충격이었다. 그래서 미국은 209급과 유사한 재래식 잠수함인 고틀란트급을 임대해 대잠대책을 급하게 마련했다.

한국형 4만 톤 급 경항모와 7만 톤 급 중형항모

현재 동북아 국가들의 움직임이 심상치 않다. 중국은 해상과 제공권을 제압하기 위해 끊임없이 새로운 첨단 군사 장비를 개발하고 있다. 일본도 자국 방어용이라고는 할 수 없을 정도로 많은 물량의 항공모함과 F-35를 구매하고 있다. 동북아의 정세가 혼란스러워지고 있다는 방증이다.

중국은 1985년 호주로부터 배수량 1만 7000t급 퇴역항모 멜버른(영국의 항모 인빈서블)을 사들여 분해했다. 또한 2000년대 초반 프랑스산 브라질 항모 상파울루에 근무하던 승조원들을 중국으로 초빙해 관련 기술을 빼내기도 했다. 그뿐만 아니라 뻔뻔하게도 2014년 무렵 오바마 정부에 캐터펄트 기술을 제공해달라고 요청했다가 거절당한 일도 있었다.

캐터펄트는 항공모함의 중요한 기술 중 하나다. 캐터펄트로 항공기를 이륙시킬 수 있기 때문이다. 하지만 중국은 캐터펄트를 자체 제작할 기술이 없다. 이후 중국은 국책 사업 수준의 지원금을 퍼부으며 연구에 연구를 거듭했다. 그리고 그 결과로 앞으로 선보일 8만t급인 세 번째 항모에다 '스키점프' 방식이 아닌 '전자식 사출장치(EMALS)'를 적용하는 것으로 알려졌다.

현대중공업은 세계 최대 규모의 민간 선박 건조업체로서 세종대왕급(7600t), 이순신급(4400t), 인천급(2300t), 214급(1800t) 잠수함 등 해군의 주요 전투함을 건조한 노하우를 갖고 있다. 특히 현대중공업은 러시아 항모 해체 과정에 참여해 관련 노하우를 상당 부분 습득한 것으로 알려져 있다. 그리고 현대중공업은 그 노하우를 한국형 경항모(4만t급)에 담았다.

세계 11개국 160개 해양방위 산업체가 참여한 가운데 부산 벡스코에서 열린 '2019 국제해양방위산업전(MADEX·마덱스)'에 한국형 경항모(4만t급) 컴퓨터그래픽 설계 조감도가 공개됐다. 뿐만 아니라 현대중공업은 7만t급 중형항모 설계도 함께하고 있다. 해군은 현대중공업이 납품한 2가지 설계안 중 하나를 최종 설계안으로 확정할 예정이다.

이번에 선보인 조감도에 따르면 한국형 경항모는 만재배수량이 4만 1500t(기본 배수량 3만 3761t)에 이른다. 또한 수직 이착륙 스텔스 전투기 F-35B 12대, 오스프리 등 수직이착륙 헬기 8대가 착륙할 수도 있다. 승조원은 720명가량을 태울 수 있으며 길이는 239m에 이른다. 가장 중요한 건조 비용은 약 3조 1000억 정도로 추정된다.

디펜스타임스는 "조감도에 따르면 한국의 경항모는 이탈리아 다목적 항모인 3

만t급 카보우르급 항모의 선체 모형을 벤치마킹한 것으로 보인다. 또 다른 설계안인 7만t급 중형항모는 영국의 퀸엘리자베스급(7만t)을 벤치마킹하기 위해 영국 조선 기술진과 협력하는 것으로 알고 있다"라고 말했다. 또한 "일본 역시 이즈모급(호위함) 경항모 후속으로, 우리(한국)와 마찬가지로 영국 또는 이탈리아 항모를 벤치마킹하고 있다"라며 일본에 대한 경항모 후속으로 실전에 배치할 항공모함에 대해서도 언급했다.

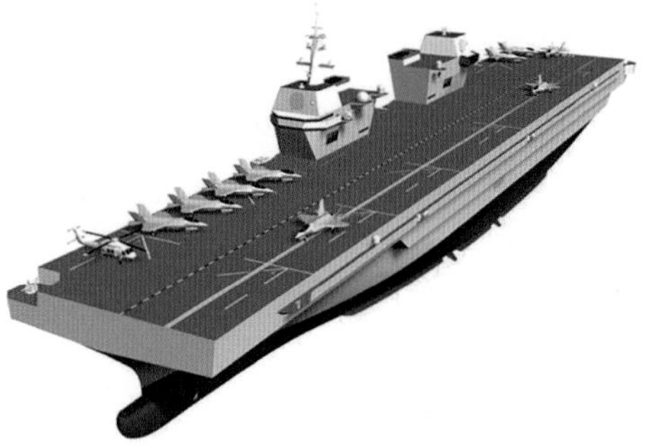

한국형 경항모 그래픽 설계 조감도의 모습

퀸엘리자베스급 중형항모는 만재배수량 7만 톤에 길이 298m, 승조원은 1340명에 고정익은 32대다. 게다가 회전익 항공기가 8대 이착륙이 가능하도록 설계된다. 비용은 5조 4000억 원이 들어갈 예정이다. 방사청은 경항모 설계와 핵심기술 개발을 위해 2020년도 국가 예산에 포함시키고 해군은 오는 2021년 최종안을 확정한다. 2026년부터 건조에 착수해 2033년까지 전력화할 계획을 갖고 있다.

한국이 개발중인 경항모

"평화를 원한다면, 전쟁을 대비하라"

이 말은 로마의 귀족이었던 플라비우스 베게티우스 레나투스가 쓴 「군사학 논고」에 나오는 한 구절이다. 전쟁을 각오할 마음가짐이 아니고서는 전쟁을 억지할 수 없다는 뜻이다. 그렇다면 전쟁을 수행하는 각오란 무엇일까? 그것은 바로 죽기를 각오하는 것이다. 치열한 전쟁에서 죽을 각오 없이는 승리도 못 할뿐더러 평화를 지키기는 더더욱 어렵다. 또한 이것은 현재 우리 대한민국이 처한 상황이기도 하다. 중국과 일본 같은 주변국과는 처한 상황 자체가 다르기 때문이다.

해군에서 2030년대 대한민국 바다를 수호할 경항공 모함의 수정된 모습을 공개했다. 해군이 공개한 조감도를 통해 F-35B의 모습이 포착됐다. 해군은 '최종 확정은 아니며 연구와 검토를 진행하면서 경항모의 함형을 발전시켜 나갈 것'이라 밝혔다. 또한 함정 설계는 기본설계, 상세설계 단계에서도 수정할 수 있다고 설명을 덧붙였다. 그럼에도 기본은 크게 바뀌지 않을 것이라는 게 업계 관계자들의 중론이다.

항공모함은 한 국가의 군사력과 맞먹는 전투력을 자랑하는 현대 해상과학의 집결체며, 최신 과학기술의 집약체다. 항공모함의 기본적인 요소는 몇 가지가 있다. 우선 평갑판과 더블 아일랜드가 있어야 한다. 그리고 웰독을 제거해야 한다. 이는 현대 항공모함의 기본 틀을 이루기 때문에 매우 중요하다고 볼 수 있다. 첫째로 수정된 조감도에는 스키점프대가 없고 평갑판이 있는 것을 확인할 수 있다. 이는 미국 해군의 강습상륙함인 아메리카함과 영국 해군의 항모 퀸엘리자베스함을 예로 들어 설명할 수 있다.

4만 5000t급의 아메리카함은 스텔스 수직이착륙전투기 F-35B, MV-22 오스프리, CH-53K 수송 헬기, AH-1W/Z 공격 헬기, MH-60 다목적 헬기를 탑재할 수 있다. 또한 상륙작전 때에는 배에 탑승한 1600명이 넘는 해병대가 이들 항공기에 탑승해 육상에 상륙하거나, 적의 공격으로부터 엄호하는 역할을 담당한다. 현재 미 해군은 아메리카함에 F-35B 20대와 MH-60 다목적 헬기 2대만을 실어 경항모 역할을 맡기고 있다.

반면 6만 5천 톤 급의 퀸엘리자베스함은 F-35B를 비롯해 AW159 와일드캣 다목적 대잠 헬기, AW101 수송 조기경보 헬기를 실을 수 있다. F-35B의 경우 최대 24대로 격납고와 갑판까지 넣으면 36대까지 탑재할 수 있게 된다.

미국의 아메리카함

영국의 퀸엘리자베스함

아메리카함과 퀸엘리자베스함은 똑같은 F-35B를 운용한다. 두 함대 모두 F-35 B의 착륙만큼은 수직으로 한다. 그러나 이륙만큼은 다를 수밖에 없다. 이는 두 함의 갑판을 보면 알 수 있다. 아메리카함은 F-35B가 리프트팬을 가동하는 방식이다. 리프트팬은 공기를 아래로 내뿜는 장치로 F-35B가 수직으로 이착륙할 수 있게 돕는다. 한 마디로 긴 활주 거리가 필요 없다는 것이다.

반면에 퀸엘리자베스함은 함재기가 전속력으로 갑판을 질주한 뒤 스키점프대에서 도약하는 방식이다. 대한민국 해군의 경항모도 스키점프대가 없다. 따라서 아메리카함처럼 리프트팬을 가동하는 방식으로 활주 거리를 짧게 해 이륙하는 방식을 채택할 것으로 보인다.

둘째, 함정·항공기 지휘 함교가 쌍둥이다. 퀸엘리자베스함처럼 함교가 2개이면서 동시에 스텔스 설계를 적용했다. 1개의 함교는 항해를 전담하며 또 다른 1개는 항공관제를 맡게 될 예정이다. 그러나 설계를 보면 각각의 함교에서 항해와 항공관제를 모두 할 수 있게 되어있다. 그러면 만약의 사태에 대비해 쌍둥이 함교를 채택함으로써 한쪽이 피격당하더라도 다른 한쪽만으로도 정상적인 작전을 이어갈 수 있다. 그뿐만 아니라 빠른 이륙을 위해 항공기 격납고에서 갑판으로 오르내리는 엘리베이터 2개 모두 우현에 배치했다. 당초 좌·우현에 1개씩 두려고 했지만 우현으로 위치가 바뀐 것이다. 이렇게 하면 갑판을 좀 더 넓게 쓸 수 있는 장점이 생긴다. 우현이 적의 공격에 취약해질 수 있지만 경항모의 빠른 소티(Sortie, 정해진 시간 동안 함재기의 출격 가능 횟수)를 위해서는 괜찮은 선택이다.

대형상륙함 웰독의 구조

셋째, 웰독이 제거되었다. 대한민국 해군의 경항모는 초기 설계부터 웰독이 없었다. 웰독은 상륙함에서 상륙작전 때 문을 열어 바닷물을 들어오게 해 상륙정이나 수륙양용 상륙장갑차를 띄울 수 있게 하는 공간을 뜻한다. 미국의 최신 아메리카함도 웰독이 없다. 해군 관계자는 "대형상륙함인 독도함이나 마라도함과 달리 경항모엔 웰독을 만들지 않을 계획"이라고 밝혔다. 이렇게 하는 이유는 격납고를 키워 항공기 정비를 제대로 할 수 있고 항공유도 더 많이 실을 수 있는 장점을 갖게 되기 때문이다.

해군은 경항모를 설계하면서 이탈리아의 카보우르함의 사례도 참조하고 있다고 밝혔다. 3만 톤 급의 카보우르함은 미국의 개조를 거친 영국제 수직이착륙 전투기 해리어Ⅱ 10대를 탑재하고 있다. 또한 지난해 5월 F-35B를 탑재하기 위해 개조 작업을 마쳤기 때문에 한국이 참고하기에는 안성맞춤인 함선이다.

위 내용으로 대한민국 경항모의 크기나 탑재 항공기 수량이 카보우르함보다는 더 클 것이라 유추할 수 있다. 그렇다면 한국의 경항모 설계가 갖는 장점이 뭘까?

첫 번째 장점은 방어·무장이 최신 국내 개발 기술로 이루어진다는 것이다. 항모의 생존성을 높이기 위해서는 공중 위협을 미리 알려주는 조기경보기가 필수다. 레이더를 가진 조기경보기는 적 항공기나 미사일의 공격을 멀리서 탐지한 뒤 항모에 알려주는 역할을 한다. 미국이나 프랑스 항모는 고정익 조기경보기를 운용하는 반면에 영국은 AW101 헬기에 레이더를 장착해 조기경보기 역할을 맡기고 있다. 그런데 우리 해군의 경항모에는 조기경보 헬기가 없다. 대신 구축함을 항모 전단의 선봉에 세우거나 전투기를 항시 띄워 초계작전에 투입할 계획이라고 한다. 이는 이탈리아 카보우르함에서 배워온 것이다.

해군의 경항모는 한국형 차기 구축함 KDDX의 AESA 레이더를 장착할 계획이다. 다른 나라의 항모보다 뛰어난 탐지능력을 확보할 수 있다. AESA 레이더는 탄도미사일을 추적할 정도로 강력하며 정확하다. 이번에 개발하는 경항모는 자체 방어를 위해 근접 방어시스템인 CIWS와 함대공 유도탄 방어 유도무기(SAAM)도 갖추게 된다. SSAM은 LIG넥스원이 생산하는 함대공미사일 해궁으로 한국형 수직발사 체계 KVLS에서 발사되어 수면을 스치듯 낮게 날아오는 시스키밍 미사일을 요격할 수 있는 미사일이다.

우리 해군은 현재 CJWS로 미국제 팰링스나 네덜란드제 골키퍼를 사용하고 있지만, 이것 또한 이미 국산 개발에 착수한 상태다. 군사 선진국들이 개발했던 주요 핵심기술들을 우리 한국의 기술로 대체가 가능하다는 것이다. 이로 인해 우리 정부는 올해 상반기 해군의 경항모 사업추진 기본 전략 수립과 사업 타당성 검토에 착수했다. 국내 기술로 충분히 건조가 가능하다는 분석 결과에 따라 2022년 기본설계를 시작하고 2026년부터 함정을 건조한다는 계획이다.

계획대로라면 2033년 대한민국 기술로 건조한 해군의 경항모가 우리의 영해를 지키는 모습을 볼 수 있게 된다. 뿐만 아니라 군 당국은 대한민국 해군의 경항모에 탑재할 수직이착륙 전투기 도입사업도 병행해 추진하고 있다.

수직 이착륙이 가능한 전투기 F-35B의 모습

사실상 F-35B를 대체할 수직이착륙 전투기 기종이 없기 때문에 F-35B 20대 구입이 유력하다. 이는 경항모 진수에 앞서 F-35B를 먼저 도입하겠다는 계획이다. 해군이 아닌 공군이 훈련·운용을 맡을 예정인데 항모에서 항공기를 운용한 경험이 전무한 우리로써는 사전 훈련을 통해 원활한 공중 지원을 하겠다는 것이다. 이런 사례를 영국에서 찾아볼 만큼 우리 대한민국의 항모전단들은 세계 유수의 나라들의 장점만을 참고해 개발을 추진하고 있다.

게다가 한국이 F-35B 도입을 서두르는 이유는 한 가지 더 있다. 경항모 설계 시 갑판 등 함체 주요 부위의 설계를 하기 위해서다. 그러기 위해서는 F-35B의 상세 정보가 필요하다. 무기 도입 시 늘 그래왔듯이 F-35B 제조사인 록히드마틴이 보안을 이유로 계약 이전엔 전투기 상세 정보를 줄 수 없다는 입장이다. 때문에 항모 설계 이전에 F-35B가 도입되어야만 한다.

마지막으로, 지속해서 증가하고 있는 동북아 해상 위협에 대한 최소한의 대비책을 우리 대한민국이 보유할 수 있게 된다. 대한민국 항모 기동함대의 모항은 제주도에 있다. 그래서 해군은 경항모를 중심으로 하는 미래 기동함대의 모습도 함께 공개했다. 제7기동전단을 2025년 기동함대로 확대할 계획이라는 것이다. 그렇게 된다면 영해를 벗어나 아덴만, 동중국해 등 원해에서 비축량 90일에 불과한 원유와 수출 물자가 지나는 해양 교통로의 안전을 확보해 한국의 국익을 지킬 수 있게 된다.

해군이 공개한 조감도에 따르면 경항모는 세종대왕급 이지스 구축함, 충무공 이순신급 구축함, 도산안창호급 잠수함은 물론 KDDX의 호위를 받게 된다. 공중에선 F-35B 전투기가 이들을 엄호하게 되고 P-8A 포세이돈 해상초계기와 AW159 해상작전 헬기, 무인 해상초계기와 무인 헬기가 공중에서 정찰과 엄호를 담당한다.

정부 소식통에 따르면 해군이 정찰 자산 확대의 일환으로 글로벌호크를 개조한 MQ-4C 트리톤과 같은 무인 해상초계기와 MQ-8 파이어 스카우트와 같은 무인 헬기도 함께 도입하려고 준비 중이라고 한다. 하지만 이런 사업에 대해 반대 여론도 만만치 않은 상황이다. 외에도 KFX한국형전투기 개발사업, 경항모 도입 사업, 핵추진잠수함 도입 사업 등에 대해 찬반 여론이 첨예하게 대립하고 있다.

현재 한국이 이렇다 할 군사적 우위를 점할 전력이 마땅치 않은 반면 북한은 최후의 수단으로 물귀신 작전에나 사용할 핵미사일을 보유하고 있다. 뿐만 아니라 개전 초기 남한의 반격을 지연시킬 목적으로 주요 핵심 군사시설을 선제 타격하기 위한 포병전력이 있으며 이 중에는 장사정포와 방사포가 있다. 특히 많은 이들이 북의 5500문 방사포를 걱정한다.

이 방사포들은 우선적으로 목표로 하는 곳으로 전투기 활주로가 포함될 것은 자명하다. 위치가 고정되고 노출된 우리 군의 전력들이 먼저 집중포화를 맞게 된다는 것이다. 이때 경항모의 이동식 활주로의 효용성이 진가를 발휘할 수 있다. 집중포화를 피해 유효한 소티를 확보한 가운데 지속해서 전투기를 발진시킬 수 있기 때문이다. 북의 집중포화로 활주로에서 전투기를 발진시킬 수 없게 되더라도 해상을 빠르게 이동하는 경항모는 이와 별개로 작전을 수행할 수 있다.

이처럼, 한국이 개발한 경항모는 우리 대한민국 해군이 대양해군으로 나갈 수 있는 첫걸음이 될 것이다. 하지만 이에 대한 반론도 만만치 않다. 경항모보다는 믿을 수 있는 중형항모를 건조해야 한다는 것이다. 이에 따라 항모의 체급을 경하 3만 톤 급에서 만재 7만 톤 급으로 올려야 한다는 주장이 등장했다.

한국형 항모 CVX

우리 해군의 항모 보유 계획이 본격적으로 가속화되고 있다. 특히 6월 9일부터 6월 12일까지 부산 벡스코에서 개최되는 '2021 국제해양방위산업전 마덱스(MADEX)'에서 많은 정보가 공개됐다. 이번 마덱스 개회식에서는 해군참모총장, 방위사업청장, 대한조선학회장 등 항모 관련한 주요 인사들이 참석했다. 뿐만 아니라 해군의 건함과 관계된 최고위직까지 모두 참석하기 때문에 그 규모 역시 상당했다. 이와 더불어 세계 각국에서 참가한 160개 업체와 12,000명의 바이어들로 이뤄진 수십 개국의 해군 대표단이 참가하기에 이번 마덱스는 국내 최대의 해군 방위산업전이었다.

꺼리튜브는 이번 행사에도 세계 각국의 쟁쟁한 분들과 함께 참석하게 됐다. 그런데 이번 개회식에 특이한 점이 있었다. 바로 기조 강연을 영국 해군의 작전사령관이 맡는다는 것이다. 게다가 강연 주제는 '영국 해군의 항공모함 건조'에 대한 것이다. 이는 사실상 영국 해군이 한국 항모 도입을 위해 총력을 기울이는 모습이라 할 수 있다.

그동안 한국 해군의 항모는 현실적인 실효성이 없다며 많은 비난을 받았다. 그 이유 중 하나가 급작스러운 설계변경과 정책 전환 때문이었다. 제대로 된 예산 계획과 타당성 조사 없이 사업을 진행했다는 것이었다. 그리고 서해전체와 제주도가 중국의 초음속, 극초음속 미사일의 사거리에 포함된 상황에서 항공모함을 건조하는 것이 과연 합당할 것이냐는 비판에 직면했다. 앞선 문제의 경우 절차를 밟아 차근차근 진행하면 될 문제이나, 두 번째 문제는 해군 역시 쉽게 답하지 못하고 있는 상황이다.

중국의 대함미사일 전력이 집중 배치된 곳이 바로 서해와 동중국해다. 설령 미국의 10만 톤 급 항공모함이라고 할지라도 활동이 불가능할 정도다. 그런 곳에서 겨우 20대의 항공기를 운용할 수 있는 항공모함으로 생존성을 담보할 수 있겠냐는 문제가 제기된 것이다. 하지만 이는 충분히 합당한 의문이다. 생존성을 확보한다고 하더라도 12대~20대 밖에 안되는 F-35B 전력으로는 동북아 안보환경에서 큰 역할을 할 수 없다는 지적도 있었다. 또한 병역자원이 줄어드는 상황에서 과연 대형 함정을 운용할 수 있겠냐는 의문도 잇달았다.

게다가 경항공모함을 위해 추진한 세미나에서도 해군은 경항공모함의 필요성을 제대로 설명하지 못하는 바람에 항모회의론이 크게 대두됐었다. 그런데 놀랍게도 세계 반대편의 영국에서 이 문제의 해법을 제시했다.

우리 해군은 이미 20년도 전부터 항모 도입을 추진했다. 지난 1994년 우리 한국은 북핵 위기 이후 전작권 조기 환수를 위해 대대적인 전력 강화 계획을 발표했는데, 차기 전투기 사업과 항모 도입 사업은 당시 국방개혁의 핵심이었다. 이를 위해 정부는 구소련 붕괴 이후 방치되던 러시아의 키예프급 항공 순양함을 들여와 재개장할 계획을 세웠다. 고철을 수입한다는 명목으로 대부분의 장비가 그대로 남아있는 러시아의 항공모함을 수입하는 데 성공할 수 있었다. 하지만 이를 알게 된 일본이 훼방을 놓았다. 언론을 통해 러시아 항공모함의 장비가 그대로 존재한다는 사실을 세상에 알린 것이다. 사태를 뒤늦게 파악한 러시아 정부가 부랴부랴 항모 수출의 제약을 걸었다.

결국 우리 정부는 껍데기만 남은 항모를 받아 설계구조에 대한 연구를 진행하는데 만족해야만 했다. 하지만 한국은 포기하지 않았다. 끝없이 노력한 끝에 상당한 건조기술을 확보할 수 있게 되었다. 1996년 서울에어쇼에서 현대중공업이 공개했던 항공모함의 모형이 이를 증명한다.

이때 한국이 다량의 미사일을 탑재한 키예프급 항공 순양함과 유사한 한국형 항모건도를 추진하고 있다는 게 드러났다. 그러나 1997년 태국을 시작으로 확산된 동남아발 금융위기로 인해 대한민국은 IMF라는 국난에 처하게 됐다. 그로 인해 치밀하게 준비하고 야심 차게 진행했던 항공 모함 도입 역시 전면 백지화되고 말았다.

2007년, 한국은 항공 모함을 건조하기 위해 독도급 대형 수송함 1번 함을 취역시켰다. 독도급 대형 수송함 정도면 항공 모함 건조의 기본 틀이 될 수 있을 거란 판단이었다. 헬기항모 겸 상륙함으로도 기능할 수 있는 독도급은 이후 2017년 추가 건조된 2번함 마라도를 포함해 우리 군의 주력 함성으로 자리매김했다.

하지만 21세기에 접어들면서, 차세대 전투기들이 점차 대형화되고 독도급이나 그보다 약간 큰 2~3만 톤 급의 함정으로는 수직이착륙기조차 제대로 운영하지 못하는 시대가 열렸다. 기존에 경항공모함에서 쓰이던 해리어와 달리 새롭게 개발된 수직이착륙기인 F-35B는 막대한 도입 비용과 유지비는 물론 거대한 갑판과 내부시설을 필요로 했다. 이에 따라 독도급을 개장하거나 독도급보다 약간 큰 함정을 건조하는 것으로는 항모로 기능하는 것이 불가능해졌다.

여기서 의외로 가장 큰 피해를 본 것은 일본이다. 미국을 믿고 F-35B의 도입을 염두 해 건조한 3만 톤 규모의 이즈모급 경항공모함이 사실상 애물단지로 전락했기 때문이다. 이즈모급은 억지로 F-35B를 운용하는 것은 가능하지만 규모나 설계를 고려했을, 지속적이고 효율적인 작전은 불가능하다.

게다가 최대 10여 대의 F-35B를 운용할 수는 있지만 실제로 작전에 투입할 수 있는 F-35B는 반도 되지 못한다. 이착륙에 필요한 갑판의 길이가 예상보다 훨씬 길어졌고, 너무 강력한 F-35의 엔진이 강한 기류를 만들어 갑판 위의 승무원과 시설에 피해를 끼칠 수 있기 때문이다. 막대한 예산이 투입되었음에도 정작 제 기능은 할 수 없는 상황에 처한 것이다. 이를 본 우리 군은 설령 경항공모함이라고 할지라도 효율적인 항공기 운영을 위해 보다 대형으로 건조할 필요성을 느꼈다.

우리나라는 2018년부터 2차 대형 수송함 계획이라는 명목으로 항모 도입 사업을 재추진했다. 초기에는 F-35B를 주력으로 운용하는 미국의 아메리카급 강습상륙함과 유사한 설계를 채용하되 와스프급 강습상륙함처럼 해병대 운용을 위한 도크를 가진 강습상륙함(LHA)과 상륙수송함(LPD)의 혼합형으로 설계되었다. 결국 3만 톤에 250m 길이의 비행갑판을 가진 차기 대형 수송함 사업(LPX-II) 계획으로 승인하면서 항모 도입 사업이 본격적으로 시작됐다.

독도급 대형수송함의 모습

2018년의 설계만으로도 대형 수송함의 규모는 엄청나다. 길이만 하더라도 일본의 이즈모급의 180m 길이보다 훨씬 긴 250m이며 만재 4만 톤에 준하는 경하 3만 톤 급이다. 이는 만재 시에도 3만 톤이 안 되는 일본의 이즈모급보다 훨씬 큰 전투용함정이다. 하지만 이 정도 규모는 F-35B를 운용할 수 있는 현대 경항공모함의 최소 요건만 충족할 뿐이다.

그래서 한국 해군은 2020년 8월 대형수송함 사업 명칭을 경항공모함으로 공식 변경하고 미국의 아메리카급처럼 웰독이 없는 순수 항공모함으로 사업 방향을 변경했다. 길이 역시 15m 늘어난 265m로 변경됐다. 이는 F-35B가 수직 이착륙하더라도 원활한 작전이 가능한 설계다. 그리고 발표된 함정의 폭과 길이는 최대 20대의 F-35B를 운용할 수 있는 아메리카급 강습상륙함보다 크다. 이에 대해서 마덱스에 참석한 현대중공업 관계자는 함정의 하부를 줄여 배수량을 유지했다고 밝히고 있다. 그런데 이렇게 억지로 배수량을 줄이다 보면 설계상 문제가 발생할 수밖에 없다. 충분한 작전 성능 확보를 위해서는 크기에 걸맞은 규모가 돼야 할 것이다. 따라서 해군은 3만 톤 급 항모라고 주장하고 있지만, 한국형 항모인 CVX의 실제 규모는 샤를 드골급 중형항모나 아메리카급 강습상륙함보다 큰 규모가 될 것이다.

웰독을 제거한 이유도 항모의 운용성을 극대화하기 위해서다. 일반적인 항공모함은 이륙 시 전투기의 가속을 돕기 위해 함정의 속도를 최대한으로 끌어올린다. 그런데 웰독을 탑재할 경우 함정 형상이 변경되어 함정의 속도가 느려질 수밖에 없다. 웰독을 탑재해서 속도가 느려지면 그만큼 가속에 불리할 수밖에 없으니 웰독을 제거한 것이다. 반복되는 설계 변경은 오히려 항모를 반대하는 사람들의 논란거리로 제공하였다. 이 때문에 항모의 효용성이 여론의 도마에 다시 오르게 되었으니 말이다.

하지만 뜻하지 않게 영국이 등장하면서 한국의 중형항모 건조계획은 탄력을 받고 있다. 영국 해군은 현재 퀸엘리자베스급의 설계 노하우와 항모 운용 노하우를 일괄 포함해 한국에 수출하는 것을 고려하고 있다. 그와 동시에 무인포탑으로 개량된 K9A2의 도입과 신형장갑차 도입 등에서 한국과의 협력을 추진하고 있다. 영국 역시 홍콩 문제 등으로 중국과 대립각을 세우고 있다. 한국과 영국이 대립할 일은 전혀 없기 때문에 군사협력을 진행하는 데 아무런 문제가 없는 상황이다.

영국이 제시하는 퀸엘리자베스급은 만재 7만 톤 급에 최대 36기의 F-35B를 운용할 수 있는 현대판 중형항모이다. 한국형 항모보다 15m 긴 280m 갑판에 추가

적으로 스키점프대(STOBAR)를 설치해 F-35B의 운용을 용이하게 했다. 또 디젤

전자기식사출기 CATOBAR 이륙 장면

엔진, 전기모터, 가스터빈을 결합한 통합전기추진(IEP) 방식을 채택해 현대전에서 필요한 전력을 충분히 공급할 수 있는 추진체계를 설치했다. 전략적 가치와 전술적 효용성을 고려할, 대한민국이 항모를 보유한다면 최소 이 정도는 되어야 의미가 있을 것이다.

하지만 이런 제원을 갖는다 하더라도 주변국인 중국의 003형이나 미국의 제너럴 포드급과 같은 차세대 항모들에 비해서는 열세다. 이들은 전자기식사출기 CATORBAR를 이용해 함재기를 빠르게 이륙시킬 수 있기 때문이다. 그리고 현대전에서는 각종 전자 장비를 원활하게 운용하면서도 고속주행이 가능해야 한다. 그러기 위해서는 완전 전기추진체계(IEFP)를 사용해야 한다. 따라서 대한민국이 미래전에서 살아남을 수 있고, 또 가치 있는 항공모함을 만들기 위해서는 적어도 전자기식 사출기 CATOBAR와 완전 전기추진체계가 탑재된 만재 7~8만 톤 급의 규모의 항공모함을 만들어야 한다는 결론을 도출할 수 있다.

현재 중국은 재래식 추진 방식인 8만 톤 급 003형 항모에 이어 곧바로 핵추진 004형 항모를 건조하고 있다. 이런 점을 고려할 때, 항모를 만들 것이라면 최소

정식중형항모는 되어야 한다. 또한 많은 인력이 투입되는 항모는 병력 부분도 염두 해야 한다. 하지만 다행히도 우리 해군은 관련된 기술들을 차근차근 확보하고 있다.

함정에서 가장 많은 인력이 투입되는 부분은 교전 시 발생하는 화재나 폭발을 수습하는 데미지 컨트롤이다. 해군은 이를 자동으로 수행할 수 있는 스마트 밸브를 차세대 함정에 탑재하고 있다. 또, 참수리 등 연안 경계에 투입되는 함정을 무인화해 인력을 최소화할 계획도 가지고 있다.

일부 지상요원을 민영화하고 고속정들을 무인화한 뒤 추가적인 자동화 설비까지 도입한다면 중형 항모를 도입하는 것도 아주 불가능한 일은 아닐 것이다. 게다가 영국은 앞에서 언급한 기술도 다수 확보한 것으로 알려져 있다. 이 점이 한국의 중형항모 도입에 힘을 실어주고 있다. 영국은 완전 전기추진체계 IEFP를 타입 45형 구축함을 실전 배치한 국가라는 점도 주목할 만하다.

한국의 첫 항모는 우선 스키점프대(STOBAR)로 추진되고, 건조 기술과 노하우가 쌓인다면 영국의 완전 전기추진체계(IEFP)를 도입할 수 있다. 그렇게 된다면 궁극적으로 CATOBAR 방식의 항모 도입도 충분히 가능하다. 그동안은 국산무기 도입을 지지하는 입장이었지만 이번 항모는 외산 도입이든 자체 개발이든 CATOBAR만 설치할 수 있다면 영국과의 합작을 통해 한국의 항모건조 노하우를 쌓는 것도 좋은 선택이라 생각한다.

2

KF-21

한국의 KFX 사업

대한민국이 군용 항공기를 제작한 역사는 상당히 깊다. 해방 후 만들어진 부활호, 제해호 등 여러 항공기들이 국산 항공기 발전에 이바지했다. 그러나 이 항공기들은 외산 부품에 의존한 조립항공기라는 한계가 분명했다. 거의 완전히 우리 손으로 만든 첫 군용기는 KT-1 웅비라 볼 수 있다. 한국은 이 웅비를 만들면서 축적한 기술과 록히드마틴의 도움이 더해져 만들어진 것이 T-50이고, 다시 이를 이용해 개발된 것이 국산 경공격기 FA-50이다. 이처럼 우리 군용 항공기는 차근차근 단계를 밟아나가며, 그러면서도 실패 없이 매우 빠른 속도로 성장 중이다. 그리고 그 정점에 국산 4.5세대 전투기 KF-21 보라매가 있다.

KF-21 보라매는 4.5세대기로 시작해 완전 스텔스 5세대기로서의 발전을 목표로 한 차세대 미들급 전투기이며 우리 군은 보라매의 개발을 통해 첨단 6세대 전투기 개발까지 염두에 두고 있다. 한국이 KFX를 완성할 무렵이면 미국은 6세대 전투기를 출시할 것이다. 그러나 KFX를 통해 4.5세대 전투기를 개발한 경험을 기반으로 한국은 기존보다 훨씬 빠른 시일 내 6세대 전투기를 개발할 수 있을 것이다. 그것을 위해서라도 우리는 이번 KFX를 반드시 성공시켜야만 한다.

그렇다면 한국의 4.5세대 스텔스 전투기를 본 일본의 반응은 어떨까?

한국의 첫 군용 항공기 KT-1 웅비

"최신 미제 스텔스 전투기인 F-35A와 비교해 보면 운용비용이 절반 정도다. 일본의 F-3는 배 이상 비싼 비용이 필요하다."

"한국의 기술이 부럽다. 값싼 수출용 경전투기나 더 만들면 좋을 텐데. 일본 망했네."

라며 한국의 전투기 제작을 부러워하는 의견도 있었는가 하면,

"제대로 작동한다는 가정 하에, 북한이라면 충분한 스펙이겠지. 단지 목업 일 뿐이잖아? 이런 모형이라면 혼다도 만들 수 있어."

"이런 어중간한 사양의 전투기를 만들어봤자 의미 있나?"

"거슬러 올라갈 수 있는 기체도 없이 갑자기 이런 전투기가 만들어지겠어?"

라며 한국의 기술력을 부정하는 의견도 있었다.

그런데 한국 기술력은 그들의 생각과 달리 그리 낮지 않다. 미국으로부터 기술 이전을 거부당한 KF-21(한국형 전투기)의 4세대 핵심 기술 장비의 국산화한 것만

봐도 이를 잘 알 수 있다. 군 당국과 방위산업계에 따르면, 군은 KFX 4세대 핵심기술 장비에 대한 상세설계(CDR)단계를 최종 통과하고 시제품 제작 단계까지 진입했다. 기술이 없었으면 이런 일은 불가능했을 것이다.

위에서 말한 4세대 핵심기술 장비란 AESA(에이사-다기능위상배열)레이더, IRST(적외선탐색 추적장비), EOTGP(전자광학 표적추적장비), RF재머(전자파방해장비) 등이다. 당초 국방부는 지난 2013년 공군 차세대전투기로 미국 록히드마틴의 F-35를 선정하는 대가로 이 4대 핵심기술을 이전받아 KFX를 개발한다는 계획이었다. 그러나 막상 F-35 선정 이후 미국 정부가 4대 핵심기술의 이전을 거부했다. 이로 인해 한국의 KFX 개발에는 큰 차질이 빚어졌다.

결국 정부는 국내 방위 산업계와 논의 끝에 4대 핵심 기술을 모두 독자 개발하기로 결론 내렸다. 그리고 가용한 모든 자원을 이 분야에 집중 투입해왔다. 4대 핵심기술 장비는 국방부 산하 국방과학연구소 주도로 개발되었다. AESA레이더, IRST , EOTGP 등 3개 장비는 한화시스템이, RF재머는 LIG넥스원이 개발해 CDR을 통과했다.

KFX전투기 개발을 위해서는 기본설계(PDR)와 상세설계(CDR) 단계를 통과해야 하고 이후에야 본격적인 시제품 제작 단계로 진입할 수 있다. CDR을 통과했다는 것은 해당 장비 제작에 대한 모든 이론 및 기술적 능력을 갖춰 실물을 제작할 수 있다는 것을 의미한다.

방위산업계 관계자는 "미국이 기술이전을 거부한 4대 핵심기술 장비의 CDR 통과 여부는 따로 발표하지 않았으나, 이들 장비들 모두 국내 기술진의 역량으로 CDR을 통과한 게 맞다"며 "이 사실 자체만으로도 국제 항공업계에서 한국의 위상은 과거와 비할 수 없을 정도로 높아졌다"고 말했다. 국내 업체에 의해 개발된 4대 핵심기술 장비는 향후 국내외 각종 방위산업 전시회에 전시되어 한국 국방기술의 첨단 수준을 세계에 알리는 역할을 하게 될 것이다.

KFX의 4대 핵심 기술

지난 2013년 한국 정부는 미국 록히드마틴의 F-35를 선정하는 대가로 4대 핵심기술을 이전받아 KFX를 개발한다는 계획을 세웠다. 4대 핵심기술 장비란 AESA(능동형위상배열)레이더, IRST(적외선탐색추적장비), EOTGP(전자광학 표적추적장비), RF재머(전자파 방해장비)였다. 하지만 2015년 미국 정부는 돌연 4대 핵심기술 이전을 거부했다. 이것은 KFX 개발에 차질을 빚게 만드는 주요 원인이 되었다.

위기는 곧 기회라는 말이 있다. 이 일은 결국 한국의 4대 핵심기술 개발 의지에 불을 지피는 계기가 되었다. 사실 한국이 미국에게 요구한 4대 핵심기술은 군사기밀 중 최고 등급의 국가 비밀로 분류된다. 어찌 보면 이는 당연한 결과라 할 수 있는 것이다. 그래서 일각에서는 이를 두고 '한국의 전략'이라 말하기도 한다. 한국이 KF-X를 미국의 눈치를 보지 않고 개발하기 위해 구사한 고도의 연막작전이었다는 것이다.

우리 군의 전투기는 대부분 미국제 전투기들로 구성되어 있다. 이런 배경에 갑자기 한국이 전투기를 직접 개발하겠다고 한 것이다. 미국 입장에서는 어떻게든 이를 저지해야만 했을 것이다. 한국은 그래서 한 가지 꾀를 냈다. 한국형 차세대 전투기 개발에 절대적으로 필요한 4대 핵심기술을 미국에게 요청한 것이다. 미국은 한국이 이런 핵심 기술이 없다는 것을 알고 있었다. 때문에 한국이 전투기 개발을 추진하다 포기하면, 오히려 미국에 더 의존할 것이라 생각했다. 결국 계산 끝에 한국의 KF-X 개발을 묵인하고 4대 핵심기술 이전을 약속한 것이었다.

실제로 전투기 개발은 쉽지 않다. 설사 진행하더라도 실패할 확률이 매우높은 사업이다. 한국은 심지어 다른 국가와 기술협력을 통해 개발하겠다는 것도 아니었다. 오로지 한국의 독자 기술로 개발하겠다고 나선 것이다. 때문에 미국은 당연히 한국의 차세대 전투기 사업이 좌초할 것이라고 생각했다. 하지만 우리 기술자들은 미국의 생각과 달리 우수했고, 준비는 철저했다. 그렇기에 한국은 미국의 도움이 없더라도 충분히 국산 전투기를 만들 수 있다고 확신했다.

하지만 이 사실을 미국에 알리지는 않았다. 한국은 애초부터 미국이 4대 핵심기술을 이전해 줄 것이라 생각하지 않았다. 그래서 한국은 KFX전투기 사업 전부터 독자적으로 이와 비슷한 사업을 추진하면서 차근차근 4대 핵심기술의 노하우를 쌓아갔다. 또 미국에는 한국형 차세대 전투기 사업이 결국 실패로 돌아갈 것이라는 뉘앙스를 풍기면서 도움을 청했다. 결국 미국은 한국의 계략에 깜빡 속아 넘어갔고, 세계 최고 성능의 미들급 전투기인 보라매의 개발은 아무런 방해나 외압 없이 순조롭게 진행됐다.

지난해 11월, 대전에 있는 국방과학연구소(ADD) 전자전 비행 모의 시험대 통제실에서 국방부 출입기자들을 대상으로 시연회가 열렸다. 지름 30cm, 송수신(TR) 모듈 500개로 이루어진 프로토타입 AESA레이더가 81km 거리에서 접근하는 가상 적기 6대를 동시에 추적하기 시작했다. 아군 전투기 2대는 노란색 세모꼴로 동시에 표시가 됐다. 한국이 개발한 AESA 레이더가 전투기 8대를 동시에 탐색·추적하면서 적기와 아군기까지 식별해 내는 능력을 확인한 것이다.

당시 대한민국의 AESA 레이더 기술은 미국 등 선진국에 비해 80% 수준이라고 평가받았다. 한국의 프로토타입 레이더는 아직 해결해야 할 과제가 많았다. 전투기에 탑재할 수 있도록 소형화·경량화해야 하고 모듈에서 발생하는 열을 냉각수를 이용해 균일하게 식히는 기술 등을 추가로 개발해야 했다. 이는 굉장히 어려운 도전이었다. 그런데 놀랍게도 한국은 이 모든 것을 기적처럼 성공시켰다.

먼저 한국은 프로토타입 AESA레이더의 개량을 거듭했다. 그 결과, 지난 2020년 11월, 방사청은 송수신 모듈이 1088개에 달하는 시제품을 공개했다. 이 AESA 레이더는 가장 핵심 소자인 질화갈륨(GaN) 반도체 소자를 다이아몬드 공법이라는 새로운 기술을 적용했다. 이로써 기존 미국이나 일본의 특허를 피해 가면서도 전력 증폭률이나 열전도율이 훨씬 높고 내열성도 챙길 수 있었다. 테스트를 담당했던 이스라엘 엘타사는 우리 기술진이 개발한 AESA레이더 하드웨어가 이스라엘의 레이더보다 훨씬 성능이 뛰어나다며 수출을 요청할 정도였다.

한국이 개발한 AESA레이더는 국방과학연구소 주도로 개발에 착수했지만 우리 민간 기업들의 공도 컸다. 개발에 착수한 지 불과 4년 만에 한화시스템이 레이더, 적외선 탐색 추적 장비 개발에 성공했고 LIG넥스원은 전자파 방해 기술 개발에 뛰어들어 성공해냈다. 또한 개발 경험이 없었던 우리에게 필요한 기술 지원과, 기술에 대한 객관적인 신뢰성 확보 문제는 해외의 기술협력으로 해결했다.

일례로 2017년 스웨덴의 사브(SAAB)와 체계통합 소프트웨어 협력 계약을 체결했고, 레이더 시스템의 테스트는 이스라엘의 엘타(ELTA) 시스템즈가 맡았다. 이런 방법을 사용해 전투기 핵심기술들의 신뢰성을 확보하면서도 개발 기간을 단축하게 된 것이다.

현재까지 한국의 방산 업계가 개발을 완료한 AESA 레이더는 중거리 지대공유도무기 천궁이 유일했다. 차기 호위함(FFX-Ⅲ)에 탑재될 AESA 레이더는 아직 전력화가 되지 않았고 먼저 전투기용 AESA 레이더 개발이 성공한 것이다. 이는 국산 기술이기 때문에 한국의 의지대로 활용이 가능하다. 육, 해, 공의 모든 무기체계와 유도 미사일에도 적용이 가능하다는 것이다. 즉 남의 눈치보지 않고 우리가 원하는 무기체계에 탑재할 수 있을 뿐만 아니라 국산이기 때문에 수입산보다 현저히 적은 비용으로 사용할 수 있다.

AESA레이더의 강점은 기계식 레이더에 비해 정보 처리 속도가 1,000배 가량 빨라 대응 수준의 차원이 다르다는 것이다. 레이더 스텔스 성능 향상에도 AESA

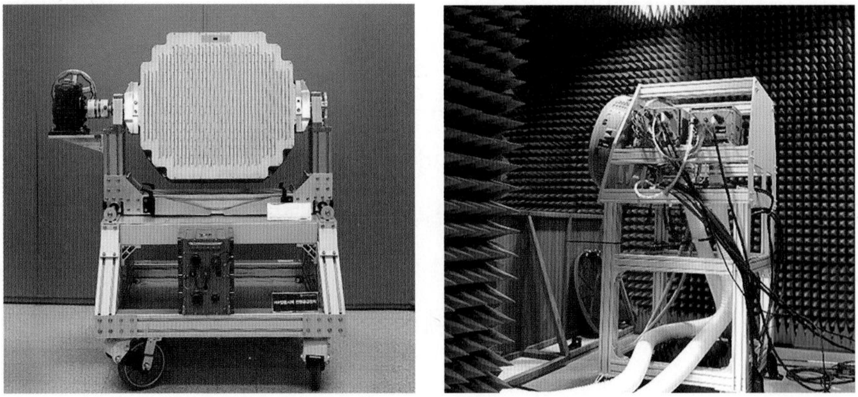

국산 AESA레이더 1호 시제품의 모습

레이더가 유리하고 적 레이더 교란 등 전자전 능력도 갖추고 있기 때문에 탐지거리 및 범위도 확대된다. 전투기 송수신 모듈이 수백 개에서 천 개 이상이기 때문에 이 중 모듈 몇 개가 고장이 나더라도 기능에는 별 이상이 없다. 뿐만 아니라 독립적으로 송수신하는 모듈 덕택에 공중과 지상의 다수의 표적을 동시에 탐지하거나 추적할 수도 있다.

좀 더 세부적인 내용을 알아보자면, AESA레이더 개별 소자가 사용하는 전력은 4W에 불과하다. 이것은 탐지를 위한 전파 조사 시, 적 레이더에 역감지될 확률이 적다는 의미다. 역감지 확률이 낮다는 것은 곧 전투 능력 향상으로 이어진다. 기계식 레이더를 사용했을 때와 비교해 3~4배 이상의 전투 능력이 향상되면서 복수의 표적과 동시 교전이 가능해진다.

또 전투기 성능을 끌어 올릴 뿐만 아니라 장거리 공대공 미사일을 사용 가능하게 만듦으로써 공격력은 극대화되고 전투기의 생존성 또한 비약적으로 상승할 수 있게 된다. 많은 이가 AESA레이더를 추앙하는 이유가 바로 이 기술 때문인 셈이다.

보다 먼 거리를 탐지하면서 적 전투기가 자신이 탐지됐는지도 모르게 끝까지

상대방을 레이더로 추적할 수 있는 기능이야말로 AESA레이더의 최고의 강점이라 할 수 있다.

AESA 레이더의 탐지 거리와 해상도는 AESA레이더의 TR(송수신) 모듈수, 전파의 순간 출력 세기에 비례한다. 반면 송수신 소자별 전파 출력이 높을수록 적 레이더에 탐지될 가능성은 증가한다. 그러나 스위치 소자의 출력은 높으면 높을수록 단위 면적당 필요한 스위치 수가 감소하게 된다. 한국은 이런 문제점을 개선할 수 있는 새로운 소재를 AESA레이더에 활용했다.

전자통신연구원(ETRI)에서는 기존의 질화갈륨 스위치 소자를 새로 개발했다. 바로 직전 세대의 소자가 20W급인 것과 달리 새로 개발한 소자는 50W급이었다. 또한 연구진이 만든 질화갈륨 소자는 출력과 격리 성능이 매우 뛰어났다. 게다가 기존의 서큘레이터를 대체해 부피는 최대 450배, 무게는 10%까지 줄여 송수신을 담당하는 레이더 소자의 모듈 크기를 크게 줄였다. 이런 점을 확인한 이스라엘 엘타사와 스웨덴 사브는 '대한민국의 레이더 하드웨어 기술은 미국이나 이스라엘과 동등한 수준에 도달했다'라는 평가를 내린 것이다.

기존 시제품에 적용된 단위 면적당 송수신 모듈수는 1,088개였다. 그러나 크기는 작아졌음에도 출력은 더 높인 이번 스위치 소자 개발 성공으로 그 개수는 더욱 늘어날 수 있었다. 이런 첨단 공법의 성공은 시사하는 바는 매우 크다. 같은 단위 면적에 더 많은 소자를 배열해 훨씬 먼 거리에서도 더 작은 물체에 대한 탐지가 가능하게 됐기 때문이다. 이는 다른 국가의 AESA레이더와 비교해 더 뛰어난 성능을 자랑할 수 있다는 뜻이다.

국산 개발 초기에는 한국이 만든 AESA 레이더가 F-35 등에서 사용되는 AESA 레이더에 비해 성능이 뒤떨어지는 것이 아니냐는 우려가 있었다. 시제품 단계에서의 송수신 모듈 수가 1,088개에 불과했기 때문이다. 이는 탐지 거리가 81km밖에 되지 않는다는 말이다. 하지만 ETRI의 스위치 소자 개발로, 전문가들은 KF-X

에 장착할 AESA 레이더의 최종 송수신 모듈 숫자는 1,200개를 초과할 것으로 예견하고 있다.

예상 경쟁 상대인 중국 J-20의 AESA레이더는 이스라엘의 ELTA사 제품을 장착했다. 이스라엘제 ELM-2052 AESA 레이더는 탐지거리 160Km로, 모듈수는 1,290개에 이른다. 이에 전문가들은 한국의 KF-X에 사용되는 AESA레이더의 탐지거리는 중국 J-20과 F-35의 중간 쯤일 것으로 예상하고 있다.

현재 세계 각국의 최신형 전투기들은 거의 예외 없이 AESA 레이더를 장착하고 있다. 세계 최강의 전투기로 꼽히는 미국의 F-22는 APG-77(V)1를 장착했고, 우리 공군도 도입한 F-35는 APG-81, 미 함재기 FA-18E/F 수퍼호넷은 APG-79 AESA 레이더를 각각 장착하고 있다.

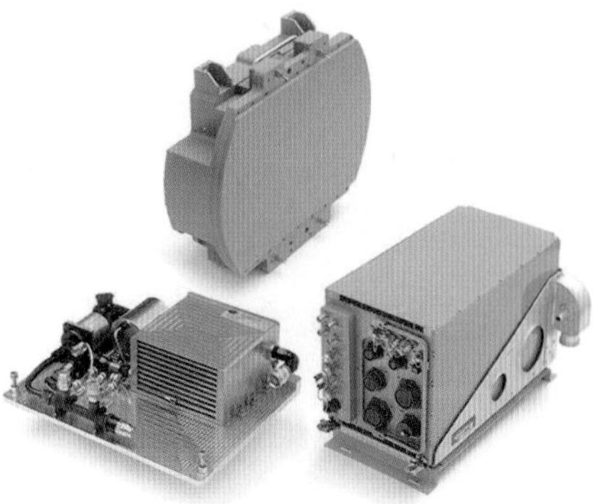

이스라엘의 ELM-2052 AESA레이더의 모습

AESA 레이더는 전투기뿐 아니라 지상 장비, 함정 등에서도 광범위하게 활용되고 있다. 중국과 주한 미군 사이에서 배치 논란을 겪었던 고고도 요격미사일 사드(THAAD)의 AN/TPY-2 레이더도 AESA 레이더의 일종이다. 우리나라에서 북한 탄도미사일 발사를 추적·감시하고 있는 이스라엘제 그린파인 레이더도 AESA 레이더다.

대한민국 해군은 세종대왕함과 율곡이이함, 서애류성룡함 등 이지스함 3척을 보유하고 있다. 특히 이 중 세종대왕함은 전투함 중 가장 큰 7,600t급으로, 세계 5번째 이지스함 보유국이라는 타이틀을 한국에 안겨주어 당시 큰 화제가 되었었다. 그런데 세종대왕함에 장착된 AN/SPY-1D 레이더는 미국에서 들여온 비능동형 전자주사식 위상배열(PESA) 레이더이다. 현재도 상당수 미 해군 함정이 이 레이더를 사용 중이다.

PESA레이더는 소수의 송수신 모듈에서 단일 주파수를 발생시키는 방식의 레이더다. AESA 개발 전 중간 단계의 레이더라고 보면 되는데, 여러 개의 모듈이 독립적으로 여러 신호와 주파수를 발생시키는 AESA에 비하면 표적 탐지 능력이 떨어질 수밖에 없다.

세종대왕이지스함의 AN/SPY-1D PESA레이더

대한민국이 자체 개발에 성공한 AESA 레이더의 질화갈륨 소자는 기존 레이더 소자인 갈륨비소(GaAs)를 사용할 때와 비교해 민감도가 32배 높아졌다. 따라서 2024년에 한국에 모습을 드러내는 차기 호위함과 2030년대 중반에 완성되는 한국형 차기구축함 KDDX에는 AESA 레이더가 장착될 것이다.

한국은 이미 지난해 국내 기술진이 공개한 함정용 통합마스트 4개 면에 고정형 AESA레이더를 장착해 최대 4,000개 목표를 감시할 수 있도록 개발하고 있다. 뿐만 아니라 각종 전투 자산과 새로 도입하는 전투체계들의 레이더를 점진적으로 국산 AESA레이더로 교체하고 있다.

한국형 패트리엇으로 불리는 국산 요격미사일 M-SAM, 한국형 사드 L-SAM(미사일 요격용 장거리 지대공미사일), 해군 초계함 사격용 레이더가 여기에 해당된다. 차기 국지방공 레이더도 추진 중이다. 특히 한국이 추진하고 있는 드론 방어체계도 신속 시범 획득사업에 성공해 국산 AESA가 적용된다. 2021년 6월경에는 육군, 해군, 공군에 인도되어 시범 운영에 들어선다. 그리고 향후에는 우리 군의 드론 방어체계 구축을 담당하게 될 것이다.

이 기술은 순수 국내 기술로 개발됐으며 세계 최고 수준으로 평가받고 있다. 특히 3km 이상 떨어져 비행하는 초소형 팬텀 드론 식별 레이더 시스템을 개발해 국내외 언론의 주목을 받았다. 지난해 초에는 5km 이상 탐지 가능한 결과를 얻었고 최근에는 매트리스 600과 같은 소형 드론을 8km까지 탐지하는 데 성공했다. 이번 신속시범 획득사업에 포함된 RADAR연동 안티드론 통합솔루션 사업은 레이더를 통해 중요시설에 접근하는 적의 소형 드론을 탐지하고 전파교란(Jamming)으로 무력화할 수도 있다.

이렇듯 현재 대한민국의 AESA레이더의 현주소는 개발 단계를 지나 응용 분야로 확대되고 있다. 하지만 국산 F-15K에 실린 APG-63(v)1 레이더와 KF-16에 탑재된 APG-68 레이더는 기계식 레이더를 사용하고 있다.

AESA레이더로 교체하는 사업이 진행 중이지만 애석하게도 국산 AESA레이더가 아닌 해외 레이더가 장착된다. 그 이유는 미국산 전투기라는 점과 미국산 기존 무장체계와의 통합성 때문이다. 반면 대한민국이 개발한 FA-50에는 국산 AESA 레이더를 장착할 계획이다. 또한 국산 전투기 KF—X도 한국이 개발한 AESA레이더가 장착된다.

지금 한국은 결국 실패할 것이라는 다른 모든 국가의 예상을 깨고, 독자기술로 순수 국산 전투기 개발을 마무리 짓고 있다. 뿐만 아니라 세계 정상급의 AESA레이더와 비교해도 전혀 뒤떨어지지 않는 한국형 AESA레이더를 개발했다. 이로써 한국에서 개발되는 모든 한국산 무기체계에는 한국형 AESA레이더를 탑재하게 되었다.

KFX 시제기와 한국형 FASS

한국의 KFX의 조립시설은 처음 중형전투기를 만드는 나라라고 생각되지 않을 정도로 경이로운 수준이다. 항공전문제조업체 미국 록히드마틴조차 보유하지 못한 첨단 장비들을 사용하고 있기 때문이다.

동체의 이동이나 합체는 전자동으로 수행하고 전투기의 합금판을 체결하는 리벳은 위치를 잡음과 동시에 뚫고 있다. 현재까지 순조로운 조립 과정을 거치고 있으며 연말까지를 목표로 누유 확인 시험동도 건설 중이다. KFX의 공정률은 65%에 이르렀다. 이에 올해 5월에는 대한민국 영공을 누빌 첫 이륙을 할 수 있게끔 준비하고 있다. KF-21 1호기는 지난 4월 말 공개행사에서 롤 아웃을 통해 처음으로 선보였다. 개발 일정이 아주 순조롭게 진행된 덕인데 올해 첫 비행을 시작으로 5년간 지상 시험과 본격적인 비행시험을 함께 진행할 예정이다. 완전한 개발 완료는 2026년으로 계획하고 있다.

KAI는 2026년 6월까지 총 8대의 시제기를 제작하고 시험비행을 통해 전투기로서의 역할을 검증한다. 시제기 제작이 완료되고 성능이 어느 정도 검증되는 2024년 본격적인 계약이 맺어질 예정이다. 또한 구조시험체 시제기는 지상에서 지옥과도 같은 혹독한 테스트를 받게 된다. 혹한, 혹서, 진동, 음향, 주익 비틀림, 전자파 상호간섭 여부, 정비의 용이성 등을 평가해야 하기 때문이다.

이외에 또 다른 시제기 1대는 인도네시아에 전달할 기체이다. 인도네시아는 시제기 1대와 기술 자료를 이전 받은 뒤 IF-X 전투기 48대를 현지 생산하기로 계약한 상태다. 하지만 계속된 분담금 지연과 연이은 거래 불발로 인니에게 시제기를 넘기지 말아야 한다는 목소리도 상당하다. 이처럼 아직 보라매 양산까지는 극복해야 할 문제들이 많다. 그러므로 앞으로 다가올 시험비행과 각종 테스트 결과에 따라 KF-21의 미래가 달라질 것으로 보인다.

전투기는 원래 전방·중앙·후방 등 각 부위별로 나눠서 생산된다. 고정익 공장에선 부위별 동체를 조립할 뿐 아니라 각 동체를 합체해 전투기를 완성한다. 동체를 합체시키기 전에 엔지니어들은 동체에 들어있는 전선 1만 개 이상을 일일이 작동시키고 테스트해 이상 유무를 확인하면서 조립을 진행한다. 이 동체 합체 과정에서 허용되는 오차 범위는 0.002mm에 불과하다.

KAI는 이 수준의 오차조차 없애기 위해 세계에서 두 번째로 FASS라고 하는 동체자동체결시스템을 도입했다. 국내 기술로 개발한 FASS는 자동주행장치의 일종이다. FASS는 11개의 레이저를 이용해 동체의 위치를 정확하게 정렬시킬 수 있다. 이로 인해 업무 효율성이 비교도 안되게 향상되는데, 이전까진 사람 한 명이 11일이나 걸리던 일이 FASS 도입 후에는 2.5일이면 끝나게 된다.

생산중인 KFX 시제기의 모습

2020년 9월, KF-21 시제 1호기는 FASS를 이용해 전방·중앙·후방 동체를 합체시키면서 최종 조립에 들어갔다. 공정 과정 중 유난히 눈에 띄는 장비는 대형로봇드릴링시스템 LRDS였다.

LRDS는 전투기 동체와 날개에 구멍을 뚫는 로봇이다. 전투기 제작 과정에선 용접 대신 구멍을 뚫고 볼트와 리벳으로 연결한다. 용접을 하면 고온 때문에 자칫 동체 형태가 틀어질 수 있기 때문이다. 또한 정비할 때도 볼트와 리벳을 사용하는 것이 분리 및 재조립하기 용이하다.

하지만 문제는 사람이 직접 전투기 동체에 정확한 위치에 구멍을 뚫는 것이 극히 어렵다는 점이다. 게다가 전투기를 조립하면서 뚫어야 하는 구멍은 주익과 미익에만 1만 7000여 개에 달한다. 전투기 한 대를 조립하기 위해서는 수십 만 개의 구멍을 뚫어야 한다는 것이다. 특히 전투기 날개를 만들 땐 탄소섬유 시트 80장을 겹쳐 만들기 때문에 한 번에 구멍을 뚫는 것은 무척 어려운 일이다. 사람이 직접 구멍 하나를 뚫기 위해서는 2분 34초 동안 3번에 거쳐 뚫어야만 한다.

LRDS를 이용하면 사람이 뚫을 때보다 84% 이상 시간이 단축된다. 특히 KAI에서 도입한 LRDS는 구멍 위치를 표시하는 장비와 구멍을 뚫는 장비가 통합돼 더 정확하고 효율적이다. 더 놀라운 사실은 이런 LRDS와 FASS를 모두 순수 국내 기술로 만들었다는 점이다. 때문의 세계 항공기 제작 업체들까지 한국의 LRDS와 FASS를 향해 경악스러운 눈빛을 보내고 있다.

한 미국 항공기 업계 관계자는 '한국은 당연히 미국보다 못한 기술을 갖고 있을 거라 판단했다. 하지만 이것은 우리가 잘못 생각한 것이고 이렇게 단시간 내 한국 내 항공산업이 발전했다는 것이 너무 충격적이다'라고 말했다. 그만큼 한국의 항공제작 기술력은 그들이 생각하는 것 이상으로 발전했다는 것이다.

연구개발에 아주 많은 비용이 소요되는 항공산업 기술의 특성상 하루아침에 세상에 없던 첨단기술이 등장하지는 않는다. FASS는 KAI가 T-50에 처음 도입한 것을 시작으로 수리온 생산에도 적용되었다. 이번 KF-X 조립에 투입된 FASS는 지금까지의 노하우를 바탕으로 개선을 통해 더욱 발전시킨 모델이라 할 수 있다.

이번 KF-21의 제작을 위해 KAI는 800여 명의 신규 인력과 각종 구조 및 계통, 복합재를 시험할 수 있는 테스트 인프라를 확보했다. 그리고 KT-1, T-50 등을 생산하면서 그동안 축적된 노하우가 반영된 첨단 생산 시설을 확충함으로써 세계적인 생산 설비를 갖췄다. 그중 가장 핵심이 되는 설비가 바로 자동화 조립 장비 FASS(Fuselage Automated Splice System)인 것이다.

FASS는 이름 그대로 기수와 주요 기체 구조물을 휘어짐 없이 설계도대로 맞춰주는 자동 정렬 시스템이다. 한국이 개발한 FASS는 기존에 없던 혁신적인 장비는 아니다. 하지만 정밀 오차를 거의 제로에 수렴하도록 만들었다는 점은 혁신에 가깝다고 볼 수 있다.

각 동체와 동체의 사이에는 약 400여 개의 부품이 들어가면서 조립된다. 이전

까지만 하더라도 이 과정은 일일이 사람 손을 거쳐야 했다. 그뿐만 아니라 KFX에

동체자동체결시스템 FASS (동그라미, 파란색 장비)

는 22만여 개의 표준품인 리벳·볼트·너트 등이 들어간다. 7,000여 개의 구조물과 1,200여 개의 배관, 550여 개의 전자장비와 기계장치, 250여 개의 전기배선 다발 등을 직접 설계·제작하는 과정도 필요하다. 전투기는 인간이 만들 수 있는 극한의 '머신'이라고 불리는 이유가 바로 이것이다.

우리에게 KF-21 개발의 의미가 특별한 이유는 방위사업청과 KAI가 2015년부터 현재까지 수십만 개에 달하는 표준품, 구조물, 기계장치 등을 모두 한국 기술로 설계하고 제작했기 때문이다. 그 결과 현재, 시제 4호기가 성공적으로 생산되었으며 5, 6호기 역시 순조롭게 제작되고 있다.

KF-21 보라매는 1,300여 명의 항공 엔지니어들과 800여 명의 타업종 엔지니어가 참여한 대형 사업이다. 한국은 이들을 위해 70여 개의 교육과정을 개설하고 분야별 심화 교육을 실시했다. 엔지니어들의 교육을 통해 향후 대한민국 항공 분야의 중요한 인적 자원까지 확보하겠다는 계산이다.

항공전자시스템 통합시험장비실(SIL)에서는 보라매용 소프트웨어와 하드웨어 시스템의 성능검증 작업을 진행하고 있다. 30여 종의 항전장비를 장착해 그 성능을 평가하고, 무장과 세부 계통 장비 20여 종과 항공기, 표적, 외부환경 등의 모의

시험을 통해 최강의 전투기를 개발하기 위함이다.

또한 아이언버드라고 불리는 실제 전투기의 세부 계통 점검용 조립체를 통해 각종 평가가 진행 중이다. 이에 따른 계통시험동도 확보한 상태이기에 그전까지와는 다른 세부적인 비행 데이터를 얻을 수 있었다. 과거에 T-50을 개발할 당시에는 미국 인프라에 의존했던 분야지만 이번 KF-21 개발 과정에서 국내 기술로 해외 선진국 못지않은 인프라를 완벽히 구현해 냈다. 현재 KAI의 전투기 제조 인프라는 세계 최고 수준이라는 평가를 받고 있기까지 하다. 즉, 이제 한국은 미국의 도움 없이도 한국 지형에 맞는 설계를 할 수 있는 독자적인 능력을 확보했다고 할 만하다.

KF-X 계획은 2000년 11월 3일 KT-1 훈련기 출하식에서 김대중 전 대통령이 '늦어도 2015년까지 최신예 국산 전투기를 개발할 것'이라고 선언하면서 시작됐다. 하지만 처음 계획과는 다르게, 참으로 오랜 세월 우여곡절을 겪어 왔다. 10여 개의 정부 출연 연구소와 대학교, 그리고 약 200개의 국내 업체들이 남몰래 구슬땀을 흘려 왔다. 그렇게 외풍에도 흔들리지 않고 개발에 매진한 결과, 이제는 비행 시험을 앞두고 있다.

단순히 남의 기술로 항공기를 완성해 내는 것 자체는 그다지 중요한 것이 아니다. 우리 손으로 직접 개발한 FASS와 같은 첨단 생산장비로 항공기를 완성해 내는 것이야말로 진정한 국산 항공기 개발의 의미 있는 발걸음일 것이다. 앞으로 남은 모든 과정이 순탄하게 진행되어 대한민국 자체 전투기 플랫폼 획득과 블록3까지 성공적으로 완성해 낸다면, 앞으로는 우리 마음껏 전투기를 개조할 수 있다. 그렇게만 된다면 KF-21 보라매는 F-15처럼 강력하면서도 오랫동안 사람들에게 각인될 수 있는 전투기가 될 것이다.

KF-21 VS F-35

KF-21 보라매가 800억 원 수준의 양산 가격과 F-35A의 절반 이하 수준의 운용 유지비를 갖게 된다면 한국 공군은 현재 발주 예정으로 알려진 120대 이외에 추가로 100여 대 이상을 추가 발주할 가능성이 높다.

그 이유는 간단하다. KF-21의 120대 양산이 종료되는 2032년은 KF-16 전투기를 도입했던 1994년부터 약 40년이 경과된 시점이다. 대체기가 필요한 시기라는 것이다. 그리고 2032년이면 KF-21급의 가성비를 갖춘 전투기 모델이 존재하지 않을 가능성이 높다. 물론 그 시기에도 KF-21과 동급인 라팔과 F4가 존재하겠지만, 한국 공군이 말도 많고 탈도 많은 라팔을 추가로 도입할 가능성은 거의 없다. 게다가 미국 공군의 4.5세대 전투기 개발사업이 추가로 진행되더라도 운용 유지비와 가동률 측면에서 KF-21을 따라오기란 거의 불가능하기 때문이다.

한국 공군은 지난 2014년 2월 18일 국방부 KF-21 TF회의에서 쌍발 엔진형 전투기를 개발할 경우 기존 책정된 120대에서 F-16 블록32 와 KF-16 전투기 대체 수량을 포함해 총 300대로 늘릴 수 있다는 입장을 밝혔다. 또한 KF-21의 자세한 성능이 하나둘씩 공개되면서 한국뿐 아니라 세계인들도 한국의 KF-21에 관심을 갖기 시작했다.

현재까지 확정된 KF-21 관련 내용은 2032년까지 노후화된 F-4와 F-5 전투기를 대체할 수 있도록 KF-21 120대를 생산하는 것이다. 공군은 2019년부터 부족해지는 전투기 수요를 맞추고 전력 공백을 메우기 위해 도입된 지 40년이 넘은 F-4와 F-5 전투기의 퇴역 시기를 5년씩 늦추기로 결정했다. 따라서 KAI나 국내 항공 전문가들 모두 KF-21 전투기가 요구된 성능을 발휘할 경우 한국 공군이 현재 운용 중인 F16 블록32 40대와 KF-16 블록52 140대를 대체하는 용도로 KF-21을 최소 100여 대 정도 추가 양산할 것으로 예측하고 있다. 일각에서는 훈련용 복좌기를 포함해, 확정된 120대 이외에 최소 180대 이상 추가 양산될 것이란 분석도 내놓고 있다.

F-21 보라매 개발사업은 무려 7차례나 사업 타당성 평가를 통과하지 못했다. 그럼에도 개발사업이 꾸준히 진행된 이유는 한국형 전투기를 개발하겠다는 강한 의지가 있었기 때문이다. 그 배경에는 공군이 있다.

원래 우리 공군은 한국형 전투기 개발을 가장 극심하게 반대하던 곳 중 하나였다. 당시 T-50 고등훈련기 개발에 투입된 막대한 자금으로 인해 당장 전력증강에 필요한 예산이 삭감되는 데다 국산형 훈련기를 신뢰하기 어려웠기 때문이다. 그러나 T-50이나, 이를 전투기로 개량한 FA-50이 배치되면서 공군이 갖고 있던 한국형 항공기에 대한 시선이 달라졌다.

먼저 국산이기 때문에 창정비가 수월하다는 장점이 있다. 창정비가 수월하다는 점은 가동률로 이어진다. 2018년을 기준으로 FA-50의 가동률은 89.3%로, 한국 공군이 운용하는 항공기들 중에 가장 높다. 이런 수치는 미국을 포함한 전 세계 어디에 내놔도 독보적이다. 또한 뒤를 이어 KF-16이 83.4%, F-15K가 78.4%, F-5가 81.4% F-4가 73.7%의 가동률을 보이고 있다.

그리고 KT-1과 KA-1, T-50 등 국산 계열 기종의 수리 부속 구매 기간은 평균 30일 이하에 불과하다. 이와 비교해 KF-16이나 F-15K 등의 전투기들은 고장 부품에 대한 해외 수리에 최대 400일까지 걸리는 경우까지 있었다. 뿐만 아니라, 항공전자계통의 수리 부속 중 해외 모델은 조달 기간이 200일 이상 걸리는 경우가 대부분이다. 특히나 KF-16에서 사용 중인 AN/ALQ-165 전자전 장비, F-15K의 AN/ALQ-135D 전자전장비, 타이거아이 타겟팅 포드 등의 장비는 미국 공군이 운용 중인 장비가 아니기 때문에 수리 부속 조달 문제는 더 심각하다.

한국 공군은 F-35A의 높은 운용비에도 몸살을 앓고 있다. 2017년 자료를 기준으로 F-15K의 연간 운용비가 28억 원, KF-16이 15억 원인 것과 비교해, F-35A의 유지비는 54억 원으로 2~3배 정도 비싸다. 물론 미국제 전투기들은 한국 공군의

F-35A 전투기

FA-50보다 대형 기체이며 훨씬 복잡하고 다양한 임무를 수행하고 있기 때문에 직접적인 비교는 곤란하다. 그러나 국산전투기보다 막대한 비용과 시간이 드는 것은 사실이다.

이렇듯 미국제 전투기들이 갈수록 조달 비용, 운용유지비, 개량 비용이 크게 늘어나 한국 공군은 KF-21 보라매를 통해 공중 전력의 상당 부분을 대체하려고 하고 있다. 미국산 전투기를 운용하면서 한국은 골치 아프고 아니꼬운 일도 많이 겪어왔다. 반면 국산 모델을 사용하게 된다면 생산 업체를 불러서 책임을 물을 수도 있기 때문에 대처가 훨씬 빠를 수밖에 없다. 또한 항공기 독자 개발은 미국의 무기 종속국에서 벗어날 수 있는 시발점이기도 하다.

KF-21의 대당 양산 가격은 약 800억 원 수준으로 예상된다. 이와 비교해 미국 공군의 F-35A의 조달가격은 지난 2020년에 7,900만 달러, 한화 910억 원까지 하락했다. 이는 세계 각국의 주문 수량이 밀려 있기 때문이다. 그래서 많은 이들이 KF-21의 경제성에 의문을 표하기도 했다. KF-21이 나올 즈음이면 F-35 가격이 대당 7,000만 달러까지 떨어지지 않겠냐는 것이다.

하지만 한 공군 군 전문가는 F-35가 7000만 달러 이하로 떨어질 일은 없을 것이라고 밝혔다. 오히려 앞으로 몇 년 지나면 가격이 더 상승할 것이라고 예상한다. 이는 현재 F-16의 최신 버전인 바이퍼(Viper)를 보면 알 수 있다. 바이퍼의 가격은 대당 약 1억 달러라고 알려져 있다. F-35보다 훨씬 비싼 것이다.

군 전문가는 F-35 가격이 내려간 이유는 한꺼번에 많은 물량이 생산되면서 규모의 경제와 공정이 최적화됐기 때문이라 밝혔다. 물량이 몰린 만큼 추후에는 물량이 줄어들 수밖에 없는데, 물량이 줄어들면 가격은 올라갈 수밖에 없다는 것이다. 결론적으로 KF-21이 F-35보다 더 비쌀 일은 없을 것이라는 뜻이다. 이를 뒷받침해 주는 결정적인 사례가 F-35A다. F-35A는 무수한 결함과 높은 운용유지비가 알려지면서 점차 양산 숫자가 줄어들었다. 그와 동시에 양산 가격이 상승할 가능성이 점쳐지고 있는 상황이다.

미국 뉴욕타임지(NYT)는 지난 3월 12일에 '대마불사 전투기'라는 논설을 게재했다. 논설은 'F-35 전투기는 밑 빠진 독'이라면서 '펜타곤은 F-35 사업을 손절할지 말지 고려하고 있다.'고 설파했다. 비록 대량생산으로 인해 양산 가격은 하락했지만 F-35 도입 후 맞닥뜨리게 될 문제의 핵심은 다른 기종보다 압도적으로 높은 운용 유지비에 있다는 것이다.

NYT나 미국 하원 보고서는 F-35A가 시간당 3만 6,000달러의 유지비가 필요한 반면 F-16은 2만 2,000달러에 불과하다고 밝혔다. 이마저도 국산 전투기에 비하면 대단히 높은 금액이다. NYT는 미국이 현재 계획대로 F-35를 도입하고 대략 60년간 운용한다고 봤을 때 미국 내 납세자들이 유지비로만 1조 달러 한화로 약 1,130조 원을 부담하게 될 것이라고 분석했다. 이 엄청난 금액은 부유한 미국으로서도 부담하기 힘든 금액이다. 또 F-35A의 가동률도 여전히 최대 69%에 불과해 미 공군의 목표치인 80%에도 한참 못 미치는 수치라며 비판했다.

반면 현재 한국 공군의 입장에서는 모든 항공전력을 도입가격과 운용유지비 모두가 비싼 F-35A로 채울 수밖에 없는 상황이다. 아무리 KF-21이 개발됐다고 하더라도 시험 운용을 모두 마치고 양산까지 시작해 충분한 물량을 확보하기 위해서는 최소한 2020년대 후반은 되어야 하기 때문이다. 약 10년간의 공백을 메울 수 있는 전투기는 미국산 전투기밖에 없다는 것이다. 하지만 비싼 전투기 도입에 따른 비난의 목소리도 높아지고 있다. 얼마 전 한국 공군은 40대의 F-35A를 주문해 배치했다. 그리고 2년이 지난 시점인 올해 말에 도입이 완료된다.

지난 3월 방위사업청은 2020년에 록히드마틴이 F-35A 성능개량을 통보함에 따라 이를 검토하고 있다는 사실을 공개했다. F-35A는 애초에 초기 개발 단계부터 지속적인 소프트웨어 업데이트를 통해 그 성능을 강화시키는 성능개량 계획이 잡혀 있었다. 이 계획에 따라 2020년대 초반에는 공대함 미사일 등 4가지 무장 관련 장비를 추가로 운용할 수 있도록 소프트웨어를 업그레이드하라는 내용이 한국에 통보된 것이다.

F-16 Viper

문제는 현시점에서 한국 공군이 이러한 성능 추가의 필요성을 느끼지 못한다는 것이다. 더 큰 문제는 성능 개량 시스템에 있다. 만약 한국 공군의 F-35A가 이번 1차 성능개량을 수행하지 않는다면 추후의 2차, 3차 개량 또한 제대로 수행할 수 없는 구조이기 때문이다. 이런 연유로 방위사업청은 울며 겨자 먹기로 개량사업을 수행할 수밖에 없는 상황이다.

F-35A 40대 분량의 소프트웨어를 업데이트하는 데만 무려 3,000억 원이 필요하다. 미국산 무기는 돈 잡아먹는 괴물이라는 건 익히 알고 있었지만, 불과 2년 만에 성능개량이라는 변수가 발생한 것이다. 이번에 안 하면 영원히 업그레이드를 할 수 없기 때문에 한국은 곤란한 상황에 처하고야 말았다.

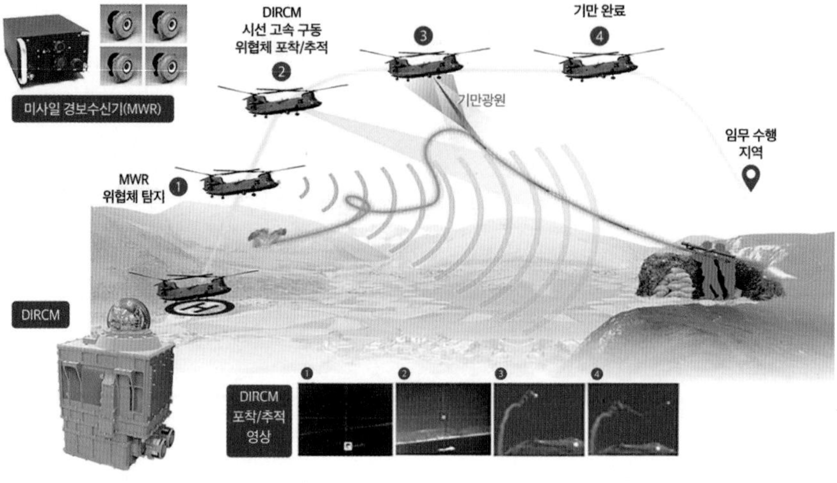

DIRCM의 모습과 운용개념도

지난 2018년에 KF-21 최종 완성형 설계인 C-109가 공개되었을 때 많은 이들이 하나의 장비를 보고 경악했다. 바로 지향성 적외선 방해장비 DIRCM(Directional Infra Red Countermeasures)이 KF-21 기체 하부에 장착되었기 때문이다.

이 DIRCM은 적외선 유도 미사일의 접근을 탐지한 후, 미사일의 시커를 향해 적외선 레이저를 발사해 방해하는 최첨단 장비다. 2018년에 국방과학연구소에서 세계 6번째로 개발에 성공했고, 미국의 F-35에 이어 한국의 KF-21이 세계 두 번째로 장착하게 되었다.

여기서 더욱 충격적인 것은 한국산 DIRCM은 실험용이 아니라 실전용 장비라는 점이다. 국산 DIRCM은 미사일 경보 수신기로 적 미사일을 탐지하고, 변조된 레이저 기만 광원을 해당 방향으로 발사해 아군 항공기로 접근하는 적 미사일의 탐색기를 기만하는 역할을 수행한다. 기만된 휴대용 적외선 유도탄 탐색기는 아군 항공기를 놓치게 된다. 이는 아군 항공기의 성공적인 임무수행을 도울 뿐 아니라, 생존성까지 현격히 높여 준다.

심지어 현재는 휴대용 지향성 적외선방해장비 MEDIA까지 개발에 성공한 상태다. MEDIA는 아군 항공기가 적의 적외선 유도탄에 노출됐을 때의 생존성을 보장해준다. 미사일 경고 장치로부터 접근하는 적의 위험체 방향 정보를 수신하는 즉시 시선을 위험체 방향으로 고속 구동하여 위협체를 지양하기 때문이다.

KF-21 보라매는 F-35를 롤 모델로 개발한 전투기다. 그런 만큼 성능 면에서 미국을 제외한 타 국가들의 경쟁 모델을 모두 뛰어넘는다. 여기에 타의 추종을 불허하는 가동률과 낮은 운용유지비까지 겸비하고 있다. 이를 감안한다면 우리 공군이 부족한 전력을 메우기 위해서는 KF-21 전투기 만한 물건이 없을 것이다.

3 현무

현무 개발 현황

북한이 '북한판 에이태킴스'로 불리는 신형 단거리 미사일을 시험 발사했다. 이 미사일은 2개의 박스형 발사관을 탑재한 무한궤도형 이동식 발사대 TEL에서 발사됐다. 군사 전문가들은 이 미사일을 에이태킴스 ATACMS, 미국산 전술지대지 미사일과 비슷한 탄도미사일로 평가한다.

에이태킴스는 속도 마하 3, 길이 4m, 직경 600mm로, 수백 개의 자탄이 들어 있어 단 한 발로 축구장 3~4개 크기 지역을 초토화할 수 있는 무기다. 북한 신형 무기는 에이태킴스보다 길이와 둘레가 더 크다. 비행 속도 역시 2배 빨랐다는 점에서 에이태킴스보다 더욱 큰 파괴력을 갖고 있을 것으로 예상된다.

또한 일부 군사 전문가들은 핵탄두 탑재가 가능한 미사일로 보고 있다. 이 미사일은 견고한 군사시설이나 대규모 산업시설 파괴용으로 예상되는 만큼 이번 북한의 시험 발사의 목적은 저고도 정밀타격 능력을 확인하는 데 초점이 맞춰진 것으로 보인다.

지난 2019년 7월에 북한에서 발사된 미사일들은 고도 약 48km로 400여 km 비행했다. 또한 8월에 발사된 미사일들은 고도 30km 비행거리 230km였다. 최대 비행속도는 둘 다 마하 6.1로 동일했는데, 특히 두 번째 시험발사에서는 고도를 18km, 사거리를 170km가량 줄여 발사한 점이 눈길을 끌었다. 미사일의 정점 고도가 낮아지면 그만큼 요격이 어려워지기 때문이다.

북한은 이날 신형무기를 탑재한 TEL이 울창한 숲속에서 기동해 미사일을 발사하는 모습도 공개했다. 북한은 무기체계의 은밀한 기동능력을 과시한 것이다. 또한 북한이 2019년 5월 이후로 북한판 이스칸데르로 불리는 KN-23, 신형 대구경 조종방사포 다연장 로켓 등의 신형무기 3종 세트를 사거리, 고도를 달리해 발사하고 있다. 이를 확인한 군 전문가들은 '북한이 공격한다면 미사일을 다양한 지점에서 다양한 패턴으로 동시에 쏠 것이기 때문에 방어가 아주 복잡해질 것'이라고 분석했다.

북한이 최근 개발한 신형 무기 3종 세트는 북한판 에이태킴스, KN-23 신형 대구경 조종 방사포다. 신형 3종 무기는 기존 무기체계보다 사거리도 길어졌다. 그러면서 고도는 낮아지고 속도는 빨라졌다. 게다가 모두 고체연료에 이동식 발사 차량까지 이용하고 있다. 이를 통해 알 수 있는 것은 북한이 과거에 비해 큰 발전을 이뤄냈다는 것이다. 발사 시간은 전보다 단축되었고 발사 원점이 다양화된 만큼 한미 정보자산의 탐지 및 선제타격이 어려워졌다.

현재 한국은 점점 증강하는 북한의 미사일 위협에 대응해 한국형 미사일방어을 확대하고 미사일 요격 능력을 더욱 강화한다는 방침이다. 최근 국방부가 발표한 2020~2024년 국방중기계획에 따르면 탐지거리 800km 이상의 탄도탄 조기경보레이더 2대 및 이지스 구축함 레이더 SPY-1D를 추가했다. 이를 통해 전 방향에서 날아오는 북한 미사일 탐지능력을 확보할 계획인 것으로 알려졌다.

반면 북한은 새로운 ICBM인 화성-15형 대륙간탄도미사일 발사에 성공했다고 발표하며 국가 핵무력 완성을 주장한다. 한국은 이에 대응할 수 있는 미사일 기지

현무 2 실제 발사모습

와 운용이 가능한 미사일 중 발사대를 정밀 타격할 수 있는 미사일을 선별했다.

우선 대표적으로 미국 나이키 허큘리스 미사일을 참고하여 개발한 우리나라 최초의 탄도탄 현무 미사일이 있다. 현무 미사일은 사정거리 180km 수준의 지대지 탄도미사일이다. 괜찮은 능력의 전술 탄도탄이지만 아무래도 짧은 사정거리가 문제였다.

따라서 한국군은 사거리가 300km 급으로 업그레이드된 현무 2를 개발하게 된다. 이전의 현무 미사일보다 위력과 신뢰성 사거리가 대폭 강화되었고 단순화됐다. 또한 신속해진 지휘발사체계 INS와 GPS를 복합적으로 운용하는 항법 장치로 인해 명중 오차 반응시간 등이 비약적으로 향상되었다.

그 이후로 현무는 다양한 버전으로 계속 업그레이드가 됐다. 현무 2B는 사거리가 500Km로 연장된 모델이다. 탄두 역시 1톤으로, 기존 500kg에서 늘었다. 또한 2016년에는 사거리 800km의 개량형 현무 2C가 공개됐다. 그리고 한국은 현무 2와 현무 3을 합쳐 2018년부터 5년간 총 2천 기를 확보할 예정으로 알려졌다.

지난 2017년 10월 육군본부에 대한 국회 국정감사가 있었다. 여기서 육군은 한미 간의 미사일 사거리 및 탄두 중량 지침에서 탄두 중량 제한 규정을 없애기로 합의했다. 이에 따라 2,000kg 탄두를 탑재한 차기 전역 탄도미사일 현무 4 개발이 진행 중이다. 자세한 제원은 알려지지 않았지만, 현무 4는 최대 순항 거리 3,000km, 탄두 중량 2,000kg로 개발했다. 2021년에 들어서는 더 엄청난 무기들이 연달아 공개되었다. 탄두 중량 4톤의 강화버전이 공개된데 더해 2021년 9월 15일에는 탄두 중량 6톤 급 고위력 탄도미사일의 시험발사 성공을 발표했다.

현무3에 기반한 함대지 미사일도 있다. 해성 2라고 불리는 미사일은 장거리 순항미사일 현무 3의 함정 탑재 버전이다. 잠수함 탑재 버전인 해성 3도 있다. 이는 현무 2계열의 부족한 사거리를 보안하기 위한 조치이다. 우리 군은 현무 2/2B를 보유하게 됨으로써 사정거리 300~500km의 전술 탄도미사일을 확보했다. 하지만 이 미사일들 역시 북한의 주요 군사기지를 사정권 안에 두지 못하는 문제가 있었다. 따라서 우리나라는 현무 3으로 명명된 토마호크 급의 순항미사일을 개발해 실전 배치하고 있다.

현무 3은 그동안 A~C까지 개량이 거듭되었으며, 최종 개량형인 현무 3C는 1,500km의 사정거리를 갖고 있다. 이 사정거리를 갖는 순항미사일은 미국, 러시아, 이스라엘, 한국 등 4개국만이 보유하고 있다. 제트엔진을 쓰는 한계로 인해 속도는 마하 1.2로 다소 아쉽지만, 정밀성이 우수하여 목표물에 1~2m의 오차를 갖고 있다. 이에 군 관계자들은 현무 3C가 미국의 토마호크에 필적하는 성능을 보유한 것으로 평가했다.

또한 현무 3 순항미사일은 북한에 대한 효과적인 방공망 제압 작전을 할 수 있을 것으로 기대된다. 실제로 걸프전 때 토마호크 미사일은 이라크군의 주요 방공망을 개전 수 시간 만에 초토화했다. 최근 오디세이 새벽 작전 당시에는 미국·영국 연합군이 리비아군의 방공망을 향해 124발의 토마호크 순항미사일을 발사해 완전히 파괴한 것으로 유명하다. 현재 현무 3의 개량형은 사거리 3,000km까지 개발이 완료되었다.

현무 3-C 순항미사일

스톡홀름국제평화연구소(SIPRI)가 발표한 국제 무기 거래 현황 분석 보고서에서 한국이 독일제 공대지 순항미사일(ALCM)을 꾸준히 수입해 북한의 무기 파괴 능력을 강화한다고 분석했다. 이는 타우러스 KEPD 350을 말하는 것이다. 한국 공군은 타우러스 외에도 비행거리 280km 슬램-ER 장거리 공대지 미사일도 40여 발 보유하고 있다. 슬램 ER은 서울 상공에서 발사하면 평양을 충분히 타격할 수 있는 능력을 가진 미사일이지만 비행거리가 타우러스에는 미치지 못한다. AGM-142 팝아이 중거리 공대지 미사일도 보유하고 있다. F-4 팬텀기가 운용하는 팝 아이의 사거리는 100km 정도지만 노후하고 도입 발수도 40여 발로 알려져 있다.

방위사업청은 북한이 핵실험을 가속화하자 킬 체인 보강 차원에서 260발의 타우러스 도입과 별도로 국내에서 비슷한 미사일 200발을 개발하기로 하고 6억 9,000만 달러를 연구개발에 배정했다. 이 역시 21년 9월 15일에 전투기 분리시험이 공개됐으며, '천룡'으로 불리게 될 것이라고 알려졌다.

스파이스-2000은 공대지 정밀유도폭탄이다. 스파이스-2000은 장거리 정밀유도폭탄인데 쉽게 말해 제이댐의(JDAM) 개량형이라고 보면 된다. 한국은 북한의 장사정포와 갱도진지를 타격하기 위해 KGGB(Korean GPS Guided Bomb)를 개발하였다. KGGB는 형태상 GPS, INS유도방식인 JDAM에 활공키트를 추가해서 사거리를 늘린 JDAM-ER과 거의 같은 비교적 저렴한 무기이다.

그러나 KGGB 같은 JDAM류 무기는 사거리가 길든 짧든 간에 북한의 GPS 재밍에 매우 취약한 것이 현실이다. 따라서 기존의 GPS, INS(관성항법장치)유도방식에 영상센서, 밀파 레이더, 레이저 센서 등 추가 유도 장치가 추가된 스마트 폭탄이 등장한 것이다.

이스라엘에서 개발한 스파이스-2000은 바로 이런 조건을 충족시키는 무기이다. 스파이스-2000은 GPS, INS 방식에다 전자광학 열 영상센서를 장착하고, 내부 메모리에 미리 저장된 목표물 영상을 대조하는 신매칭(scene-matching)이라는 독특한 알고리즘 기법을 이용해, 목표를 최종 타격하는 정밀무기이다. 전투기 출격 전, 카트리지 메모리 형식으로 스파이스에 끼워 넣는 이 표적 영상 정보들은 사전에 정찰기, 인공위성, UAV 등으로부터 미리 얻을 수 있다. 여기서 스파이스 2000의 숫자 2000은 2000파운드 폭탄을 의미한다.

이 스파이스-2000 정밀유도폭탄은 북한군의 그 어떤 재밍에도 대응할 수 있으며, 사거리가 약 100km에 오차 정밀도는 1m 이내이다. 폭탄으로서는 상상도 하기 힘든 능력을 보유하고 있다. 사실 이 정도 사거리라면 웬만한 미사일 못지않은 공격 무기이다.

한국의 현무 4

현재 많은 국민이 한미 미사일 지침이 폐기된 뒤, 대한민국의 차세대 미사일이 얼마나 강력하고 또 얼마나 멀리 날아갈 수 있는지에 대해 궁금해하고 있다. 특히, '현무 5'에 대한 이야기들이 여러 매체에서 이미 거론되고 있다.

그러나 현무 4조차 대중에게 정확한 모습을 공개한 바가 아직 없어서 이는 근거 없는 내용이다. 실제로 많은 매체에서 현무 2 탄도미사일 영상을 사용해서 현무 4를 언급하다 보니 현무 4를 이미 보셨다고 생각하시는 분들이 많다. 그러나 현무 4는 우리 군의 핵심 전략 자산으로 일반에 공개되지 않았다.

최근 한미 미시일 사거리 지침이 폐기되면서 훨씬 고도화된 현무 5 미사일의 개발 및 도입이 확실시되자 관련 정보가 점차 대중에 공개되고 있다. 이전에 개발된 현무 2시리즈의 정보와 공개된 정보를 결합하면 현무 4 미사일의 상세한 형상을 유추할 수 있다.

현재 우리 군이 주력으로 운용하는 탄도미사일 전력은 현무 2시리즈다. 현무 2 시리즈는 이미 언론에 모두 공개되어 있는데 현무 2B 미사일은 러시아제 이스칸데르 미사일과 비슷하고, 이후 공개된 현무 2C는 퍼싱 미사일과 비슷하다.

이스칸데르 미사일은 러시아제 단거리 탄도미사일 SRBM으로, 미국이 중거리 핵전력 조약 INF에서 탈퇴하게 된 결정적인 원인이라 불릴 정도로 강력한 미사일이다. 탄두 중량이나 사거리가 그리 크지 않지만, 일정한 탄도를 그리며 비행하는 일반적인 탄도미사일과 달리 발사 후 궤도를 바꿔 타깃을 변경하거나 회피 기동을 할 수 있어 순항미사일처럼 쓸 수 있다.

실제로 러시아는 이스칸데르의 탄두 중량을 줄이고 사거리를 확대한 '이스칸데르-K'라는 순항미사일을 운용하고 있다. 확장성이 매우 뛰어나 약간의 개량만으로도 준 중거리 탄도미사일 MRBM으로 개조가 가능하다.

그래서 이스칸데르의 등장은 러시아를 주요 적성국으로 보고 있는 미국에 중거리 핵미사일 금지 조약 INF의 무력화로 받아들였다. 중거리 핵전력 조약 INF는 쉽게 사용될 수 있는 중거리 탄도탄에 개발을 막아 단계적 확대(Escalation, 에스컬레이션)에 따른 핵 전쟁을 억제하기 위한 군축조약이다.

조약 당사자인 미소와 달리 중국이 미국을 견제하기 위해 중거리 핵전력을 엄

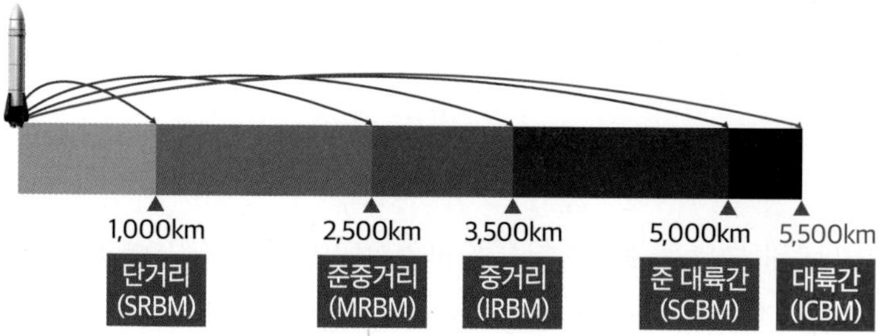

사거리별 탄도미사일 종류

청나게 키운 데다 사실상 소련을 계승한 러시아가 INF에 정면으로 어긋나는 이스칸데르 미사일을 개발하면서 이 조약은 휴지 조각이 되었다. 게다가 트럼프 전 대통령이 협정 탈퇴를 결정하면서 중거리 미사일 전력을 중심으로 한 군비경쟁이 가속화되고 있다.

바꿔 말하면 이미 현무 2B를 개발했을 무렵부터 대한민국은 중거리 탄도미사일을 개발할 수 있는 기반을 닦았다고 할 수 있다. 이는 개량형인 현무 2C에 더욱 확실하게 드러난다. 탄두 중량이 늘었음에도 사거리가 늘었고 무엇보다 형상이 변화했다. 러시아제 이스칸데르 미사일을 닮았던 현무 2B와 달리 현무 2C는 미국제 퍼싱 2 미사일과 유사한 형태였다.

퍼싱 미사일 역시 냉전기 단거리 탄도미사일이다. 이스칸데르와 달리 로켓을 2단으로 결합한 이단 추진체계를 가졌다는 차이점이 있다. 2단 추진을 통해 냉전 초창기인 1960년에 개발되었음에도 740km라는 우수한 사거리를 가졌다. 이후 1980년대 개량된 퍼싱 2 미사일은 2단 추진체계를 좀 더 효율적으로 사용할 수 있도록 개선되어 1,700km 사거리를 갖는 준 중거리 탄도미사일 MRBM으로 개조됐다.

이 퍼싱 2 미사일과 현무 2C의 구조가 놀랍도록 유사하다. 이뿐만 아니라 현무 2C부터는 미사일을 발사하는 이동식 발사대의 형태도 변화가 있었다. 양쪽에 각기 4개의 바퀴를 가진 8륜 형 차량에서 각기 5개의 바퀴를 가진 10륜 형 차량으로 크기가 대형화되었다. 한마디로 말해, 현무 2C부터는 이미 사실상 MRBM이라고 보는 것이 맞다.

그저 주변국의 주의를 끌지 않고 동시에 한미 미사일 사거리 지침을 준수한다는 명분을 위해 단거리 탄도미사일 SRBM이라는 축소 발표를 해온 것이다. 당연히 탄두 중량 해제 이후 개발된 현무 4 역시 성능을 최대한 축소해 보도하기 위해 노력해 왔다. 미사일 지침이 종료되고 현무 5 등 고성능 미사일 개발이 확실시되면서 현무 4 미사일 역시 베일에 가려졌던 정체를 드러내고 있다.

현무 4 미사일은 현재 우리 군의 최고 중요 전략 자산으로 정확한 모습이 공개되지 않았다. 그러나 앞서 언급한 현무 2B, 현무 2C의 발전 과정을 고려한다면 보다 대형 탄두를 싣는 것이 가능하도록 대형화되고, 강화된 2단 로켓으로 구성된 추진체계를 가졌을 것이다.

이에 대한 예시로는 러시아의 볼가 미사일이 있다. 이 미사일은 사거리 500km의 SS-23 오카 미사일을 대체하기 위해 개발되었던 구소련의 2단 추진 단거리 탄도미사일이다. 미사일 지침 폐기 이전까지 우리 군이 보유할 수 있던 10륜 형 이동식 발사대, 고체로켓의 사용 제한을 고려할 때 현무 4의 형상은 이 미사일과 가장 유사할 것으로 보인다. 단거리 미사일이라는 이름과 달리 준 중거리, 중거리 미사일로 개량하기가 너무 쉬워 INF 조약이 맺어짐과 동시에 개발이 취소됐던 미사일이기 때문이다.

볼가 미사일은 최신 탄도미사일인 이스칸데르 급에 준하는 현무 2B 미사일이나 사실상 MRBM이라고 할 수 있는 현무 2C를 이미 만들어 본 우리 연구진이 빠르게 도입하기 좋은 형상이다. 중거리 탄도미사일 개발을 고려해 현무 4 미사일을 만든 것이라면 볼가 미사일을 따르지 않을 이유가 없다. 그러므로 현무 4 미사일은 기본적으로 볼가 미사일과 유사한 형태라고 볼 수 있다. 하지만 최근 언론

보도를 통해 현무 4의 형태가 여럿이라는 사실이 공개됐다.

지상에서 이동형 발사대 TEL에서 운용될 지대지 미사일 현무 4-1, 합동화력함 등 수상함에 탑재된 수직발사관에 운용되는 함대지 미사일 버전인 현무 4-2, 도산 안창호급 잠수함에서 잠대지 탄도탄 SLBM으로 운용될 현무 4-4까지 3가지 경우가 공개됐다.

현무 4를 탑재할 수 있는 10륜 형 이동식 발사대는 이미 확보하고, 함정과 현무를 탑재하기 위해 대형화된 한국형 수직 미사일 발사관 KVSL-2가 이미 개발되어 있다는 점을 고려할 때, 공개된 체계의 개발은 사실상 이미 끝났다고 보아야 한다. 다만, 잠수함에서 발사할 수 있는 잠대지 탄도탄(SLBM)의 경우 아직은 여러 난관이 있을 것으로 보인다. 물속에서 미사일을 발사할 수 있도록 가스압력을 이용하여 미사일을 부상시키는 콜드런치 기술은 많은 시행착오를 거쳐야 하기 때문이다.

다행히 미사일 사거리 지침이 폐기되어 현무 4 시험 발사에 관한 제약이 사라졌기 때문에 빠른 시일 안에 SLBM형 현무 4 미사일인 현무 4-4의 모습을 볼 수 있을 것이다. 그런데 공개된 현무 4의 파생형은 3가지뿐인데 일련번호는 4-4까지 있다. 전문가들 역시 이 부분에 주목하고 있다. 우리 군이 감추고 있는 현무 4-3이 엄중한 보안을 유지하고 있는 현무 4시리즈 중에서도 더 철저하게 감춰진다는 것은 그만큼 현무 4-3이 전략 자산으로서 충분한 가치가 있다고 볼 수 있기 때문이다. 전문가들은 현무 4-3이 대함 탄도미사일 ASBM 일 것으로 추정하고 있다.

ASBM은 중국이 미국의 항모전단을 자국 근해에 접근하지 못하도록 견제하는 반접근/지역 거부의 핵심이다. 중국은 충분한 속도와 정밀도를 확보하기 이전에는 중거리 탄도미사일에 핵탄두를 장착해서 미 항모전단을 위협했다.

최대 속도와 정밀성이 늘어난 중국은 다수의 ASBM을 이용해 핵 사용 없이도

미 항모전단을 전멸시킬 수 있다고 자신하고 있다. 그리고 함정 척수에서는 중국이 미국을 압도하지만, 함정의 만재 배수량을 합친 총톤수에서 미국의 3분의 1에 불과한 중국이 자국 연안에서 미 항모전단을 막아낼 수 있다는 것이다. 즉, 우리 역시 ASBM을 이용한다면 서해 인근의 중국 함대가 한반도에 접근하는 것을 차단할 수 있다는 뜻이다. 우리의 ASBM이 중국 함대를 조준한다는 사실만으로도 중국은 우리를 무시할 수 없게 될 것이다. 이런 배경 상황을 고려할 현무 4-3은 대함탄도미사일 ASBM 일 수밖에 없는 것이다.

현무 4시리즈가 아무리 높은 치명성을 지녔다고 하더라도 결국 아시아 전역(Campaign)에서나 제한적으로 쓰일 수 있는 무기다. 전역은 전쟁 수준의 규모를 가진 작전구역을 말한다. 세계 전체로 볼 때 동북아 3국은 아시아 전역의 일부일 뿐이며, 세계전략에서 유효한 미사일 전력은 ICBM이나 전략원잠에 탑재되는 핵탄두 탑재 SLBM 정도다. 그리고 현무 4는 사거리를 2,000km 이상으로 늘렸을 때, 탄두 중량이 500kg 남짓한 미사일로 핵탄두를 탑재하더라도 준 중거리 미사일 이상의 활약을 기대하기 어렵다.

현대 핵전략에서 사용되는 ICBM과 SLBM은 통상 10개의 탄두가 탑재된 다탄두 미사일 MIRV로 1발의 미사일로 각기 10개의 타깃을 노릴 수 있도록 만들어진다. 이를 고려할 때, 현재 현무 4만으로는 우리의 최대 가상적국인 중국을 위협하기 어렵다는 결론에 도달한다. 물론 해안가 주요 도시들과 수도 베이징, 중국의 함대에 심대한 타격을 줄 수 있으나, 중국의 핵전력과 내륙 군사기지를 제압할 수는 없기 때문이다.

앞으로 개발될 현무 5 미사일은 본격적인 ICBM 개발에 앞서 이런 공백을 메울 수 있는 중거리 탄도미사일이 될 것이다. 중거리 탄도미사일 IRBM은 사거리 3,000~5,000km의 미사일을 말한다. 배치되는 대로 중국 전역을 사정권에 둘 수 있다. 이는 전략적으로 매우 큰 의미가 있다. 지금까지 미국이나 중국은 한반도를 전구로 취급했다. 한반도의 중요성과 별개로 한반도는 양국이 대결하는 여러 전선 중 하나일 뿐이었다.

우리가 중거리 미사일을 보유하게 된다면 적어도 중국은 대한민국을 공격할 때 국가 전체가 전장이 될 상황을 각오해야 한다. 그리고 태평양에 한해서 부분적으로 미국에 대한 우위를 확보하기 위해 공격에 특화된 군사력을 건설하고 있는 중국은 대한민국의 미사일을 막을 방어시설을 추가할 역량이 없다. 이제 한국은 중국이 다뤄야 할 하나의 전선이 아니라 국가 간의 운명을 건 대결을 할 수 있는 동등한 국가로 볼 수밖에 없어진 것이다.

그러므로 현무 5와 누리호 발사로 축적된 한국의 미사일 기술은 미국의 묵인과 지원 속에 빠르게 ICBM으로 고도화될 수도 있다. 이렇게 된다면 장기적으로는 미사일 한 발에 여러 발의 탄두를 탑재해 전혀 다른 다수의 표적을 노릴 수 있는 MIRV를 개발할 수 있다. 더 나아가 분리된 탄두가 분리 후 회피나 위치 변경을 통해 대상을 바꿀 수 있는 MARV로 활약할 수 있는 현무 6이나 현무 7 같은 무기체계가 우리 생각보다 훨씬 빨리 등장할 수 있을 것이다.

한국의 미사일 사거리

현무 미사일은 현재 우리 군이 가진 장비 중 가장 강한 전략 무기이다. 또한 북한에 대한 핵심적인 억제수단이자 효과적인 비대칭 전력이다. 현무 미사일은 1970년대 초 개발 시도된 백곰 미사일 계획의 후신으로 국방과학연구소의 주도로 개발됐다. 우리 군은 1986년 현무 1을 시작으로, 2006년 현무 2, 현무 3시리즈를 배치하면서 미사일 전력을 꾸준히 증강하고 있다.

우리의 현무 미사일은 앞으로도 우리 군을 대표하는 미사일 전력이며, 주변국들을 긴장하게 만드는 공격 무기이다. 지금도 현무 미사일은 꾸준히 개발이 진행되면서 강력해지고 있다. 이에 주변 국가들은 우리의 현무 미사일 배치에 대해 강하게 반발하며 긴장하고 있다.

처음 등장한 현무 1은 탄두 중량 500kg, 마하 3 수준의 탄도미사일로 사거리가 180km로 짧아 북한이 보유한 미사일과 비교당하기도 하였으며, 국내 밀리터리 마니아들에게 놀림을 당하는 등 현무 1이 가진 성능에 비해 저평가되었던 미사일이었다.

그런데 북한 공군이 가장 두려워하는 무기가 바로 현무 1이었다. 현무가 처음 개발되었을 당시만 하더라도 북한 공군은 휴전선 인근에 집중적으로 배치된 비행장을 제대로 가동하려면 현무 1부터 제거해야 했다. 그래서 북한군 특수부대에는 현무 1을 발견하면 기존 목표를 제쳐놓고라도 먼저 파괴하라는 지침이 내려지기도 했을 만큼 북한군에게는 큰 걸림돌로 자리 잡고 있는 무기체계였다.

현재 우리가 운용 중인 현무 3은 육군 미사일 사령부와 해군의 제7기 동전단, 잠수함 사령부에서 운용 중인 순항 미사일이다. 제7기 동전단의 세종대왕급 구축함, 충무공 이순신급 구축함에 장착되어 있는데 일본, 북한, 중국 동북지방, 러시아 극동지방까지 타격이 가능하다. 특히, 한반도 어디에서든지 베이징은 언제든 타격할 수 있어 중국이 견제하는 무기 중 하나이다. 또한 북한은 우리나라의 현무 3 미사일을 특수부대로 무력화시키겠다고 주장하며 특수부대의 훈련 영상을 공개하기도 하였을 만큼 우리 현무는 주변국에 위협을 가할 수 있는 전략 자산 급 무기로 자리 잡은 상태이다.

현무 1은 200기 이상 생산돼 차량용 발사대에 장착되어 나이키를 운용하던 강화 진지에서 운용되다가 현무 2에 임무를 넘기고 퇴역해 예비 전력으로 보관 중이다. 그리고 최근 한화의 표적 탄도탄 K-BATS(Korean Ballistic Aerial Target System)가 공개되면서 현무 1의 모습은 우리 역사의 뒤안길로 사라졌다. 하지만 현무 1 개발 때 축적된 기술력으로 현무 시리즈 미사일은 꾸준히 생산되고 있다.

군 고위 관계자의 말에 따르면 정부는 국방과학연구소 안흥 시험장에서 현무 4 지대지 탄도탄 시험을 단행했는데, 이 시험 발사의 성공 이후 문재인 대통령이 국

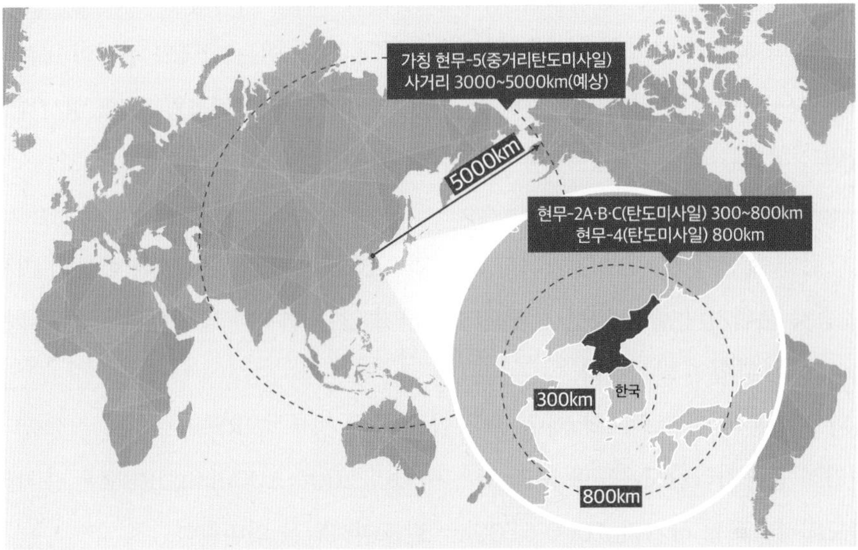

한국 보유 탄도미사일 사거리

방과학연구소를 방문해 다른 미사일 개발에 대해 매우 만족해하며 개발 관계자들을 칭찬했다고 전했다. 그런데 당시 현무 4와 현무 3D 순항미사일은 동시에 개발을 추진하고 있었다. 따라서 업계 관계자는 현무 3D 순항미사일도 개발이 이미 완료된 것으로 보이며 시험 발사 중일 것이라 보고 있다.

2020년 7월 30일, 미국은 사거리 제한 해제에 긍정적인 반응을 보이면서 외교소식통은 "도널드 트럼프 미 행정부는 오히려 사거리 제한을 풀어줘 한국이 미사일 능력을 향상시키길 원하고 있다"라며 "한국이 사거리 1,000~3,000km 이상의 준 중거리 탄도미사일(MRBM)을 개발하면 중국 견제에 도움이 되리라고 판단되기 때문이라며 미국이 사거리 3,000km 탄도미사일 개발에도 긍정적으로 받아들이고 있다"라고 전했다.

이는 사거리 3,000km 현무 3D 순항미사일 개발도 지지한다는 말과 함께 언제든 우리가 마음만 먹는다면 3,000km 이상의 탄도미사일도 개발이 가능하다는 말과 같다. 즉, 미국이 "중국을 견제하기 위해 한국에게 미사일 사거리 제한을 풀어줄 테니 장거리 미사일을 개발하라"라는 말과 같다. 이는 미국의 정권이 바이든 대통령으로 전환된 뒤에도 꾸준히 추진되었다. 그 결과 21년 5월 23일, 역사적인 한미 정상회담의 결과로 한미 미사일 사거리지침(MTCR)이 폐기되었다.

그런데 마냥 좋은 것만은 아니다. 미국과 우호적인 협상으로 인해 한국의 미사일 증강 분위기가 좋을 것만 같았는데 뜻하지 않은 변수가 발생하면서 한국에게는 새로운 위협이 발생했다.

바로 일본이다. 트럼프와 매우 친한 일본 아베 정부는 IRBM 보유를 주장했다. 여기서 준중거리탄도유도탄 MRBM은 사거리 1,000-3,000km, IRBM은 중거리탄도미사일로써 사거리 3,000-5,500km 탄도미사일을 의미한다.

정확한 보도는 없었지만 대체로 트럼프 대통령은 한국, 일본에 IRBM 보유를 허가해 준 것으로 보이는 정황 뉴스가 많다. 그동안 미국 장군들은 중국의 IRBM 수천 발이 한국, 일본을 압도한다면서, 미국과 러시아 간의 양자조약인 INF 조약을 파기했다. 이로 인해 미군도 IRBM을 한국, 일본에 대규모로 배치해야 한다고 주장했다. 또한 트럼프 대통령은 INF 조약을 파기하면서 러시아의 반발을 의식해 다시 조약을 체결하려면 중국도 들어와야 한다고 주장했다.

그런데 문제는, 한국과 일본의 IRBM과 IRBM급 순항미사일을 보유하는 것은 둘째 치더라도 전술 핵탄두의 탑재 여부가 관건이다. 단순히 사정거리가 길어진 미사일을 보유하는 것은 우리 한반도 주변 동북아 정세에는 맞지 않는 상황이다. 이미 공산 진영인 중국과 북한은 핵탄두 탑재가 가능한 미사일들을 대거 배치하고 있는 상황이기 때문이다.

한편 2020년에는 GPS 등 정밀유도 기술 발달로 IRBM만이 아니라 ICBM에도 재래식 탄두를 쓰지만 ICBM에 재래식 탄두를 장착하는 나라는 흔하지 않다. 한국이 IRBM을 보유한다고 하더라도 반드시 핵무장을 의미하는 것은 아니다. 그런데도 IRBM에 보통 재래식 탄두를 사용하지 않는 이유는 미사일 가격이 수십에서 수백억 원으로 비싸기 때문이다. 말 그대로 여기에 재래식 탄두를 사용한다면 순전히 돈 낭비라는 것이다.

현무 4의 한 기의 가격은 대략 40억 원이다. 폭탄 1kg에 200만 원 정도의 비용이 들어간다. 그런데 동일한 천 파운드의 탄두를 장착한 MK 83 폭탄 가격은 300만 원 정도다. 대략 폭탄 1kg에 6천 원 정도의 비용이다. 반면에 40억 원 미사일에 500kg 핵탄두를 장착하면 단순 계산으로 500kt 정도 되는데, 폭탄 1kg에 8원 정도의 비용이 들어간다.

도널드 트럼프 대통령이 2016년 대선 당시 한국, 일본, 사우디아라비아를 독자 핵무장 시키겠다고 주장했기 때문에 트럼프의 한국 IRBM 허가는 핵탄두 개발에도 적용될 수 있다. 더군다나 그 한국 IRBM 이야기는 지난 북한의 6차 핵실험 당시에 공개적으로 주장된 것이기 때문에 한미 정부가 어느 정도 진척은 보였을 것이라는 게 군 관계자의 의견이다.

북한 핵 개발로 인해 한국이 IRBM 개발을 주장한 것인데 여기서 재래식 탄두는 중국을 포함한 북한을 견제하기에는 뭔가 앞뒤가 맞지 않는다. 그런데 이 내용은 일본에도 똑같이 전달됐다. 현재 일본은 공격 무기를 보유할 수 없는 국가다. 하지만 지난 아베 정부부터 꾸준히 평화헌법을 개정하려는 노력과 더불어 자국의 군대를 육성하고자 많은 노력을 아끼지 않았다.

만약 일본이 우리의 현무급 미사일을 보유하게 된다면 우리 한반도 역시 일본의 사정거리에 들어가기 때문에 이는 심각한 위협요소로 자리 잡게 된다. 그러므로 한국은 이런 문제에서 우위를 점하고자 서둘러 현무 3D를 개발한 것이다.

현무 3D는 정밀도가 우수한 현무 3C의 유도조정장치를 그대로 채용하며, 관성항법장치와 지형반영항법체계 그리고 GPS 유도 장치를 탑재할 예정이다. 제트

엔진을 장착해 마하 1의 속도를 보이며 무게 2.5톤, 탄두 중량 450kg, 오차 범위 1~2m, 운항 고도 50~100m, 길이 7m, 사정거리 3,000km 이상의 미사일을 개발한 것이다. 전반적으로 현무 3C와 비슷한 외형제원을 보이지만 사정거리가 그보다 2배 이상 늘어나기 때문에 연료 탑재를 위해 길이와 무게가 더욱 늘어난 것으로 알려졌다.

또한 적의 레이더를 피하여 30M의 초저공비행도 가능하며 적의 레이더 범위를 우회 항행을 할 수 있는 것이 특징이다. 또한 사전에 입력된 자료를 바탕으로 컴퓨터에 의해 비행하는 만큼 공중 발사, 지상 발사, 잠수함 발사 순항미사일로 개발 예정이다.

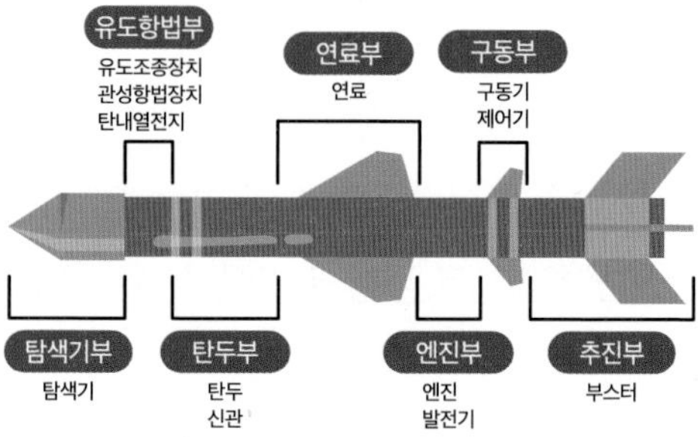

미사일의 구성

한국은 자체적인 미사일 발사 플랫폼을 개발했는데 이는 모두 한국형 유도 미사일을 발사하기 위함이다. 그래서 한국이 개발한 미사일들은 530mm 외경을 하고 있고, 현무 3D도 이와 같은 형태를 갖출 것으로 알려졌다. 이는 현무 3D의 전신이라 할 수 있는 현무 3C를 모태로 개발됐기 때문이다.

현무 3 미사일은 대한민국이 독자 개발한 토마호크형 순항미사일이지만 일부 기술은 러시아와의 공동 개발을 진행하면서 한국의 유도 미사일 기술을 끌어올린 미사일이다. 그런데 왜 이렇게 훌륭한 미사일이 언론에 제대로 공개가 안 됐을까?

국방부 관계자의 말에 따르면 실전 배치된 미사일 공개는 창과 방패를 동시에 갖춰 우리도 능력이 있고 의지가 있다는 것을 보여서 적의 도발 의지를 억제하려

날아가며 궤도 수정하는 순항미사일

순항미사일의 궤도

는 것이다. 그래서 현무 3D에 대해 더 많은 것을 보여주고 싶지만 다른 나라로부터 기술이전을 받은 부분과 이를 빌미로 주변국인 중국과 일본의 반발을 의식했기 때문이라고 한다.

반대로 현재 우리가 개발한 현무 3D는 그만큼 주변국에 위협적인 무기라는 것이다. 이 미사일이 우리가 만든 장보고급 잠수함의 SLBM으로 탑재가 되어 한국 최북단에서 발사한다면 현무 3D의 사정거리는 중국 본토 대부분을 사정권 안에 둘 수 있다. 또한 일본도 마찬가지다. 그렇기 때문에 한국으로서는 개발뿐만 아니라 공개도 조심스러울 수밖에 없는 상황이다.

대한민국의 국방과학연구소가 10여 년 만에 개발한 현무 3 미사일은 지상에서 50~100m 정도의 저고도를 유지하기 때문에 레이더 탐지가 어려운 공격 미사일이다. 지금 우리가 개발한 현무 3D는 주변국을 압박할 수 있는 무기체계다. 그래서 한국은 2022년까지 탄도미사일을 포함한 유도 미사일을 2,200발을 확보하겠다고 발표한 만큼 이 모든 것이 마무리되는 2022년은 우리의 자주국방력이 한층 더 올라가는 해라고 할 수 있다.

현무 4 발사에 대한 일본의 반응

지난 2020년 3월, 사거리와 탄두 중량을 늘린 신형 현무 4 탄도미사일의 첫 시험 발사가 이뤄졌다. 그러나 당시 발사한 2발의 미사일 중 1발만 성공한 것으로 전해졌다. 2020년 3월 24일, 충남 태안군의 국방과학연구소(ADD) 안흥 시험장 앞바다의 해상 임시 발사장에서 현무 4 탄도미사일이 시험 발사됐다. 이 미사일 중 1발은 목표 수역인 이어도 북쪽 60㎞ 해상에 떨어졌다. 한편 군 관계자는 "정부 관계자와 ADD 관계자가 지켜보는 가운데 2발을 쐈는데, 1발은 불발인 것으로 알고 있다"라고 밝혔다. ADD는 현재 실패 원인을 분석 중인 것으로 알려졌다.

현무 4는 2017년 9월 한국 정부가 미국 트럼프 대통령과의 전화 통화에서 한·미 미사일 지침(Missile Guideline)의 탄두 중량 제한을 풀기로 합의하면서 탄생했다. 현무 4는 사거리가 800km이면서도 탄두 중량은 2t으로 알려졌다. 그동안 미사일 지침에 따라 한국은 최대 사거리가 800km를 넘고 탄두 중량이 500kg 이상인 탄도미사일을 보유할 수 없었다.

과거에는 최대 사거리 500km와 300km의 탄도미사일은 각각 1t과 2t까지의 탄두를 탑재할 수 있었다. 이는 사거리를 줄이면 탄두 중량을 늘릴 수 있도록 하는 트레이드오프(trade-off) 원칙에 따른 것이었다. 한국군이 현재 보유한 현무 2C는 한국의 남부 지방에서 쏴도 북한 전역을 사거리 안에 두고 있다. 하지만 문제는 탄두 중량이었다. 500kg 탄두는 위력에 한계가 있기 마련이다.

미사일 전문가인 한 국방대 교수의 말에 따르면 "미사일의 위력은 탄두부의 폭탄과 상관이 있지만, 무게와도 비례한다"라며 "그동안 한국은 사거리 제한이 걸려 있기 때문에 폭발력을 극대화하는 탄두 개발에 집중했다"라고 설명했다. 그렇기 때문에 한국은 지난 과거부터 미사일 발사체 개발보다는 폭발력을 더욱 극대화하는 사업을 많이 진행해왔던 것이다.

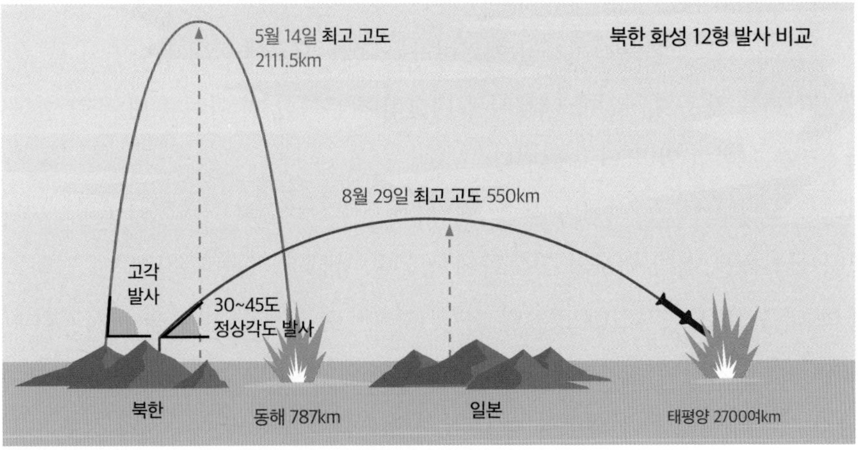

북한의 미사일 고각발사

하지만 북한의 미사일 위협이 계속되면서 사거리 제한으로 북한의 도발을 억지하는 것에는 한계가 있었다. 한국이 탄도미사일 탄두 중량을 늘리려는 이유는 유사시 북한 지휘부가 머물 지하 벙커를 탄도미사일로 파괴하기 위해서이다. 군 전문가의 말에 따르면, "북한의 미사일 능력이 고도화하는 가운데 탄두 중량이 늘어나면 핵무기를 탑재하지 않더라도 파괴력이 커져 한국의 억지력을 높이는데 기여한다"라고 평가했다.

한국이 이번에 새로 개발한 현무 4의 첫 시험 발사의 난관은 사거리였다. 국내에서 쏜 미사일이 800km를 날아가려면 중국이나 일본의 방공식별구역을 진입해야 한다. 이 때문에 군 당국과 ADD는 이번 시험 발사에서 정상 각인 35~45도보다 높은 고각으로 발사했다. 고각 발사는 북한도 많이 사용하는 시험발사 방식으로 고각 발사는 고도를 높이는 대신 비행거리가 줄어들게 하는 방법이다. 또한 대기권을 살짝 벗어났다가 다시 들어오면 되기 때문에 재진입 기술을 확보할 수 있다는 장점도 있다.

현무 4가 2발 중 1발만 제대로 날아가면서 ADD의 개발 능력에 대한 우려의 목소리가 나오고 있는 것은 사실이다. 또 다른 정부 소식통은 "ADD는 그동안 '한국은 기술력은 충분하지만, 미사일 지침이라는 족쇄 때문에 발이 묶이면서 중·장거리 사거리를 갖는 미사일에 대해서는 기술력이 부족한 것 아니냐'며 우려가 섞인 목소리는 보이고 있다"라고 밝혔다.

군 안팎에선 이미 미사일 고도화에 성공한 북한과 비교하는 시각도 있다. 북한의 대륙간탄도미사일(ICBM)인 화성 15형은 탄두 중량 1t에 최대 사거리 1만 3,000km를 자랑한다. 북한은 2017년 11월 29일 시험 발사에서 성공을 거둔 후, '국가 핵무력 완성'을 신언했을 정도다. 북한도 과거 무수단 미사일의 경우 8번을 쏴서 7번 실패를 거뒀다. 이 정도로 많은 실패를 겪었을 만큼 장거리 탄도미사일의 완성은 어려운 일이다. 신형 미사일 개발은 실패를 딛고 일어서는 과정과 같다고 할 수 있다. 그렇기 때문에 지금은 다른 나라들과 비교를 하며 질책할 것이 아니라 더욱더 잘 하도록 응원을 해야 할 때다.

한국이 이번 신형 탄도미사일 발사가 실패했다고 하자, 일본 언론들은 한국의 미사일 기술에 대해서 보도했다. 과거부터 일본은 한국이 한미 미사일 지침의 탄두 중량을 해제할 때도 근거 없는 악의적인 기사를 연일 보도했다. 또 한국이 미사일 탄두 중량을 늘렸다는 보도가 나오자 일본 언론은 경계의 눈빛을 보냈다.

일본 군사 전문 웹진 항공만능론은 '한국이 도쿄, 베이징을 사정권에 두는 준 중거리 탄도미사일을 사실상 보유할까?'라는 제목의 기사에서 "사실 북한의 지하시설을 파괴하는데 4톤의 탄두가 필요한가?"라는 질문에 대해 "NO"라고 답했다. "북한의 지하시설을 파괴하기 위해서는 탄두의 파괴력보다 낙하 속도를 고속화시키거나 땅속 깊숙이 침투시키기 위해 탄두의 형상이나 내구성을 높여 관통 능력을 높이는 것이 더 중요하다고 할 수 있다"라며 한국이 탄도미사일 중량을 굳이 늘릴 필요가 있냐는 부정적인 분석을 내놨다.

또 신문은 "그렇다면 한국은 왜 불필요하다고 할 수 있는 탄두 중량 늘리기에 집착하는가?"라고 전했다. 일본의 항공만능론에 따르면 "미국과 동북아시아 주변국들은 한국이 보유한 탄도미사일의 사거리 제한 철폐에 부정적이기 때문에 탄두 중량 제한 완화를 요구하는 것을 탐탁지 않게 생각한다. 또한 불필요하다고 할 수 있는 무게의 탄두 중량을 늘려 놓으면 추후 한국이 발사할 수 있는 탄도미사일을 개발해 탄두 중량을 줄여 사거리를 언제든지 연장할 수 있다"라고 밝혔다.

이 글에 따르면 일본 언론이 언급한 방식은 지난 2017년 개정 전까지 한미 미사일 지침을 근거로 두고 있다. '한국은 탄도미사일의 최대 사거리를 800km로 제한하고 사거리가 길어질수록 탄두 중량을 줄이는 이른바 '트레이드오프(trade off)'원칙을 말한다.

다시 말해 일본 언론은 한국이 탄두 중량을 줄일수록 탄도미사일 사거리가 길어질 수 있다는 것을 한국이 노렸다고 이야기한다. 사거리 500km의 탄두 중량 4톤의 탄도미사일을 다시 탄두 중량 1톤으로 줄이면 한국은 향후 사거리 2,000km의 탄도미사일을 확보하는 것이다. 또한 사거리 800km의 탄두 중량 2톤의 탄도미사일을 탄두 중량 500kg으로 줄이면 사거리 3,200km 탄도미사일을 보유하게 된다. 이렇게 되면 사실상 한국은 중거리탄도미사일 보유국이 된다.

항공 만능론은 "한국은 미국과 앞에서는 탄도미사일의 사거리 제한인 800km에 응하고 있지만 4톤의 탄두를 절반 이하로 줄이는 것에서 사실상, 도쿄 베이징을 사거리로 한 중거리 탄도미사일을 보유하게 된다"라고 우려 섞인 분석을 했다.

일본 신문은 또 "다만 군사용 탄도미사일을 시험 발사할 수 없기 때문에 한국은 한미 미사일 지침에 따라 제한된 민간 용도의 고체연료 발사체 제한을 풀어달라고 미국에 요구하고 있다"면서 "이는 시험 발사할 수 없는 군사용 탄도미사일을 민간 용도로 시험 발사하기 위한 위장책에 불과하다"라고 주장을 펼치기도 했다.

한국이 점점 강력한 탄도미사일을 보유하게 되자 일본의 걱정과 염려 또한 갈수록 커지고 있는 것이 사실이다. 주변국의 이런 언론 보도로 인해서 한국은 이번 시험발사에 대한 많은 계획이 있었다. 한국이 처음으로 중량을 늘리고 사거리를 늘리는 시험 발사가 성공하면 주변국의 눈치를 봐야 하는 상황이 발생할 수도 있기 때문이다. 한 일각에서 들리는 말로는 "이번 한국의 현무 4 발사 실패가 의도적이다"라는 얘기도 있다. 하지만 이것에 대한 부연 설명은 향후에 정확한 자료를 근거로 따로 영상을 만들겠다.

한편 한국이 신형 탄도미사일 발사 실패에 따른 일본의 반응은 언제나 한결 같았다. 일본은 항상 한국에게 같은 모습을 보이고 있다.

検査キット級」ミサイルと呼ぼう
검사키트급 미사일이라 부르자

一度に２発撃てば問題ないではないか
한 번에 두 발씩 쏘면 문제 없지 않나?

１発成功したの驚けよ
한 대 성공했어 놀라워

Uターンするミサイル開発しろよ。
유턴하는 미사일 개발해라.

ちなみに日本のミサイル発射試験は命中率が良過ぎてデータが取れないらしい
덧붙여서 일본의 미사일 발사시험은 명중률이 너무 좋아서 데이터를 얻을 수 없다고 한다

弾頭重量2トンに上げてきたな、何乗せるつもりだよ？

もうこのクラスの重量だと大量破壊兵器になんぞ
탄두중량 2톤으로 올렸네, 뭘 싣을 거지?
머지않아 지금의 반의 무게라도 대량살상무기를 만들 수 있겠는데

コロナの検査キット並の性能だなw
二分の一の確率が大好きなバカチョン
(50%) 코로나 검사 키트 수준의 성능이로군.
2분의 1의 확률을 제일 좋아하는 바보들

2発撃って1発成功。
3発撃っても1発成功かもしれない。
두 발 쏘고 한 발 성공
3 발 쏘고도 1 발 성공할지도 모른다.

라고 하며 부정적인 의견을 보이는 쪽과 한국을 제대로 직시해야 한다면서 한국의 군사력 팽창을 경계하는 의견도 있었다.

一方日本は短距離弾道ミサイルさえ持っていない
반면 일본은 단거리 탄도미사일조차 갖고 있지 않다

日本攻撃用だよん
玄武4で東京までとどくかも
まあ韓国の場合、潜水艦からも撃てますし
일본 공격용이야 현무4로 도쿄까지 갈지도.
한국의 경우, 잠수함에서도 쏠 수 있고요
歴史を学べ劣等豚民族日本人

今の日本の発展は韓国があってこそのもんやろが
역사를 배워라 열등 돼지민족 일본인
지금 일본의 발전은 한국이 있어서 가능한 것 아닐까?

もし日韓で戦争が起きたらミサイル数千発で一気に日本中が火の海なんだって
アメリカさえ介入しないという条件なら秒殺らしいよ
만약 한일간에 전쟁이 일어난다면 미사일 수천 발로 단숨에 일본이 불바다라고
미국조차 개입하지 않는다는 조건이라면 박살날 것 같아

라며 한국을 제대로 평가하는 사람들도 있었다. 이번 현무 4의 시험 발사로 '잘했다, 잘못했다'고 판단하는 분들이 계시지만 세계 최강의 미국도 탄도미사일을 개발해서 단 한 번에 성공한 적이 없다. 이번 시험 발사로 한국은 2발 중 하나 실패가 아니라 오히려 절반의 성공을 거둔 것이다.

4

원자력 잠수함

한국형 원자력 잠수함

한국이 원자력 잠수함을 독자 건조하기 위해 가장 필요한 것은 농축 우라늄이다. 하지만 한국은 2015년 개정된 한·미 원자력협정에 따라 미국산 우라늄을 20% 미만으로만 농축하며 군사적 목적으로 사용할 수 없다.

미 핵잠수함은 90% 이상의 고농축우라늄을 사용하지만 프랑스는 20% 이하의 저농축우라늄을 사용한다. 그래서 한국은 프랑스의 저농축 우라늄 핵잠수함을 모델로 잡았다. 한국형 원자력 잠수함의 모델로 알려진 잠수함은 프랑스의 신형 쉬프랑급(바라쿠다급) 공격용 핵잠수함(5300t급)이다. 쉬프랑급 공격용 핵잠수함은 5%가량의 저농축우라늄을 사용하는 것으로 알려졌다.

하지만 우리가 저농축 우라늄을 사용하더라도 한미 원자력협정의 족쇄 조항 중 하나가 발목을 잡는다. '군사적 목적으로 사용할 수 없다'는 '족쇄'가 남아있기 때문이다. 따라서 우리가 어떻게든 원자력 잠수함을 운용하기 위해선 이 족쇄를 풀어내는 게 가장 중요하다. 그럴 수만 있다면 한국 해군은 누구도 쉽게 생각 못 하는 해상전력을 갖게 된다.

프랑스의 쉬프랑급 원자력 잠수함

한국은 바다가 삼면을 이루는 반도 지형의 국가이다. 그만큼 주변국과의 해상 교역에는 유리하지만 동시에 적성국이 침입하기 쉬운 지형을 갖고 있다는 말이다. 그래서인지 모든 국민들이 해상전력 강화에 대한 염원을 갖고 있다.

현재 한국의 상황에 비추어 봤을 때 한국이 선택할 수 있는 현실적인 원자력 잠수함 확보 방안은 프랑스의 바라쿠다(Barracuda) 공격원잠을 도입하는 것이다. 바라쿠다 공격원잠은 그동안 다양한 매체를 통해 한국 해군의 요구에 부합할 수 있는 유일한 원자력 잠수함으로 거론되었다. 이렇듯 한국의 바라쿠다 도입은 오랫동안 일부 언론과 전문가 또는 마니아들 사이에서만 회자되는 이야기일 뿐이었다. 그러나 바로 지금, 그 염원이 서서히 현실화되고 있다.

풍문에 의하면 프랑스는 한국에 4척의 원잠을 판매하길 원하고 있다. 그러나 한국은 2척을 구입하고, 남은 2척은 면허 생산을 기준으로 프랑스와 협상하고자 한다. 프랑스의 쉬프랑급 원자력 잠수함은 이미 설계가 완료되어 1번함이 건조됐다. 이를 한국 해군이 도입하게 된다면 설계를 완성하고 검증하기 위해 소요되는 시간을 대폭 단축할 수 있다. 즉, 보다 빠른 전력화가 가능하다는 것이다. 또한 만들어보지 않던 무기체계인 만큼 기술적인 리스크가 존재할 수밖에 없는데 협상만 제대로 된다면 그 리스크를 대폭 줄일 수 있다.

한 편 한국이 원잠을 독자적으로 개발하게 된다면 탐색 개발에서부터, 설계에 소요되는 시간 그리고 각종 설비 투자까지 생각해야 한다. 훨씬 많은 시간을 투입해야 한다는 것이다. 또한 원자력 잠수함을 건조하기 위해서는 디젤 전기 추진식 잠수함과는 다른 선체조립시설이 필요하다. 뿐만 아니라 한국은 원자력 잠수함 건조 경험이 전무하다. 그만큼 한국에서 생산한 원자력 잠수함과 프랑스제 최신예 원자력 잠수함의 기술적인 리스크 격차는 더 말할 필요도 없을 정도로 크다. 무엇보다 프랑스의 쉬프랑급(바라쿠다) 공격원잠이 한국 해군에게 적합한 가장 큰 이유는 우라늄 235 비중이 20% 이하의 LEU(레이유) 연료봉 다발이 장입되어 운전되는 K-15 원자로가 탑재되었기 때문이다.

프랑스 정부는 프랑스 해군이 운용하는 주요 원자력 추진 함정들을 저농축 우라늄으로 운용한다는 방침을 오랫동안 고수해 왔다. 현재 프랑스 해군의 핵심 원자력 추진 함정에는 샤를 드 골급 원자력 항공모함과 트리옹팡급 전략원잠 그리고 근미래에 주력 원자력 잠수함으로 자리 잡을 쉬프랑급 공격원잠이 있다. 이들은 모두 20% 이하의 LEU 연료봉이 장입되는 K-15 원자로가 들어가다는 공통점이 있다. 이는 개정된 한미원자력협정의 '미국산 우라늄을 20% 미만으로만 농축할 수 있다'는 조항에 부합한다. 따라서 한국에는 더할 나위 없이 딱 맞는 조건이라 할 수 있다.

쉬프랑급 원자력 잠수함이 한국에 맞는 또 다른 이유는 체급이다. 한국 해군의 현실과 실용성을 모두 고려한 상한선이 수중 배수량 5,000톤 급 공격원잠이기 때문이다. 아메티스트급과 같이 수중 배수량 3천 톤 이하의 소형 공격원잠은 대형 디젤 전기 추진식 잠수함과 같은 체적에 원자력 추진체계와 대형 소나를 탑재했다. 이로 인해 내부 공간은 3천 톤 급 디젤 잠수함보다 더욱 협소하다. 내부 공간의 제약에서 비롯되는 승조원들의 스트레스 누적과 소모성 보급품 수용의 한계로 아메티스트급과 같은 소형 공격원잠은 최대 작전 기간이 50일 이내로 규정되었다. 결국 작은 원잠으로는 장기간 작전을 수행하기 어렵다는 것이다.

반면 장기간 작전에 적합한 영국과 미국의 수중 배수량 7천 톤 이상의 대형 공격원잠들은 한국의 역량과 국제정치적인 여건으로 인해 건조가 어렵다. 따라서 원자력 잠수함의 체급과 한국의 현실적인 여건을 모두 감안해 봤을 때 가장 적당한 것은 수중 배수량 5천 톤 급 원자력 잠수함뿐이다. 프랑스의 쉬프랑급 원자력 잠수함은 수중 배수량 5,300톤으로 이런 기준에 완벽하게 부합한다.

또한 쉬프랑급 원자력 잠수함에는 자동화 설계가 적극 도입되는 상황이다. 때문에 동급 잠수함보다 소요 인원이 적고, 최신 기법으로 내부 공간을 활용한다는 장점도 있다. 최신 기술의 발전에 따라 함 내에 배치되는 주요 장비의 효율이 과거의 동종 장비보다 향상되어 과거의 5천 톤 급 원자력 잠수함들보다 승조원들에게 더 많은 공간을 제공한다는 점 역시 또다른 장점이다.

여기에 더해 잠수함 자체 성능도 우수한 것으로 알려져 있다. 전문가들은 이번에 추진 중인 쉬프랑급 원자력 잠수함의 정숙성이 우수할 것이라며 입을 모아 말하고 있다. 건조를 맡은 프랑스의 Naval Group은 원자력 잠수함의 정숙성과 관련한 기술 수준이 세계 정상급이기 때문이다.

특히 소형의 원자력 잠수함은 정숙성을 확보하기 무척 어려운데 프랑스의 아메티스트급 공격원잠은 그 어려운 작업을 성공했다. 뿐만 아니라 트리옹팡급 전력원잠을 개발, 건조함에 따라 프랑스의 원자력 잠수함 정숙성 설계 능력은 이미 세계 정점에 도달했다고 해도 과언이 아니다. 잠수함에서 정숙성을 확보하는 어려운 작업을 성공시킴으로써 프랑스의 원자력 잠수함 기술 수준을 대폭 향상시켰다는 평가를 받는 것이다.

실제로 냉전이 한창일 때에는 구소련 해군 원자력 잠수함이 프랑스의 지브롤터 해협 인근으로 여러 차례 잠입했었다. 프랑스의 원자력 잠수함은 이를 방어하기 위해서 지브롤터를 통과하면서 인근의 러시아 잠수함에 노출되지 않아야만 했다. 그러기 위해서는 높은 정숙성이 요구될 수밖에 없었기에 프랑스는 소음을 억제하기 위한 기술 개발에 투자해 온 것이다.

프랑스는 1980년대에 디젤 전기추진식 잠수함의 선형을 소형 원자력 잠수함으로 재설계하면서도 잠수함에 높은 정숙성을 부여하기 위해 노력했다. 각종 소음 감소, 차폐 대책을 도입하려 한 것이다. 이를 위해서는 여유 있는 체적을 보유한 대형 잠수함을 만들어야 했다. 하지만 수중 배수량 3천 톤에 미치지 못하는 소형 잠수함에 원자력 추진 체계의 소음을 죽이는 것은 무척 어려운 작업이었다. 그러나 프랑스는 그 어려운 작업을 성공시켰다.

프랑스는 바로 이런 문제를 해결하면서 잠수함 방음 노하우를 쌓아왔다. 그리고 추후 아메티스트급 같은 소형 공격원잠 등의 잠수함 설계에도 이 노하우를 계속해서 접목해왔다. 결국 이런 피땀 어린 노력이 있었기에, 현재 프랑스의 원자력 잠수함 방음 설계 기술이 세계 최고 수준까지 올라설 수 있었다는 것이다. 내부 체적 여유가 부족한 잠수함에서 소음을 감소시키기 위해서는 체적대비 방음 효과 수준이 높아야 한다. 뿐만 아니라 내부에 통합되는 추진체계의 자체 진동과 소음까지 잡아내야 한다. 이를 해결하게 되면 자연스레 불필요한 에너지 손실까지 잡을 수 있게 된다. 소형 원자력 추진체계에서 터빈을 거쳐 추진력이 만들어지는 과정에서 많은 소음이 발생하기 때문이다.

군사 지식이 없는 일반인들은 보통 원잠이 디젤 잠수함보다 무조건 우수하다고 생각한다. 원잠이 운동성능 및 작전 반경에 따른 성능이 우수한 것은 사실이다. 그러나 사실 원잠은 디젤 잠수함보다 모든 변이 뛰어난 것은 아니다. 오히려 원잠이 기동될 때 나오는 소음은 디젤 잠수함보다 더 시끄럽기 때문에 은폐성 면에서는 디젤 잠수함이 한 수 위라고 할 수 있다. 이런 점 때문에 연안방어에는 원잠보다는 디젤이 더 유용하다.

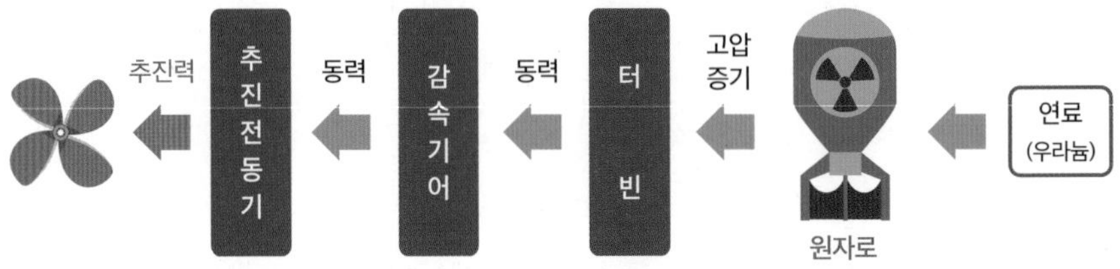

원자력 잠수함 추진원리

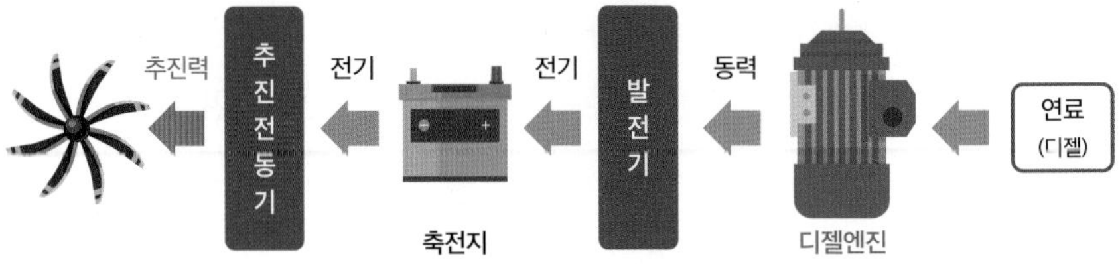

디젤잠수함 추진원리

하지만 이런 치명적인 단점에도 원잠을 최고로 꼽는 이유는 작전환경에 대한 제약조건이 거의 없기 때문이다. 한국과 같이 바다로 둘러싸여 있는 나라는 24시간 항시 바다에서 적들을 감시한다. 그러나 소형 디젤 잠수함으로는 적을 추격하기가 어렵다. 속력도 느리지만 잠항 시간도 짧기 때문이다. 그렇기 때문에 원잠같이 잠항 시간이 길고 적을 추적할 수 있는 무기체계가 필요한 것이다.

따라서 한국은 성능이 강력하면서도 제한된 체적의 공간 안에서 최대한 정숙성을 확보하는 프랑스의 원잠 설계 기술이 반드시 필요하다. 만약 한국의 중형 원자력 잠수함에 적용된다면 최적의 상황을 연출할 수 있다. 뿐만 아니라 프랑스의 공격, 방어 무기 기술 또한 한국의 환경에게 안성맞춤이다.

프랑스는 지브롤터 해협부터 지중해까지 러시아를 경계해야만 하는 지리적 환경에 놓여있다. 그로 인해 프랑스는 과거부터 높은 수준의 대잠·대함 교전 능력을 가져야 했기에 특이하게도 F17 계열의 웨이크 호밍 어뢰와 SM39 엑조세(Exocet) 잠대함 미사일을 탑재했다.

한국도 비슷한 상황이다. 한국은 북한의 SLBM 잠사 발수함을 추적, 감시하고 타격하기 위해 신포와 마양도 사이의 좁은 해협까지 접근해야 한다. 그만큼 높은 정숙성이 요구된다는 것이다. 그렇기 때문에 바라쿠다 원자력 잠수함인 쉬프랑급 공격 원잠은 한국 해군의 요구에 완벽히 부합하는 무기체계가 될 수 있다.

프랑스가 트리옹팡급 잠수함을 설계하면서 일신된 함형 설계 기술과 구조 설계 기술, 방음대책 설계 기술, 추진체계 효율 극대화, 펌프제트 추진체계 기술 등은 바로 우리 한국이 추진 중인 바라쿠다 원자력 잠수함에 도입되었다. 한국은 잠수함 기관의 소음 감소를 위해 효율 높은 추진체계의 설계가 필요하다. K15 가압수형 원자로에서 터빈으로 이어지는 고압 공기 전달 계통에서 발생하는 저주파 소음을 차폐해야 하기 때문이다.

세상에서 가장 조용하고 생존성이 높은 전력원잠이라 평가받는 프랑스의 선진 군사 기술을 한국이 받아들이고, 더 나아가 한국의 잠수함 개발 기술로 습득할 수만 있다면 한국의 잠수함 건조 능력은 세계 정상급과 견주어도 부족하지 않게 될 것이다.

소듐 냉각고속로 개발 과정

한국이 그토록 원하고 원하던 핵 추진 잠수함이 한국의 독자기술 개발 가능성이 점점 높아지고 있다. 한국형 핵 추진 잠수함은 기존 장보고 3의 배치 2부터 가능할 것으로 보인다. 한국은 그동안 최고 성능의 잠수함을 한국이 개발한 무기체계에 맞게 배치 2부터 사용 가능하도록 개량 작업 및 연구를 진행해왔다.

그동안 한국의 핵 추진 잠수함 개발에 가장 큰 걸림돌이 되었던 것은 원자로였다. 그러나 한국은 이번에 차세대 소형 원자로 개발을 시작했다. 이 개발이 성공적으로 이루어진다면 한국은 핵 추진 잠수함의 모든 기술을 한국의 독자기술로 개발하는 것이다. 비대칭 전략무기의 하나인 잠수함 중에서도 단연 으뜸으로 꼽는 것이 바로 핵 추진 잠수함이다. 그런 전략무기를 다른 나라의 기술을 빌리지 않고 한국이 독자 개발한다는 것은 결과를 떠나서 그 의미가 남다르다.

전 세계적으로 차세대 소형 원자로에 대한 기술 개발 경쟁이 치열해지고 있다. 그중에는 한국도 포함되어 있다. 그동안 한국은 원전 안전성을 높이고 건설 비용을 줄이려는 노력의 일환으로 기술 개발에 열중해왔다. 그중에서도 국내에서는 한국원자력연구원이 개발 중인 소듐냉각고속로가 차세대 원자로로 꼽힌다.

소듐냉각고속로는 납-비스무트 냉각 방식의 소형 원자로와 마찬가지로 고속 중성자를 이용해 핵분열 반응을 일으키는 방식의 원자로다. 기존 경수로나 중수로가 물을 냉각재로 이용한 반면 소듐냉각고속로는 소듐(나트륨)을 냉각재로 이용한다는 특징을 갖는다. 그러나 이 원자로 역시 폭발 위험 문제를 해결해야만 한다. 소듐을 냉각재로 사용하는 고속로 중에서는 '테라파워'의 진행파 원자로가 대표적이다. '테라파워'는 미국의 마이크로소프트 창업자로 유명한 빌 게이츠가 출자한 벤처기업이기도 하다. 진행파 원자로는 핵연료 제조 과정에서 버려진 열화우라늄을 연료로 사용하며 액체금속 냉각 방식을 적용하는 것으로 알려져 있다. 하지만 이 역시 소듐냉각고속로처럼 화재가 날 수 있다.

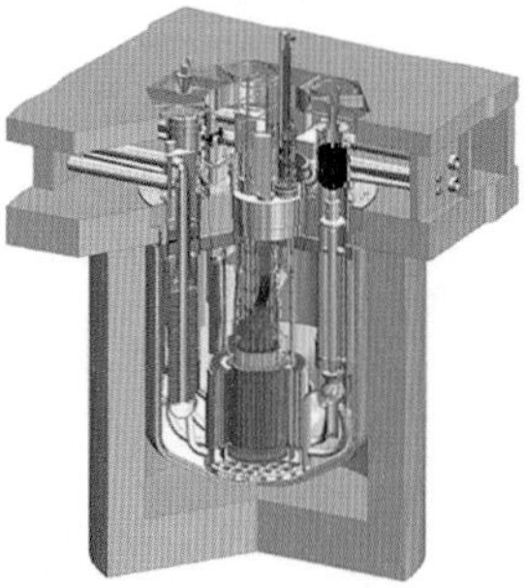
테라파워의 진행파 고속로

반면 중국은 2016년 국가 프로젝트로 해상 소형 원자로 개발을 선언하고 2020년까지 상용화한다는 목표를 세웠다. 선박에 설치하거나 극지, 도서지역 등에 안정적으로 전기에너지를 공급하겠다는 것이다. 하지만 중국이 이 소형 원자로를 군용으로 전환할 수 있다는 의구심이 세계 곳곳에서 끊이지 않고 있다.

한국도 수년 내에 자체 기술로 개발한 핵잠수함을 보유할 수 있을 것으로 전망된다. 국내 대학 연구진이 핵잠수함의 핵심 기술인 초소형 원자로 개발에 착수했기 때문이다. 울산과학기술원 UNIST는 황일순

기계항공 및 원자력공학부 석좌교수팀이 과학기술정보통신부와 한국연구재단이 지원하는 원자력 연구개발사업 중 원자력 융합 기술 개발 과제에 선정됐다고 밝혔다.

총 4년에 걸쳐 추진되는 이 과제에 정부가 최대 30억 원, 울산시가 최대 6억 원을 지원했다. 울산과기원이 과제를 주관하며 울산대와 경희대 한국과학기술원(KAIST) 한국원자력대학원대학교(KINGS) 원전부품 제조업체인 무진기연 등이 참여할 예정으로 알려져 있다. 이들은 앞으로 4년간 극지와 해양·해저를 탐사하는 장비와 바다 위에 떠서 전력을 생산하는 원자로 등의 개념을 설계할 것이다.

이번에 한국이 개발하는 소형 원자로는 기존 원자로 기술과는 사뭇 다르다. 지금까지 없었던 혁신적인 원자로 기술 부분은 원자로에 사고가 생겨도 자연력으로 안전성을 확보하는 피동안전성(Passive Safety)과 경제성을 갖는 실용적인 초소형 원자력 발전 동력을 추구한다는 장기 목표를 갖고 있다.

연구진은 국제 규제 요건을 충족하는 피동안전성을 토대로 기계와 재료, 열수력 및 안전계통, 핵연료, 핵설계, 방사성폐기물, 핵 안보, 조선해양 등 핵심 분야를 융복합해 경제성을 극대화한 초소형 원자로 개념설계를 도출한다는 방침이다. 특히, 40년 동안 핵연료를 교체하지 않는 방식을 실증 시험으로 입증하겠다는 목표가 주목할 만하다.

저농축 우라늄을 연료로 사용하는 경수로는 핵연료 교체에 필요한 막대한 비용, 방대한 비상대피 구역 마련, 핵 안보와 핵 비확산 확보, 사용후 핵연료 관리 등 안전성과 경제성 측면에서 한계를 지녔다. 한국의 연구팀은 이를 해결하고자 전체 수명 동안 핵연료를 교체하지 않는 초소형 고속로 원천기술을 개발하고, 그 안전성을 입증하려 하는 것이다. 이는 경수로가 지닌 한계를 근본적으로 해결해 '초소형 모듈 원전'(MMR:Micro Modular Reactor) 시대를 여는 데 이바지할 것으로 기대된다.

그렇기 때문에 한국형 미래 원자로는 그동안 제기된 안전 논란에 종지부를 찍는 동시에 경제성도 혁신적으로 개선된 형태가 되어야 한다. 그리고 초소형 모듈 원자로는 그 대안이 될 수 있는 것이다. 또한 기술을 액체 납 냉각 고속로 기술과 접목하면 40년 동안 핵연료 교체 없이 가동되는 해양·해저 탐사선이나 부유식 발전선용 동력원으로 사용할 수도 있다.

한편 군사 전문가들은 초소형 원자로 개발이 성공하면 이를 잠수함에 탑재할 수 있다고 분석했다. 핵 추진 잠수함은 원자로를 얼마나 소형화할 수 있는지가 관건이다. 지금까지 국내에는 초소형 원자로 제작 기술이 없어 핵 추진 잠수함을 만들 수 없었다. 따라서 현재 정부가 추진하고 있는 3450t급 중형 잠수함을 건조하는 사업인 장보고-Ⅲ 배치 Ⅱ에 황 교수팀이 개발하게 될 초소형 원자로를 탑재하면 우리도 순수 국내 기술로 핵잠수함을 제작하는 쾌거를 이룰 수 있다는 것이다.

현재 우리나라는 장보고-Ⅲ 배치 Ⅰ 사업계획에 따라 2018년 1번함인 도산 안창호함을 진수했다. 하지만 안창호 함은 디젤을 동력으로 하는 재래식 잠수함이다. 현재 제작 중인 2번함 역시 디젤함이다. 디젤 잠수함은 잠수함의 장점인 은밀성과 장기 작전수행력, 기동성 등이 핵 추진 잠수함에 비해 현저히 떨어진다. 게다가 최근 중국, 일본 등 주변 강대국들의 해군력을 비약적으로 강화하고 있다.

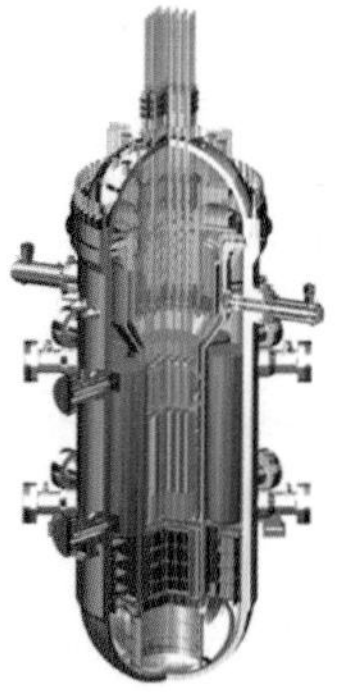

국내 개발된 소형 원자로 스마트(SMART)의 내외부 모습

이런 배경으로 우리나라도 비대칭 전력 확보를 위해 기동성이 높고 장기간 작전을 수행할 수 있는 핵추진 잠수함을 개발해야 한다는 여론이 고조되었다. 한국의 초소형 원자로 개발 완료 시기는 장보고-Ⅲ 배치Ⅱ 사업시기(2028년~)와 맞물리고 있다. 때문에 우리도 핵잠수함을 개발 보유할 수 있을 것으로 많은 이들이 기대를 품는 것이다. 특히 그동안 한국은 탈핵

정책으로 인해 상업용 원전 이외의 분야는 거의 불모지에 가까웠다.

한국 원자력계는 연구 개발의 필요성과 개발 가능성이 적은 고속 원자로 분야에 1kWh 당 1.2원씩 부과되는 원자력연구개발기금을 지원해 연구 재원을 안정적으로 확보할 수 있도록 해줬다. 이는 세계 어디에서도 유사 사례를 찾기 힘든 이례적인 일로 기록되었다.

원자력연구개발기금의 탄생 배경은 과거 1996년으로 거슬러 올라간다. 당시만 해도 전력수급상황이 썩 좋지 않았다. 전력 에너지는 경제 성장의 주요한 투입 요소이기에 적절히 공급하는 것이 매우 중요하다. 전력 에너지 중 원자력 발전이 차지하는 비중의 확대를 고려한다면, 한국은 원자력발전 운영 기술에 대한 지속적인 연구개발과 연구인력의 유지, 확보를 위한 활동이 추진되어야 했던 상황이었다.

원자력연구개발의 원활한 추진을 위해서, 정부는 1996년 원자력연구개발기금을 법제화함으로써 소요 재원의 틀을 마련하기에 이르렀다. 과거 10년간 원자력연구소를 중심으로 이룩한 원자력 기술자립을 지속시키고, 국가 원자력 연구개발 재원의 안정적확보를 위해 제 244차(96.2.27), 제 245차(96.6.25) 원자력위원회의 의결을 거쳐 원자력 연구개발기금을 설치했다.

원자력연구개발기금 덕분에 원자력계는 연구개발의 필요성이나 개발 가능성이 낮은 분야에도 쉽게 예산을 투입할 수 있었다. 지금까지 7000억 원가량 투입된 것으로 알려진 파이로 프로세싱과 소듐냉각고속로 연구개발사업이 지속될 수 있었던 것도 원자력연구개발기금 덕분이었다.

하지만 부작용도 있었다. 다른 나라들은 폐기하거나 시도하지 않는 사업이라도 일단 예산이 투입되는데, 이렇게 되면 개발 기대가 확대, 재생산되면서 계속 연구개발비가 발생할 수밖에 없다. 효율이 떨어질 수밖에 없는 것이다. 시대가 변하고 원천기술의 개발로 인해서 과거와는 다른 방향으로 원전에 대한 개발 방향도 변화했다. 원전 안전, 원전 해체, 방사선 동위원소 활용 등을 집중 육성하는 방향으로 원자력 연구개발의 방향 전환 시도가 일어났기 때문이다.

연구단이 개발하는 소형 원자로는 모듈형이다. 핵연료를 3~7년 주기로 교체해야 하는 상용 원전과 달리 이번에 개발할 소형 원자로는 원자로를 물로 식히는 것이 아니다. 바로 납과 비스무트를 5 대 5로 혼합한 액체금속으로 식히는 방식이다. 이 액체금속은 123도에서 액체가 되고 1700도에서 기체가 되는데 상온에서 물이나 공기와 만나도 반응과 폭발이 없다는 장점이 있다.

납-비스무트 고속원자로는 전체 지름이 1.7m, 길이가 6m인 초소형 모듈 원전이다. 사용 후 핵연료를 운송하는 국제표준 용기의 내부 지름 1.9m보다도 작다. 폐기하거나 분리하지 않고 통째로 안전하게 옮길 수 있다는 얘기다. 만에 하나 선박 사고가 일어나 바다에 빠져도 액체금속이 얼어 버려 사용 후 핵연료나 방사성 물질이 봉인된다. 그렇기 때문에 기존 원자로보다 더욱 안전하고 소형화가 가능한 것이다.

납-비스무트 고속원자로를 개발하는 과정에서 극복해야 할 문제도 있다. 원자로 내부가 부식될 우려가 있다는 것이다. 원자로와 배관 등이 일체형인 모듈 원전은 40년 동안 핵연료 교체가 필요 없도록 설계된다. 하지만 연료 고체만큼이나 배관도 교체하기 어렵다. 이를 방지하기 위해서라도 내부 부식 문제를 해결해야 한다. 또한, 일반 원전과 마찬가지로 고준위 핵폐기물 심층 처분시설을 반드시 갖추는 것도 해결해야 할 과제다. 국제 관계도 풀어야 할 숙제로 남아있다. 모듈형 원전이 핵잠수함 등 군사용으로 활용될 것이라는 시각이 지배적이기 때문이다. 이 부분은 정부가 나서서 풀어야 한다.

연구팀은 4년 뒤 개념설계가 완료된 후 상용화와 인허가를 위한 상세 개발에 나설 예정이다. 상용화 시기는 짧게는 7년, 길게는 10년으로 보고 있다. 한국의 원자로 기술은 세계에서 5위이며 또한 훌륭한 조선 기술을 가졌다. 이제 몇 년 후에는 이 두 기술을 활용해 대한민국 국민들이 염원하던 그 첫 번째인 핵 추진 잠수함을 건조할 수 있었다. 핵 추진 잠수함은 대표적인 전략무기이다. 그런 전략무기가 한국의 순수 독자기술로 개발되려고 하고 있는 것이다. 한국의 진정한 대양해군이 시작될 날은 정말로 얼마 남지 않은 셈이다.

5

위그선

한국형 대잠초계용 위그선 설명 및 개발 배경

대한민국이 적의 잠수함을 효과적으로 제압할 수 있는 새로운 무기체계를 개발했다는 소식에 세계가 놀라고 있다. 이번에 새롭게 개발된 무기체계는 대잠용 소나를 장비한 위그선인데, 사실 위그선 자체만으로는 그리 새롭다고 할 수 없다. 게다가 이미 여러 매체에서 다뤘던 만큼 많은 정보가 알려져 있다.

하지만 대한민국이 번뜩이는 아이디어로 새로운 위그선을 개발해냈다. 보다 효율적으로 사용할 수 있는 새로운 방법을 추진하는 것이다. 그동안 위그선은 엄청난 잠재력을 가지고 있지만 장점보다 단점이 크다는 평가를 받아왔다. 그래서 정식 군용 무기로 채택되지 못했는데 이번에 한국이 개발하는 위그선은 심상치 않다.

최근 한국의 주변국이 잠수함 전력 증강에 열을 올리고 있다. 독재 국가인 북한이 한민족의 근성과 집념으로 위협적인 핵무기를 만들어 냈고, 최근에는 핵잠수함 개발까지 도전하고 있다. 뿐만 아니라 항상 경계해야 할 이웃 일본도 잠수함 전력을 대폭 확대하고 있다. 그래서 우리 군도 이에 대응하고자 잠수함 전력을 확충에 집중하는 중이다. 6대의 P-8A 대잠초계기를 도입하면서 대잠수함전력까지 강화하고 있다. 하지만 동북아의 잠수함 전력이 워낙 빠르게 급상승하고 있다. 지금의 대잠 전력으로는 효과적인 대잠수함작전을 펼치기 어렵다는 지적이 쏟아지기에 한국은 그 어느 때보다 바쁘게 움직이고 있다.

최근 나날이 강해지는 우리 국방력에 자긍심을 느끼는 사람들이 많아졌다. 불과 20년 전만 하더라도 우리 군의 형편이 그리 좋지 않았기 때문이다. 전방사단에조차 M48 전차가 현역으로 운영됐고 대양해군을 추진하는 해군에게 항모보다는 고속정을 여러 척 건조하는 게 낫다고 주장하는 위정자들까지 있었다. 그러나 2021년 현재, 한국은 그동안 일각에서 '한국은 할 수 없다'라고 치부하던 것들을 현실로 이뤄냈다.

첫 국산 전투기 FA-50에 이어 순수 국산 전투기 보라매가 출고되었다. 그리고 이제는 이지스함과 3천 톤 급 유도탄 잠수함 배치-2에 대한 논의가 한창이다. 이렇게 발전한 대한민국을 보면서 한국인으로서 자긍심이 드는 건 당연한 일이다. 하지만 이런 군비증강이 마냥 좋은 일만은 아니다. 동북아 안보환경이 끝을 모르는 군비확장의 굴레에 빠져버렸기 때문이다. 덕분에 한국은 자주와 독립을 지키기 위해 막대한 국방비 지출을 강요받고 있다.

동북아는 세계 최대의 화약고나 다름없다. 전쟁을 원하는 게 아닌가 싶을 정도로 군비확장에 미친 중국이나, 체제 유지를 위한 집념 끝에 정말 핵무기를 보유하게 된 북한이 이를 방증한다. 또한 평화 헌법 9조를 폐기하고 일본제국의 영광을 찾자고 노래를 부르는 일본까지, 우리 주위에는 도무지 정상인 나라들이 없다.

안보 정세 역시 불안하다. 중국과 미국의 대립은 대만을 사이에 두고 극한으로 치닫고 있으며 일본은 갈수록 우경화되고 있다. 게다가 북한의 김정은이 언제 죽을지 모른다. 젊은 지도자가 죽은 이후에, 북한 정권이 안정적으로 유지될 가능성은 적어 보인다. 차라리 나라가 극심한 혼란에 빠지거나 극단적으로 붕괴될 가능성이 훨씬 높다.

이렇듯 한국은 언제 전쟁이 시작될지 모르는 안보 환경에 놓여있다. 그렇기에 한국의 새로운 무기 개발과 도입은 국가의 존망을 결정하는 것과 다름없는 것이다. 그리고 그중에서도 잠수함을 탐지하고 추적하는 기술은 최근 우리 군이 추진하고 있는 가장 중요한 분야 중 하나다.

특히 대한민국 해군에게는 정확한 대잠전 능력 확보가 더욱더 중요하다. 한반도 인근 해역이 잠수함 작전에는 용이한 반면, 잠수함 탐지에는 매우 불리한 환경이기 때문이다. 1997년 우리 해군은 서해 소흑산도 근해에서 중국의 밍급 잠수함을 추적했다. 그러나 중국, 북한과 직접 충돌하고 있는 서해의 경우 잠수함을 탐지하는 것이 무척 어렵다. 서해는 잠수함을 찾는 데 쓰이는 탐지장비인 소나가 제대로 작동하기 어려운 환경이기 때문이다.

소나는 소리를 이용해 목표를 탐지하는 음파탐지기를 말한다. 음향탐지기 또는 청음기라고도 불린다. 가장 중요한 특징은 소나가 수중에 숨어있는 잠수함을 추적할 수 있는 사실상 유일한 탐지장비라는 것이다. 이는 수중이라는 특수성 때문이다. 군에서 일반적으로 가장 많이 사용하는 탐지장비는 레이더인데 이것은 수중에서는 무용지물이다.

레이더는 전자파를 쏘아 멀리 떨어진 물체의 위치를 확인하는 장비다. 적의 장비와 충돌한 전파가 되돌아오는 형태와 신호 크기로 함정의 형상과 크기를 판단하는 원리다. 하지만 전파는 수중에서 그리 멀리까지 닿지 못한다. 특히 수중으로 내려갈수록 탐지가 어려워진다. 높은 압력으로 물의 밀도가 높아져 소리가 장벽에 가로막히기 때문이다.

이는 빛을 이용한 광학장비에도 마찬가지로 적용된다. 파동이자 입자인 빛은 일반 공기 중에서는 큰 문제 없이 작동한다. 그러나 수중에서는 아주 짧은 거리밖에 확인할 수 없다. 게다가 부유물이 많거나 해저와 가까운 지역에서는 정확히 물체를 식별하는 것이 사실상 불가능하다. 그래서 수중에 있는 잠수함을 탐지하기 위해서는 파동인 소리를 이용하거나 지구 자기장을 이용하는 방법밖에 없다.

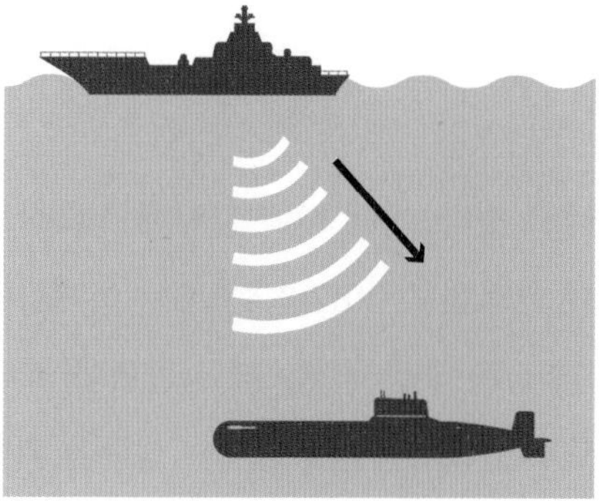

수동소나

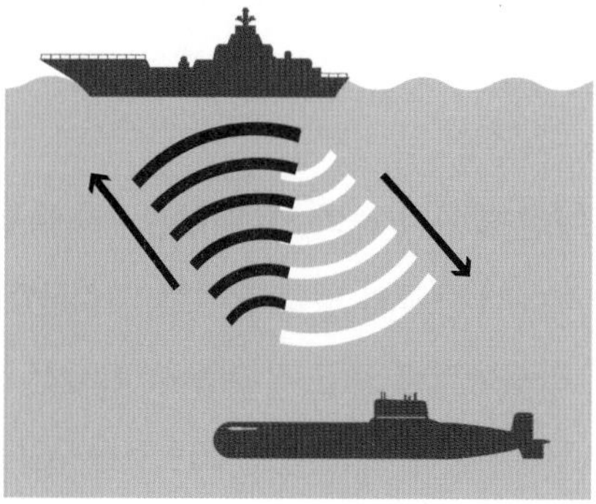

능동소나

소리와 자기장을 이용하는 방법 중 더 정확한 방식은 지구의 자기장을 이용하는 것이다. 금속으로 만들어진 잠수함은 지구의 자기장 상태에 영향을 끼칠 수밖에 없다. 그렇기에 정확한 잠수함의 위치를 특정해 내는 데는 이만한 기술이 없는 것이다. 하지만 미세한 자기장의 변화를 특정할 수 있어야 하는 만큼 제약이 많고 무엇보다 탐지거리가 매우 짧다. 그래서 자기장 탐지는 적의 위치를 거의 확정한 상태에서 최종 확인과 정확한 목표 설정을 위해 사용된다.

반면, 소나는 소리를 사용해 적을 탐지한다. 탐지 방법은 간단하다. 수중에서 들리는 소리를 꾸준히 듣다가 잠수함과 일치하는 음문을 발견해 적 잠수함을 찾아내거나, 음파를 쏴 돌아오는 음파 속에서 상대 잠수함의 소리와 섞인 반향음을 탐지하는 것이다.

전자를 '수동 소나' 또는 '패시브 소나'라고 하고 후자를 '능동 소나' 또는 '액티브 소나'라고 한다. 소리를 퍼트려 상대를 찾는 액티브 소나는 대잠전을 수행하는 구축함이나 대잠헬기 등에서 주로 사용한다. 그리고 소리를 듣기만 하는 패시브 소나는 소리를 낼 수 없는 잠수함이 주로 사용한다.

대잠전 분야에서 우리 해군은 세계적으로도 손꼽히는 실력을 가졌다고 평가받는다. 러시아와 중국 잠수함의 항복을 받아냈을 정도다. 통상적으로 잠수함에 대한 추적은 평시 국가가 수행할 수 있는 가장 강경한 군사작전 중 하나로 분류된다.

이런 일이 한국의 영해에서는 자주 일어나고 있다. 지난 1997년 서해 소흑산도 근해에서 중국의 밍급 잠수함이 출몰해 이를 추적했고, 2017년 4월에는 동해상에서 러시아의 킬로급 잠수함을 70시간 동안 추적해 부상시키는 데 성공했다. 추적당하던 잠수함이 부상했다는 것은 공격과 도주가 불가능한 상황에서 생존을 위해 항복하겠다는 의미다.

해군이 이렇게 훌륭한 대잠전 능력을 갖췄음에도 한반도 인근에서 적 잠수함을 찾는 것은 무척 어려운 일이다. 특히 서해는 대잠전을 수행하기에 가히 최악의 환경이라고 할 수 있다. 가장 깊은 곳의 최대 수심이 수백 m에 불과하지만 해저지형이 매우 복잡하게 발달해 있으며 물속에 작은 동산과 절벽 등이 연달아 있기 때문이다. 이런 지역에서는 액티브 소나가 왜곡되기 쉽다.

또한 해저지형과 해류가 충돌해 일어난 소음 때문에 패시브 소나를 사용하기도 어렵다. 이를 극복할 유일한 방법은 대잠헬기, 대잠초계기, 구축함 등 동원할 수 있는 모든 대잠 탐지장비들을 동원하는 것뿐이다. 겹겹으로 포위망을 구성해 최대한 오류를 수정하는 것이다. 해상에선 함정에서 잠수함을 탐지한다. 하늘에선 대잠헬기가, 그리고 지상 기지에서 출격한 대잠초계기가 이를 보조한다.

항공기는 주로 소노부이를 사용해 잠수함을 추적한다. 소노부이는 헬기나 초계기에 탑재하도록 만들어진 소모성 소나로, 항공기에서 다량의 소노부이를 투하해 작은 규모로도 잠수함의 행동반경을 제약하고 나아가 탐지하는 대잠전의 핵심장비다.

하지만 소노부이의 탐지력에도 구멍은 있다. 대잠헬기를 탑재할 수 있는 대형 함정이 있어야만 운영이 가능하다. 또 대잠초계기는 수 시간 정도의 작전 이후에는 공항으로 돌아가야 한다. 결국 함대를 모아 대규모 작전을 하는 것이 아니라면

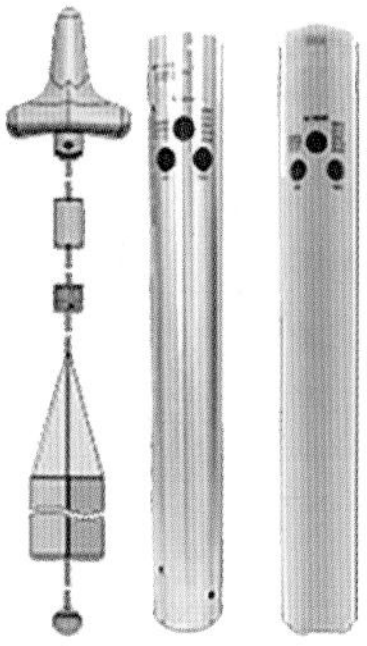

수동형 소노부이(DIFAR)

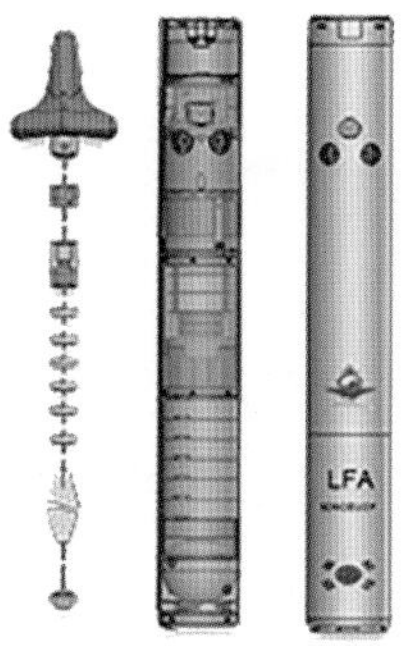

저주파 능동 소노부이

대한민국의 영해 전체를 감시하는 것이 사실상 불가능하다는 말이다.

위그선에 소노부이를 장착한다면 이런 문제를 해결할 수 있다. 위그선은 배보다 빠르고 항공기보다 많은 탑재량을 가졌기 때문에 한때는 군용 함정으로 크게 주목받았다. 그러나 비싼 가격과 높은 건조 난이도로 세계 군 관계자들의 관심에서 멀어졌다. 또 잔잔한 바다가 아니라면 작전이 불가능하다는 단점까지 겹쳐 위그선은 최초로 군용 위그선을 개발한 러시아에서조차 외면하는 애물단지가 되고 말았다. 위그선의 이 애매한 성능을 한국에서 재조명했다. 그로 인해 해군의 전력이 크게 늘어날 수 있게 됐다. 문제 많던 위그선이 대잠전에 아주 적합하다는 판정을 받았기 때문이다.

위그선은 기본적으로 선박이기 때문에 고속정처럼 해상에서 장기간 계류할 수 있으며 긴급 시에는 시속 수백 km 속도로 이동할 수 있다. 또 출격과 현장 도착에 상당한 시간이 걸리는 해상초계기나 대잠헬기와 달리 즉각적이고 신속한 대응이 가능하다. 원자력 추진 잠수함조차 수중에서는 시속 50km 이상의 속도를 내

기 어렵다는 점을 생각하면 대부분의 잠수함은 대잠 위그선을 뿌리치기 어렵다. 이 때문에 어떤 과정이든 적 잠수함을 탐지하는 데 성공한 상황이라면 다수의 대잠 위그선으로 적 잠수함을 탐지하고 격침할 수 있다. 그리고 이와 더불어 위그선은 해면 효과를 이용하기 위해 아주 낮게 비행한다. 이런 점으로 위그선은 대잠초계기와 비교할 수 없을 정도로 은밀한 작전이 가능하다.

현재 한국이 추진하는 대잠초계 위그선은 스텔스기 수준의 압도적인 은밀성을 보여주는 것은 아니다. 하지만 비교적 저렴한 가격과 효과적인 성능을 고려한다면 상당히 효율이 높다. 그리고 위그선은 또 하나의 장점을 가지고 있다. 물속에서도 움직이는 잠수함은 위그선을 탐지하지 못한다는 것이다. 위그선은 주로 해면 바로 위에서 활동하기 때문에 소나로도 감지되지 않는다. 한 마디로 연안에서만큼은 대잠초계기와 헬기보다 훨씬 신속한 대응이 가능하며 작전 지속시간도 훨씬 우수한 대잠무기체계라는 것이다.

이런 내용을 설명하면 '만들고나 얘기해라'라며 핀잔을 주는 사람들이 있다. 실물이 없을 거라고 생각하는 것이다. 그런데 그런 분들의 바람과는 반대로 위그선은 실물이 존재한다. 소노부이를 장착한 위그선은 지난 6월 9일 처음 부산 마덱스에서 최초 공개됐다. 현재는 국내 소나 제조업체와의 협업을 통해 위그선에 소나를 장착해 실험하고 있는 단계다.

지난 20년간 주변국 잠수함들이 우리 해역에 침입한 사례는 무수히 많다. 그때마다 장병들이 우수한 실력으로 이들을 격퇴했지만, 주권이 침해당했다는 사실만큼은 변치 않는다. 하지만 자주국방을 꿈도 꿀 수 없던 20년 전의 한국을 생각해보면 지금의 대한민국은 자주국방을 눈앞에 두고 있다. 그리고 한국의 대잠 위그선이 완성된다면 지금보다 완벽한 자주국방에 한걸음 다가서게 될 것이다.

위그선에 대한 설명 및 장점

1976년 8월 미국 중앙정보국 CIA는 국립정찰국으로부터(NRO) 한 건의 정보를 받았다. 중앙아시아의 카스피해에서 시속 550km로 이동하는 물체를 발견했다는 것이었다. 미국은 이를 바다괴물이라 명명하곤 재빨리 상황 파악에 나섰다. 구소련이 군사용으로 개발한 위그선이 처음으로 세상에 모습을 드러낸 순간이었다.

구소련은 1960년대부터 위그선을 개발해온 것으로 알려졌다. 당연히 군사 목적으로 활용하기 위해서였다. 위그선이란 수면에서 1~5m 정도 공중으로 뜬 상태에서 이동하는 선박을 말한다. 1990년대 후반 국제해사기구(IMO)의 분류에 따라 위그선은 하늘을 날지만 비행기는 아니다. 분류에 따르면, 바다에서 고도 150m 이하로 움직이는 운송수단을 선박으로 분류되므로 위그선은 비행선이 아닌 선박으로 분류된다.

과학자들이 굳이 위그선을 만든 이유는 선박과 항공기의 장점을 모두 갖고 있기 때문이다. 게다가 효율적이기까지 하다. 업체 전문가 말에 따르면 위그선은 대형 선박보다 30% 적은 금액으로도 건조가 가능하다. 그리고 시속 180㎞ 이상으로 이동이 가능하면서도 연료 효율까지 좋다. 이게 다가 아니다. 선박은 속도가 느리지만 비행기처럼 별도의 활주로가 필요 없고, 비행기는 강력한 화력과 빠른 속도를 갖고 있지만 부대시설이 많이 필요하다. 반면 위그선은 비행기처럼 빠른 속도로 이동하면서도 활주로 같은 부대시설이 필요 없다. 한마디로, 선박과 비행기의 장점만 가지고 있는 것이다. 헬리콥터와 비교해 보더라도 연료 소모량이 적은 데다가, 헬리콥터보다 많은 짐을 실을 수도 있다.

위그선이 물 위를 빠르게 움직일 수 있는 이유는 '지면 효과(해면효과)' 때문이다. 일반 비행기는 공중에 뜨는 '양력'을 만들기 위해 양 날개가 필요하다. 하지만 동시에 비행기가 앞으로 나아가기 위해선 공기와 날개가 부딪치며 날개 주변으로 공기의 소용돌이인 와류를 버터내야 한다. 와류로 인한 공기의 마찰은 생각보다 강력하다.

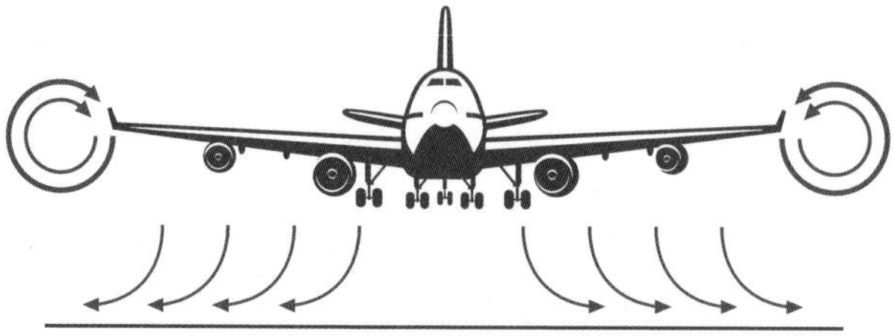

해면효과(지면효과)

그런데 만약 비행기가 수면이나 지면과 가까이 날게 되면 어떻게 될까? 비행체와 지면 사이에 공기가 갇히는 현상이 발생한다. 그렇게 되면 비행체의 아랫부분은 윗부분보다 상대적으로 공기의 밀도가 높아지게 된다. 밀도가 높아짐에 따라 압력이 증가하고, 공기 압력이 증가하면 날개에 발생하는 와류가 줄어들어 결과적으로 비행 성능이 좋아지는 효과를 볼 수 있다.

일반적으로, 위그선은 휘발유 200ℓ로 800km의 운항이 가능하다. 이는 연료 소모량이 동급 선박이나 항공기의 30~50%에 불과하다. 이것은 큰 장점이다. 위그선은 여러 분야에서 활약할 만한 잠재력을 가지고 있다는 뜻이다. 전 세계 여객선과 보급선의 시장 규모는 연간 1조 원 수준이다. 그리고 위그선은 이 중 15% 이상을 대체할 수 있을 것으로 예상된다.

하지만 위그선을 상용화하는 것은 쉽지 않다. 선박 기술과 항만 기술이 융합된 위그선의 생명은 안전성인데 이를 확보하기가 무척 어렵기 때문이다. 그런데 그 어려운 일을 한국이 해냈다. 위그선의 개발과 판매에 성공한 기업은 세계를 기준으로도 우리나라의 '아론'이 처음이다.

위그선은 지금까지 중국, 핀란드, 러시아, 미국, 독일 등에서 군사용으로 일부 건조되었다. 그러나 상용화한 적은 없다. 반면 한국은 지난 13년간 연구비 1,500억 원을 투자하여 8인승용 위그선인 M80 모델 개발에 성공했다. 이후 해양수산부 안전검사 기준까지 통과하며 세계 최초 선급인증 위그선이 탄생한 것이다.

위그선 관련 기술이 국내에 소개된 것은 한·러 과학기술 교류 사업이 이루어졌던 1993년이다. 시간이 지나 2002년, 해양연구소는 국내의 한 벤처기업과 공동연구 끝에 4인승 규모의 레저용 소형 위그선 시험운항에 성공했다.

당시 갈매기호로 명명된 이 위그선은 해면 2m 높이에서 시속 120km로 날아갈 수 있으며, 연료 소모량은 일반 모터보트의 50%도 되지 않았다. 날개에서 발생되는 양력으로 공중에 뜬 채 고속으로 날아간다는 점만 보면 비행기와 별반 다를 바가 없다. 다만 차이가 있다면 위그선은 비행기와 달리 '해면 효과'를 최대한 활용한다는 것이다.

해면 효과란 날개가 해면과 가까울 때, 날개와 바다 사이에 공기가 갇히는 현상을 말한다. 이 해면 효과는 거대한 양력을 만드는 작용을 한다. 때문에 위그선은 해면 효과 없이는 비행기처럼 떠 있는 것도 불가능하다. 물론 비행기도 해면 효과를 받을 수 있다. 그래서 수면이나 지면 가까이 낮게 날게 되면 위그선처럼 효율적으로 양력을 발생시킬 수 있다. 하지만 수상기나 비행정을 제외한 비행기는 물에 닿을 경우 몹시 위험하다. 기본원리가 유사하더라도 물 위를 날아가도록 설계된 위그선과, 공중에서 날아가도록 설계된 항공기는 그 쓰임새가 엄연히 다르다. 이는 일반적인 군사 무기도 마찬가지다.

혹자는 이런 경우 '어떤 무기가 이런 기능을 대체한다'며 듣기 좋은 말로 포장하기도 한다. 하지만 군사 무기는 목적성이 뚜렷해야만 제 성능을 발휘한다는 게 정설이다. 개발 목적과는 다른 기능을 갖다 붙인다고 한들 성능이 뛰어난 게 아니라는 것이다. 그래서 대부분의 겸용 무기들은 궁여지책으로 만들어지는 경우가 많다.

가까운 예로 북한의 차기 전차인 선군호가 있다. 정전협정 체결 60주년을 맞이해 북한군은 대규모 열병식을 열었다. 그곳에서 등장한 일부 전차는 우리 군 당국의 주목을 받았다. 기존 북한군 일부 전차에 장착된 휴대용 지대공 미사일 외에도

전에는 볼 수 없었던 대전차 미사일 2기를 포탑 주위에 장착했기 때문이었다. 당

아론비행선박이 만든 위그선의 모습

시 이를 지켜봤던 많은 이들은 전차에 달린 대전차 미사일이 AT-4 계열일 것이라 예상했다. AT-4는 길이 1m, 직경 120mm로 최대 사거리는 2.5km다.

정작 이 사진을 접한 우리 군 전문가들은 환하게 웃을 수밖에 없었다. 이는 북한이 본인들의 전차 포탄 파괴력이 우리 군 전차에 비해 뒤떨어진다는 단점을 보완하기 위해 궁여지책으로 세운 전략 중 하나였기 때문이다. 군 전문가 아닌 일반 사람의 시각으로 봤을 때 전차의 겉면에 최신예 미사일이 전차에 주렁주렁 달려 있으면 일단 화력이 강하지 않을까 하고 생각할 것이다. 앞에서 설명한 바와 같이 당초 목적과 다른 곳에서 활용되는 무기 체계는 제 성능을 발휘할 수 없다. 그래서 최신예 무기들은 오직 한 가지의 목적만 갖고 탄생한다.

위그선은 위 사례에 해당되지 않는다. 아이러니하게도 위그선 최대 장점과 약점은 앞서 설명했던 지면 효과에서 나오기 때문이다. 고속으로 비행하는 위그선은 해면 효과로 인해 선체 앞쪽이 파도치듯 위아래로 흔들릴 수 있다. 그러나 이런 진동이 강해지면 위그선이 수면과 충돌하거나 심하면 공중에서 뒤집힐 수도

있다. 애초에 위그선은 설계상 호수나 강에는 운항이 가능하도록 설계되었다. 파고(波高)가 높은 해상에서는 지면효과가 불안정해 이착륙이 불가능하다는 한계 때문이었다. 그리고 이것이 다른 군사 선진국들이 위그선을 개발하다가 중도 포기하거나 가시적인 성과를 못 내고 있는 이유다. 다행히 최근 제어기술이 발달하면서 이런 문제점들이 하나씩 해결되고 있다. 그렇지만 대형 위그선의 경우는 아직까지 개발된 사례가 없는 상황이다. 때문에 한국은 이런 문제를 풀어야 하는 숙제를 갖고 있다.

만약 해양연구소의 연구가 성공해 대형 위그선이 실용화된다면, 수송시간과 비용을 획기적으로 줄이게 된다. 그리고 기존 선박으로는 불가능한 시속 500km 이상으로 운항할 수도 있다. 연료비 측면에서도 기존 항공기의 절반 수준밖에 되지 않기 때문에 인류 최초의 운송수단인 바퀴의 발명과 맞먹을 개발이라고 할 수 있는 셈이다. 또한 위그선은 비행기처럼 공항 같은 거대 시설을 건설할 필요가 없다.

한국의 위그선 개발로 동북아 물류에 획기적인 변화가 일어날 수도 있다. 대형 위그선을 개발한다면 중국 동부 연안과 일본을 1시간 이내에 오갈 수 있게 된다. 거기에 기존 항공요금의 절반 정도 밖에 되지 않을 것이다. 그렇게만 된다면 그 파급효과는 엄청날 것이다.

현재 중국, 러시아, 호주, 싱가포르, 독일, 이란 등 각국 정부 주도로 연구개발에 나섰으나 번번이 상용화 문턱을 넘지 못하고 있다. 그만큼 우리 한국이 개발한 위그선 기술이 대단하다는 것이다. 그러므로 그 어려운 일을 한국이 세계 최초로 이룩했다는 점은 자랑스럽게 생각할만하다.

위그선은 군사용으로도 활용가치가 무척 높다. 위그선은 해상작전, 수색 구조, 감시정찰이 가능하고 기존 해양무기체계에 비대칭 전력이 될 수 있기 때문이다. 잠수함 작전용 헬기인 링스(LYNX)의 경우 구매 비용만 700억 원을 상회하고 1시간 운용 비용만 500만 원가량으로 알려졌다. 하지만 위그선의 경우 구입비는 대잠헬기의 1/10 정도이며 운용 비용도 1/10정도에 불과하다. 또한 디핑 소나나 적성국의 해상 전력 타격 시에도 효율적이다.

기종에 따라 다르긴 하겠지만 전투 함선들은 대부분 50노트(92km) 내외의 속력을 갖고 있다. 그런데 한국이 최종적으로 개발하는 위그선은 최대 시속 500km을 자랑한다. 이렇게 되면 적성국의 모든 함선은 비행기 속도를 갖고 있는 한국의 해상전력과 맞서야 한다. 이는 분명 한국의 해상전력을 몇 단계 끌어올리는 혁신적인 무기체계가 될 것이다.

한편 해양수산부는 위그선 상용화 추진단을 구성하는 등 한국의 위그선이 세계시장을 선점할 수 있는 제도적 지원을 진행하고 있다. 국내에서 선급인증을 획득한 아론사의 M80은 비행기와 유사한 듀얼 조종 시스템과 비행 기록 장치, 자동소화장치, 레이더, 음성·영상기록장치(VDR), 위성통신기 등 각종 안전장비가 탑재됐다. 그리고 위그선 시장은 1만 5000척 수준으로, 23조 원의 부가 가치를 생산할 것으로 추정하고 있다. 이미 스페인, 덴마크, 사우디아라비아, 인도네시아, 태국 등 세계 각국이 한국을 향해 구매의향서를 보내고 있다.

이런 즐거운 소식과는 반대로 아직 한국이 넘어야 할 산도 남아있다. 선박에 대한 항로, 교통규칙, 항만시설의 국제적 통일을 위한 기구인 국제해사기구 IMO의 의장국이 중국이기 때문이다. 중국은 이번 한국이 개발한 위그선의 기술에 대해서 높은 관심을 갖고 있다. 추후 한국 기술을 훔쳐 위그선을 만들 계획이라 중국이 아닌 한국이 위그선의 표준을 만드는 것에 불만을 드러내는 것이다. 중국의 갖은 방해 공작을 생각하다 보면 한국이 넘어야 할 산이 얼마나 높고 험난할지 한숨밖에 나오지 않는다. 하지만 한 가지 만큼은 분명하다.

이제는 첨단 과학기술 하나가 국가 경쟁력을 좌우할 수 있는 시대라는 것이다. 현재 위그선의 건조와 운항에 관한 플랫폼만큼은 한국이 선점하고 있다. 또한 한국은 추가로 사업비 1200억 원을 들여 200인용 이상의 대형 위그선을 개발을 추진하고 있다. 위그선에 대한 모든 기술이 한국으로부터 시작해 국제표준이 되는 그날을 기원한다.

위그선과 다동선 군함, 한국형 LCS

현재 한국은 어느 나라도 시도하지 못했던 미래 선박 개발에 대한 박차를 가하고 있다. 이는 중국과 일본을 견제함은 물론 북한의 도발을 억지할 수 있다. 한국은 여기서 만족하지 않고 해군의 장착 무장에 따라 전쟁 억지력이 생기는 전략 자산급의 함선을 계획하고 있다. 그 계획 안에는 위그선과 다동선이라는 다소 생소한 선박이 포함된다.

위그선이 처음 운용된 것은 터키 북부와 우크라이나 크림반도에 걸쳐 있는 흑해였다. 미국 정보당국은 처음 위그선을 발견하고 큰 충격에 빠졌다. 위그선의 비상식적인 속도 때문이었다. 외형은 비행정과 흡사했지만 사진에 찍힌 물체의 크기는 수백 톤의 화물을 싣는 것도 가능해 보일 정도로 거대했다. 그렇다고 또 배라고 하기에는 이동속도가 너무 빨랐다. 그래서 당시 미국의 군사전문가들은 '만약 소련이 위그선에 미사일과 병력을 싣고 터키를 공격한다면 막을 수 있는 방법이 없다'라고 생각했다. 그리고 소련이 더 큰 함정을 만들 수만 있다면 수십 년 내에 모든 선박이 소련의 위그선으로 대체될 것이라 여겼다.

그러나 군용위그선이 처음 세계에 알려진 뒤로부터 60년이 지난 지금도 위그선은 보편적인 선박 건조의 기준이 되지 못했다. 2000년대 후반에는 러시아 업체가 이륙 중량 2500톤, 수송 중량 700톤의 괴물 위그선 Be-2500을 제시했지만 러시아군을 포함한 어느 나라도 놀라울 정도로 관심을 갖지 않았다.

위그선이 가진 치명적인 단점 때문이었다. 위그선이 비행기처럼 빠르면서도 배처럼 많은 화물을 싣는 것이 가능한 이유는 해면 효과 덕분이다. 해면 효과로 일반적인 항공기보다 많은 화물을 실었음에도 비행이 가능한 것이다. 하지만 해수면에 가깝게 난다는 말은 파도에 부딪힐 위험이 높다는 얘기도 된다. 통상적인 선박이라면 파도를 타며 전진하는 것이 가능하다.

위그선은 작은 파도에도 방향을 유지하지 못하고 추락한다. 한때 카스피해의 괴물이라 불리던 당대 최대의 위그선 KM 역시 조종 미숙으로 침몰했다. 잔잔한 바다인 카스피해에서도 운용이 힘든데, 베링해협이나 드레이크 해협 같은 험난한 바다나 날씨가 안 좋은 날에 위그선을 운영하는 것은 사실상 불가능에 가까웠다. 위그선의 크기를 키우고 상승고도를 높이면 위 문제를 해결할 수 있지만 그렇게 된다면 대형 항공기를 만드는 거나 다름없게 된다. 비행기보다 느리고 배보다 불안정한 위그선을 쓸 이유가 없나는 것이다.

현재 전자공학의 발달과 소재 기술의 발달로 위그선은 새로운 전기를 맞이하고 있다. 해면과의 거리를 조절하면서 자세를 제어할 수 있는 제어기술이 개발됐고 파도가 닿지 않을 정도로 높은 고도에서 비행하는 것이 가능해졌기 때문이다. 이와 관련된 기술을 꾸준히 연구하고 있는 기술 선도국인 한국은 지난 2020년 3월에 상업용 위그선 'M80'을 선보였다. 승객 8명 또는 1.2톤의 화물을 싣는 것이 가능한 경량 위그선은 올해 하반기부터 포항과 울릉도를 오고 갈 예정이다. 동해를 오고 가는 노선을 잡았다는 것만 봐도 우리 위그선의 수준이 호수나 잔잔한 바다에서 겨우 쓰던 기존의 위그선과 차원이 다르다는 것을 알 수 있다.

해당 선박은 국내 기업인 아론비행선박이 만들었다. 아론비행선박은 선체 하부를 선박처럼 설계해 수상 항해의 안정성을 높였다. 해면 효과를 극대화하기 위한 특수 날개설계를 적용했다. 개발 업체에서는 위그선이 해상구조임무와 해군작전에 쓰일 수 있음을 강조했다. 위그선은 수상에는 운영이 가능하기에 헬기착륙장이나 공항같은 별도의 지상시설이 없다는 장점이 있다. 서해 5도의 참수리 고속정들이 이용하는 해상작전기지 같은 시설물에 위그선을 계류해 두었다가 위급 시 빠르게 이동할 수 있다. 게다가 바다에 닿은 채 선박으로 항해할 경우 최대 시속 100km, 비행 시 최대 시속 250km에 이른다. 이로 인해 그동안 구조헬기나 구조

선이 할 수 없었던 것까지 가능해졌다. 헬기보다 더욱 많은 물자나 인명을 나를

북한의 공기부양정

수 있고 구조선보다는 비교할 수 없을 정도로 빠르기 때문이다.

이에 한국 해군이 촉각을 곤두세우고 있다. 현재 해군은 디핑소나나 청상어 경어뢰를 운용하는 대잠초계기, 기관총과 비궁에 쓰이는 70mm 유도로켓을 계획하고 있다. 이들을 위그선에 활용한다면 무장된 경공격기로서 통영함 같은 수상구조함과 조를 이뤄 수상구조임무에 투입될 수 있다. 만약 경공격기로 개량된 위그선이 서해 5도 인근 해상 전진기지에 배치될 경우, 수 대의 위그선이 나타나는 것만으로도 북의 공기 부양정은 손쉽게 무력화될 것이다. 만약 향후에 지금보다 큰 위그선이 개발된다면 초저고도 비행을 하는 위그선의 특성을 이용해 대함 공격 임무도 가능해진다.

위그선은 이제 막 군용함으로서 그 가치를 입증하기 시작했다. 하지만 항모나 이지스함 같은 대형 선박에 적용하는 대형화 기술은 아직 적용이 불가능하다. 위그선은 비행기와 유사한 구조를 가졌기 때문에 공간의 낭비가 심하다. 게다가 기상의 영향도 심하게 받는다. 만약 위그선을 항모에 준하는 크기로 대형화한다면

많은 비용이 투입되어야 할 것이다. 불과 수 미터라고 하더라도 10만 톤의 항모를 띄울 수 있는 초고출력 엔진은 아직 존재하지 않기 때문이다. 만약 이것이 가능하다면 마블 어벤져스에 나오는 쉴드의 헬리캐리어 같은 공중 항공모함이 될 것이다. 이런 무기체계를 한국이 개발한다면 동북아 패권뿐만 아니라 미국과도 견줄 수 있는 초군사 강국이 될지도 모른다. 하지만 위그선이 해군의 주력함으로 인정받기 위해서는 아직도 많은 시간이 필요하다.

그럼에도 해군은 새로운 구조의 선박을 원하고 있다. 점차 빠르고 강력한 무기가 등장하는 현대 전장에서 기존 선박의 속도와 스텔스 능력으로는 생존을 장담할 수 없기 때문이다. 그래서 한국을 비롯한 전 세계의 해군은 미래전에 걸맞은 새로운 구조의 선박을 찾고 있다. 그 해답으로 등장한 것이 쌍동선과 삼동선으로 대표되는 다동선이다.

다동선은 배가 해수면에 닿는 면적을 줄이기 위해 선체 하부를 여러 동체로 나눠 설계한 선박이다. 작은 나뭇 배로 태평양을 항해하던 폴리네시아 원주민들이 썼던 보트 역시 이런 다동선 설계를 띄고 있다. 다동선의 가장 큰 특징은 조파저항이 적다는 것이다. 배의 속도가 느려지고 연비가 떨어지는 가장 큰 요인이 바로 마찰저항과 조파저항이기 때문이다. 속도가 빨라질수록 조파저항이 커지기 때문에 연비와 속도에 큰 영향을 미칠 수밖에 없다. 일반적인 선박 구조로는 이 조파저항을 완전히 극복하지 못하기 때문에 선박 속도에는 명확한 한계점이 생기게 된다. 반면 다동선은 조파저항이 적다. 따라서 고속일수록 가속이 쉽고, 그만큼 연비가 우수하다. 또 다동형 구조로 인해 상부가 넓어져서 넓은 갑판을 활용하기 좋다는 장점까지 있다.

최근 일본은 지상형 이지스시스템인 '이지스 어쇼어'를 대체하기 위한 신형함을 다동선으로 건조하겠다고 발표했다. 첫 시도이다 보니 상당한 고난이 있을 것으로 보인다. 그에 반해 한국의 다동선 군함 건조 난이도는 그리 높지 않을 것이다. 일찍이 세계 최대의 쌍동선을 만들어 낸 나라가 바로 한국이기 때문이다. 세계 최대 쌍동선의 이름은 대우조선 해양이 건조한 '개척 정신호'다.

한국의 다목적훈련지원정(MTB) 1번함

이 거함은 메인 크레인을 통해 거의 5만 톤에 가까운 물체를 들어 올릴 수 있다. 5만 톤은 프랑스의 중형 핵 항모인 샤를드골급이나 미국의 아메리카급 강습상륙함의 만재 배수량에 맞먹는 엄청난 무게다. 또한 들 수 있는 무게가 큰 만큼 탑재량도 엄청나다. 만재 66만 톤 급 화물선 자르 바이킹은 1979년 일본이 건조한 당대 최대의 화물선이다. 개척 정신호는 이 자르 바이킹보다 폭이 55m 길고 길이가 76m 짧다. 하지만 직사각형에 가까운 선체 구조까지 따지면 실제 화물 적재량은 자르 바이킹을 압도한다. 일부 매체에 따르면, 만재 배수량이 110만 톤을 상회한다는데 정확한 기사나 논문 자료가 없어 많은 이들이 그에 거의 근접할 것으로 추정하고 있다.

워낙 어마무시한 함정인 만큼, 해당 함정을 건조하기 위해서는 항공모함 제작에 사용되는 기술 수십 가지가 동원된다. 그렇지만 건조 기간이 무척 짧은 편이다. 건조까지 3년 정도가 필요한데 엄청난 크기와 덩치를 생각해 보면 굉장히 빠른 시간이다. 결론적으로, 민수용 쌍동선을 건조할 수 있는 기술을 가진 한국이 쌍동형 군함을 건조하지 못할 리가 없다는 것이다. 그런데 우리 해군은 이미 2017년 쌍동형 선박을 인도받아 2019년 전력화를 완료했다. 해군이 보유한 쌍동선은 다목적 훈련 지원정(MTB)으로 길이 45m, 폭 14m, 높이 18m 크기를 갖고 있다. 또한, 최대속력은 25노트이며 승조원 14명이 탑승할 수 있는 만재 280톤의 훈련정이다.

MTB는 크기가 작다고 무시할 만한 선박이 아니다. MTB는 전자전훈련 지원체계 EWT(Electronic Warfare Trainer), 무인 표적기 2기, 무인 표적정 1척, 어뢰 회수정 1척을 탑재했으며 함포 및 대공 유도탄 실사격, 어뢰 발사, 전자전 훈련 지원이 가능한 만능 훈련정이다. 해군은 4척의 MTB를 보유할 계획을 갖고 있다. 첫 시작은 작은 MTB로 시작하지만 건조 노하우만 쌓인다면 함정의 대형화는 시간문제라 할 수 있다.

반면 쌍동선도 단점은 존재한다. 속도가 느릴 때는 조파저항보다 마찰저항이 속력에 미치는 영향이 큰데, 쌍동선은 마찰저항에 대한 효율이 좋지 않다. 그로 인해 저속에서는 오히려 연비가 나쁘고 선체 구조 때문에 선회력도 낮아 어뢰를 회피하기도 어렵다. 뿐만 아니라 하부 공간이 작아 무장과 선원을 탑재하는데 제약이 있다. 그런데 미군이 이 문제를 해결한 형태의 군함을 만들어냈다. 미군이 보유한 연안점투함 LCS이 그것이다.

LCS는 양옆에 보조 동체를 두고 중앙의 선체를 기존 선박과 유사하게 설계한 삼동형 군함이다. 선회력을 높이고 하부 공간을 확보하면서도 쌍동선의 장점인 고속과 스텔스성, 넓은 갑판 등을 그대로 살렸다.

일각에서는 미군 내에서 LCS가 엄청난 골칫덩이 취급을 받고 있다고 지적한다. 그것은 반은 맞고 반은 틀린 얘기다. 삼동선에 너무 많은 첨단 기술을 적용하다가 생산 단가가 껑충 뛰어 고비용의 문제 덩어리가 된 것이지 삼동형 선체의 문제가 아니기 때문이다. 미국 삼동선의 문제점은 다음과 같다. 자동화가 과도해 심각할 정도로 선원이 부족한 점과 터무니없이 비싼 건조 비용이다. 이러한 문제로 탑재가 예정이던 무기체계가 취소되기도 했다. 그러나 선체 설계와는 전혀 상관없는 문제이기에 한국의 군함에 다동형 선체를 채용하는 것과는 관련이 없다.

미국의 인디펜던스급 연안전투함(LCS) 가브리엘 기퍼즈함

LCS의 개발 목적과 선체는 한국군의 차기 호위함에 적용할 여지가 충분하다. 원래 미국의 LCS는 중국 연안에서 활동하며 중국 해군을 견제하기 위해 개발됐다. 강력한 스텔스 능력과 고속으로 움직이는 무인기나 헬기를 탑재할 수 있는 넓은 갑판 등을 활용해 중국의 반접근·지역 거부를 돌파하겠다는 것이다. 이는 서해 대부분이 중국의 레이더와 대함미사일의 사거리에 포함되는 한국군에게는 반드시 필요한 전력이다.

강력한 스텔스 성능을 가진 고속 호위함이 서해 섬 사이를 누비면서 국산 초음속, 극초음속 무기체계를 사용한다면 그동안 군사강국들만 사용했던 한국형 반접근·지역 거부가 가능해진다. 미국이 중국의 반접근·지역 거부를 돌파하지 못해 전략을 바꿔야 했듯이, 중국 역시 한국의 반접근·지역 거부를 돌파할 수 없게 된다. 따라서 이 모든 것이 이뤄진다면 중국의 북해함대는 감히 서해 밖으로 나갈 수 없을 것이다.

육군

비궁 · 현궁 · 파이크 · 차세대 전차
전술차량 · 전략부대 · 장갑차
유도미사일 · C-RAM · 신형박격포

1

비궁

비궁미사일 개발과정

동양뿐만 아니라 서양에서 신성시하고 두려워하는 상상 속의 신물(神物)이 있다. 신화나 전설 등에서 심심찮게 볼 수 있는 용이다. 그런 용이 되기 이전의 신물을 이무기라고 한다. 상상 속 신물인 이무기는 천 년을 물속에서 살며 기다리다 때를 만나면 천둥, 번개와 함께 승천해 용(龍)이 된다는 전설이 있다. 그런 신물을 한국이 만들었다.

한국군은 자주국방의 기치 아래 1960년대부터 국산 무기 개발을 위해 노력해왔다. 그렇게 한국이 50년 동안 쌓아온 기술력은 현재에 이르러 해외 수출로 이어지며 결실을 맺고 있다. 한국 기술력이 비로소 천둥, 번개와 함께 승천하기 시작한 것이다. 그 용이 되려고 하는 한국의 무기를 소개하겠다.

지난 2010년, 천안함 침몰과 연평도 포격 도발 이후, 한국의 서해 북방한계선(NLL) 해역에서 북한군의 도발 우려가 높아졌다. 특히 북한이 백령도에서 불과 50여 Km 떨어진 고암포에 공기부양정 70여 대를 수용할 수 있는 기지를 완공함

북한의 공방2급 공기부양정

공방3급 공기부양정

에 따라 적의 기습상륙에 대응할 수 있는 무기체계 개발이 시급해졌다. 이런 상황 속에서 최적의 솔루션으로 등장한 유도무기 체계가 바로 비궁(匕弓)이다.

북한이 고암포에 보유하는 공기부양정 70여 대는 공기를 아래로 뿜어 지상으로부터 떠오른 상태로 움직이는 운송 수단이다. 수륙 양용으로 육지뿐 아니라 바다와 강을 자유롭게 넘나들 수 있다. 일반 선박이 접근할 수 없는 갯벌 위도 질주할 수 있으며 공기쿠션 덕에 바닥과의 마찰력이 발생하지 않아 빠른 속력으로 물살을 가로지를 수도 있다.

북한군은 '공방'급으로 불리는 공기 부양정을 140여 척 갖고 있는 것으로 알려져 있다. 1대에 35~55명의 병력을 태우고 시속 80~90km로 우리 해안에 상륙할 수 있다. 공기 부양정을 통한 기습 공격에 대응하는 가장 효과적인 무기는 공격용 헬기인 아파치다. 최근 육군에 전력화되는 아파치 헬기는 공기 부양정을 타격할 수 있는 70mm 로켓을 최대 76발을 탑재할 수 있다.

한국군은 공군 기본 훈련기 KT-1에 로켓탄과 기관총을 장착한 KA-1을 공기 부양정 대응 전력으로 활용하였다. 하지만 북한이 최근 백령도 바로 앞 고암포에 공기 부양정 기지를 건설하였다. 이에 따라 기존 항공 전력으로는 북한의 기습 상륙을 완전히 저지하기 어려워졌다. 고암포에서 공기 부양정으로 서북도서에 상륙하는데 걸리는 시간은 고작 30분에 불과하다. 이런 긴박한 상황에 육지에서 출동한

다 면

한국의 비궁(匕弓) 미사일

그만큼 대응은 늦어질 수밖에 없다. 그렇기 때문에 한국은 이를 저지할 수 있는 방어체계가 필요한 상황이다. 이것이 바로 70mm 유도형 로켓인 비궁이 등장하게 된 이유다.

비궁은 2017년부터 한국의 서북도서에 있는 해병대의 낡은 고정형 해안포를 대체할 예정이다. 또한 비궁은 해병대가 연구개발에 참여하고 독자적으로 운용하는 최초의 무기체계이기도 하다. 비궁은 70mm 유도로켓으로, 메두사라는 프로젝트로 세간에 알려졌다.

비궁 설명에 앞서 미국 상황부터 살펴봐야 한다. 냉전 종식 이후 대규모 정규전 가능성은 거의 사라진 반면, 소규모 반군이나 무장단체 혹은 테러조직에 의한 비정규전과 저강도 분쟁에 대한 위험성이 매우 커졌다. 2000년 10월 12일에는 예멘에 정박 중이던 미 해군 구축함 콜에 소형 보트가 자살 돌격하는 사건이 벌어졌다. 이 사건으로 17명이 사망하고 수십 명이 크게 다쳤다.

그동안 비정규전에 관심이 없던 미 해군은 매우 고심에 빠졌다. 만약 자살 돌격

을 위한 소형 보트들이 대량 합세해 미 해군 함정으로 돌진하면 마땅히 대응할 수

예멘 아덴항에서 폭탄 공격을 받은 미국 구축함 'USS 콜'

단이 없었던 것이다. 함포만으로 다 요격하기에는 짧은 사거리가 마음에 걸렸고, 이것을 전부 대함미사일로 공격한다는 것은 비용상 불가능에 가까웠다. 이에 미 해군은 고심 끝에 열영상 탐색기과 패턴 매칭 기술을 이용한 새로운 유도로켓을 개발하기로 결정했다.

표적에 대한 영상을 다른 탐색기 등과 같은 장비로 포착한다. 그 이후에는 이 영상을 유·무선으로 유도로켓에게 전송한다. 로켓은 발사되어 중간단계까지는 INS를 이용하여 관성항법으로 날아가고, 종말 단계에서 미리 입력된 영상을 이용해 표적을 정확히 찾은 후 목표물로 돌진한다. 그러나 2.75인치 직경 70mm 로켓은 크기가 작다. 애초에 개발 목적이 저가형 유도무기를 만드는 것이다. 이런 로켓에 고성능의 열영상 장치를 달게 된다면 그야말로 배보다 배꼽이 더 커지게 된다. 그래서 고성능 열영상 장치 대신 싼값에 구할 수 있는 상용품 소자를 최대한 활용했다.

탐색기 또한 비냉각 방식으로 했으며, 탐색기가 전방으로 고정된 방식인 '스트

랩다운' 방식을 적용했다. 그러나 스트랩 다운 방식은 탐색기가 좌우로 움직이지 않기 때문에 저렴한 만큼 탐색 각도가 제한적이라는 단점이 있다. 이는 결국 미 해군에게 비용적 부담으로 다가왔다. 아무리 미국이라도 독자적으로 진행하기엔 어렵다는 판단이었다. 그래서 미국은 때마침 비슷한 생각으로 고민에 빠져있던 한국에 도움을 요청했다.

한국 입장에서는 전시에 북한군이 호버크래프트에 특수부대를 싣고 서해 5도나 인천 수도권 등에 상륙하여 기습 점령하거나 후방교란을 하면 여간 골치 아픈 것이 아니었다. 만약 한국군이 이것을 위해 방어 병력을 한 곳에 증가시켜 놓는다면, 그만큼 전선에 보낼 병력이 부족해지기 때문이다. 이에 따라 2000년 중반 무렵 미 해군 연구소와 방위사업청은 MOU를 맺고 공동 개발을 하기로 협의했다. 미국은 주로 이미 개발해 놓은 내용을 한국에 전해주고, 한국은 이를 최대한 값싸게 만들 방법을 연구했다. 이것이 일명 '저가유도영상로켓'이라 불리는 '로거(LOGIR)사업'이다.

응용연구를 마친 로거사업은 미국 측의 소요가 변경됨에 따라 부득이 한국이 단독으로 체계 개발을 진행하게 되었다. 개발 주체는 다른 유도탄 사업과 마찬가지로 국방과학연구소와 LIG 넥스원이 맡았다. 국방연구소가 주관하고 LIG 넥스원이 체계종합 시제 업체로 참여했으며 2012년 관련 프로젝트가 본격화됐다. 공동 연구에서 가장 먼저 나온 것은 지상발사형 로켓이었다. 2015년 4월 22일 충남 태안군 안흥 종합시험장에서 이 로켓의 운용평가시험이 공개되었는데, 두 차례의 추가 시험에서 모두 무인 표적 격파에 성공했다.

지대함 70mm 유도 로켓 차량 탑재형은 같은 해 6월 3일에 언론에 의해 실물이 처음 공개되었다. 기동 중인 표적 선박을 격파하는 영상도 함께였다. ADD는 몇 차례의 시험을 더 거쳐 2016년 전력화 방침을 밝혔다. 사거리는 8km이며 군운용 평가에서 저가형 무기답지 않게 높은 명중률을 기록했다.

최대 사거리인 8km 상에서 고속기동하는 표적에도 전부 명중해 군도 성능에 만족하여 운용적합판정을 내렸다. 이렇게 개발된 비궁은 서해 최전방 북방한계선 해역으로 고속 침투하는 북한 공기 부양정을 정밀 타격하는 역할을 맡으며 하반기 서북도서 주둔 해병대에 배치되었다.

비궁의 장점은 무엇보다 뛰어난 기동성과 강한 화력이다. 고정된 해안포와 달리 차량 탑재형이며, 기존 사용하던 해안포보다 훨씬 강력하다. 신형 전술차량 또는 트럭에 20개 발사관으로 구성된 발사기를 두 대 장착해 순식간에 40발을 쏠 수도 있다. 탄두 위력은 약한 편이지만 장갑이 거의 없는 편인 공기 부양정을 요격하기에는 충분하다. 앞서 언급했듯이 적외선 영상 탐색기로 다중 표적에 대해 동시에 대응할 수 있는 능력도 갖췄다. 만약 북한군이 서해안 일대에 100여 척의 공기 부양정을 한꺼번에 투입하는 대규모 공격을 감행하더라도 이론적으로 비궁 시스템 몇 대면 방어할 수 있다.

표적을 탐지·추적하는 표적탐지장치(TADS)와 표적 정보를 관리하고 발사 명령을 수행하는 발사통제장치, 타격 체계인 유도 로켓까지 한 차량에 탑재돼 독립적으로 작전을 수행한다는 점도 장점으로 꼽힌다. 그러나 무엇보다 비궁 개발의 핵심은 기존 70mm 무유도 로켓인 '히드라 70'에 적외선탐색기와 유도조종장치 등을 달아 이동 표적에 대한 명중률을 높이는 것이었다.

비궁은 적외선 영상 탐색기를 통한 적외선 영상 추적방식의 '발사 후 망각형'(Fire & Forget)으로 개발돼 다중 표적에 대해 동시에 대응할 수 있다. 발사 후 망각이란 미사일을 발사하면 미사일 자체에 내장된 탐색기로 목표물을 추적하는 것을 의미한다. 이는 현재 한국이 개발하거나 개발 중인 첨단 미사일의 시스템 중 하나다. 이 기술은 유도미사일 3세대 기술로, 유도무기 체계의 중요 핵심 기술이다. 이는 북한군이 공기 부양정 여러 대를 투입해 대규모 상륙작전을 감행하는 상황에서도 충분히 효과적으로 대처할 수 있다는 의미다.

비궁의 핵심 경쟁력은 다른 나라들이 갖고 있는 유사 무기체계에 비해 값이 싸고 단독 작전이 가능한 독립 체계라는 점이다. 유도로켓의 핵심 구성품인 탐색기와 유도조종장치를 소형화하면서 기존 유도 무기 대비 30% 수준의 저비용으로 개발에 성공했기 때문이다. 비궁 미사일 단가는 수 천만 원 대로, 헬파이어 미사일이 2억 원 수준인 것을 감안하면 매우 저렴한 편이다. 이외에도 소형 유도미사일이 최소 수억에서 수십억이나 하는 것을 보면 한국은 또 불가능에 가까운 도전을 성공한 것이다.

당초 비궁은 미 해군연구소에서 시작한 저가형 유도탄 연구의 산물이었다. 그러나 한국은 남들이 보지도 생각하지도 못하는 것을 만드는 나라다. 한국 전쟁 이후 풍족하지 못한 삶 속에서 치열하게 살아오며 끈질긴 생명력을 길러온 덕분이다. 이 생명력을 바탕으로, 작은 불씨 하나만 있더라도 활활 타오르게 만들 수 있는 대단한 저력을 갖게 된 것이다. 그런 한국이라는 나라를 우리 국민들 모두가 자랑스럽게 생각해야 하지 않을까 생각한다.

2

Korean military weapon

현궁

현궁 미사일 개발 과정

현궁은 대전차 유도무기로는 국내 최초로 개발된 무기체계다. 기존 노후된 대전차화기 대비 주·야간 사격이 가능하고 유효사거리, 관통력 등 성능이 비약적으로 향상됐다. 개인 휴대 또는 소형전술차량에 탑재해 적 전차의 취약한 상부 혹은 정면 공격도 가능해졌다. 사수의 생존성과 명중률이 향상되었으며 반응장갑을 파괴하고 주장갑을 관통할 수 있는 이중성형작약 탄두를 적용했다.

이에 20년 1월, LIG 넥스원이 5,245억 원 규모의 유도무기 현궁의 3차 양산 산업을 방위사업청과 계약을 맺었다고 밝혔다. 이뿐만이 아니라 2018년부터 사우디아라비아군에 현궁이 수출되었다. 2019년에는 한국 무기 성능에 놀란 사우디아라비아 실권자 '빈 살만' 사우디 왕세자가 한국 무기 재구매 의사를 밝혔다.

현궁이 전 세계적으로 이름을 알린 사건은 여기에 그치지 않는다. 2018년 사우디 육군이 발사한 한국산 대전차 미사일 현궁이 도망치는 예멘 후티 반군 지휘관이 타고 있는 차량을 끝까지 추적하여 확실하게 파괴하는 동영상이 공개됐었다.

현궁 미사일의 발사 모습

당시 이 차량에는 예멘 후티반군의 대령급 지휘관이 타고 있었다고 알려졌다. 그렇다면 영상을 직접 본 사람들의 반응은 어떨까?

'실탄 사격은 처음 보네요. 파괴력이 엄청납니다.'
'대단하네요. 목표물이 사라졌는데도 맞추다니.'
'성능만큼은 최소 다섯 손가락 안에 들겠네요… 대단합니다.'

이처럼 세계 많은 사람들은 표적이 가시권에서 벗어났는데도 끝까지 추적해서 파괴한 현궁의 성능에 경악을 금치 못했다. 이보다 효과적인 마케팅이 있을까? 국내 군수업체인 LIG 넥스원과 한화는 이 영상을 통해 수 백 억대의 광고비를 지불해도 얻지 못할 무기 판촉 효과 확실히 거두고 있는 셈이다.

한국이 현궁을 개발하기까지 많은 어려움과 아픔이 있었다. 현궁은 지금이야 세계에서 인정받는 무기 중 하나지만, 이럴 수 있었던 밑거름은 모두 과거의 아픔에서 비롯된 것이다. 6.25 전쟁 당시 한국군은 파죽지세로 밀려 내려오는 북한군 T-34 전차에 속수무책으로 당할 수밖에 없었다. 전차는 둘째치고, 북한의 T-34

전차를 잡을 수 있는 제대로 된 대전차 화기가 없었다. 이 때문에 한국에 전차 공포증이 생겼다는 우스갯소리까지 나올 정도였다.

그러나 6.25 전쟁이 휴전으로 끝난 지 60여 년이 지난 지금, 우리에게 전차 공포증은 옛날이야기에 불과하다. 현재 한국은 세계 정상급의 성능을 자랑하는 국산 전차를 생산하고 있으며, 북한군 전차뿐만 아니라 주변국의 전차까지 격파할 수 있는 대전차 미사일 '현궁'을 개발했기 때문이다.

6.25 남침의 선봉장이었던 '땅크 T-34'

대전차 무기의 개발은 1916년으로 거슬러 올라간다. 제1차 세계대전 당시 프랑스 솜(Somme) 지역에 나타난 영국군의 전차가 독일군을 공포로 몰아넣었다. 전장에 처음 등장한 전차는 보병들에게는 상대할 방법이 없는 괴물이었다. 하지만 얼마 지나지 않아 강철 괴물 전차를 잡기 위한 무기들이 속속 등장하기 시작했다.

최초의 대전차 화기는 총알에서 시작됐다. 독일군은 전차의 장갑을 뚫기 위해 납 탄두 대신 강철 혹은 텅스텐 탄두가 들어간 총알인 철갑탄을 사용했다. 곧바로 이를 방어하는 연합군 전차의 장갑이 두꺼워졌다. 독일군도 다시 연합군 전차의 장갑을 뚫기 위한 새로운 무기를 내놓았다. 철갑탄은 기존의 일반 소총에 넣어 사용했는데 보다 강한 화력을 얻기 위해 탕크게베어(Tankgewehr)라는 13.2mm 구경의 대전차 총을 만들어 오직 장갑차의 두꺼운 장갑만을 뚫기 위한 목적으로 배치했다.

이처럼 제1차 세계대전 이후부터 전차와 대전차 화기의 대결이 본격화되었다. 대전차 총에 이어 대전차 포가 개발되고, 제2차 세계대전 때는 무반동총, 대전차 로켓이 등장했다. 또한 제2차 세계대전 이후에는 대전차 미사일까지 등장했다. 시간이 지날수록 대전차 화기의 종류는 계속 늘어갔고 더욱 치명적인 위력을 자랑했다.

전차의 개발과정 리틀윌리

현재, 대전차 화기의 정점에 있는 무기는 바로 대전차 미사일이다. 대전차 미사일은 다른 대전차 화기들과 달리 발사 후에도 목표에 명중될 때까지 지속적으로 유도된다. 때문에 그 어떤 무기보다 뛰어난 명중률을 자랑하며, 단 한발로 전차를 파괴하거나 무력화시킬 수 있다. 또한 사거리도 수 km에 달하기 때문에 먼 거리에서 안전하게 적 전차를 공격할 수 있어 생존성도 뛰어나다.

대전차 미사일은 유도방식에 따라 세대별로 구분된다. 우선 1세대, 2세대 대전차 미사일은 레이저 및 유선·유도방식을 사용한다. 이로 인해 미사일이 전차에 명중하기까지 지속적으로 유도해야 한다. 반면 3세대 대전차 미사일은 발사 후 망각 방식이 사용되어 특별한 유도 과정 없이 미사일이 발사 후 자동으로 적 전차를 인지하고 파괴한다.

Mk1 프로토타입

한국군은 현재 다양한 대전차 화기를 운용 중인데 대전차 로켓으로는 M72 LAW(Light Anti-Tank Weapon)와 판저파우스트 3(Panzerfaust)를 사용하고 있다. 무반동총은 90mm와 106mm, 대전차 미사일로는 토우(TOW)와 메티스-M(METIS-M)이 있다. 하지만 이들 무기 대부분은 국내 고유 모델이 아니라 외국에서 직접 들여오거나 외국 무기를 들여와 국내에서 생산한 것이다.

총이라 쓰고 대표라 읽는다는 독일의 탕크게베어(Tankgewehr)

한국도 1970년대 중반에 국산 대전차 로켓 개발을 시도했었다. K.LAW는 한국형 대전차 로켓은 잘 알려지지 않았지만 우리나라가 독자적으로 개발한 최초의 대전차 로켓이다. 지난 1976년 5월부터 국방과학연구소에서 연구가 시작되었고, 1979년 개발에 성공했다.

K.LAW는 RPG-7 대전차 로켓과 같이 재사용이 가능한 대전차 로켓이었다. 군의 요구에 따라 일회용 대전차 로켓으로 용도가 변경되면서 1980년부터 다시 개발이 시작되었다. 그러나 결국 양산에는 이르지 못했다. 관통력 대비 중량과 크기가 너무 커서 중단하고 만 것이다. K.LAW 이후 한국형 대전차 화기 개발은 사실상 중단되었다. 그런데 2000년대 들어서 한국군이 운용 중인 각종 대전차 화기들이 노후화됨에 따라 신형 대전차 화기 개발의 필요성이 다시 제기되었다. 안 그래도 북한군에 공간 장갑과 반응 장갑을 장착한 신형 전차가 등장함에 따라 이를 효과적으로 공격할 대전차 미사일이 필요한 상황이었다. 지난 2007년부터 개념 연구가 시작되었고 방위사업청의 중거리 대전차 유도무기 탐색 개발이 진행되었다. 이후 2010년 본격적 체계 개발 결과, 마침내 한국 최초의 국산 대전차 미사일 현궁이 탄생하게 된 것이다.

이스라엘의 대전차미사일 Spike-MR

현궁은 3세대 대전차 미사일로 평가받고 있다. 현궁이란 '빛과 같은 화살'이란 뜻이다. 국방과학연구소가 전체 개발을 담당하고 LIG 넥스원이 미사일의 체계종합과 생산을 맡았다. 현궁은 발사 후 망각 방식인 FIRE&FORGET을 사용했다. 이에 따라 사수의 생존성이 비약적으로 향상되었다는 장점을 갖고 있다. 또한 사격 후폭풍이 적다. 실내사격도 가능하고 앉거나 서서 쏘는 것은 물론 소형 장갑차에 탑재해 사격할 수도 있다. 사격 후 다른 장소로 신속하게 이동해 발사 위치를 노출시키지 않게 한다.

무게도 13kg에 불과하다. 휴대하기 편할뿐 아니라 속도도 빠르다. 최고속도는 마하 1.8에 이르고 최대 사거리는 3.4km이다. 또한 주·야간 전투가 가능한 가시 및 열 영상 일체식 조준장비를 장착했다. 전차의 전면뿐만 아니라 전차의 장갑이 가장 얇은 포탑 상부를 공격하도록 상부공격 유도기법이 적용되었다.

현궁에는 전차의 반응 장갑을 관통하기 위해 특별히 탠덤(Tandem) 탄두가 장착되었다. 탠덤 탄두는 기존의 대전차 고폭탄과는 달리 장갑을 관통하는 탄두를 2개로 만들고 이것을 직렬로 배열한 고폭탄이다. 이로 인해 적 전차 공격 시 전면의 소형 탄두가 먼저 폭발해 반응 장갑을 무력화시키고 주 탄두가 전차의 장갑을 관통하게 되었다. 이러한 첨단 기술이 적용된 현궁은 2.5km 떨어져 있는 전차의

미국의 대전차 미사일 Javelin

900mm 장갑을 단번에 꿰뚫어버린 대전차 미사일로 세계에 알려졌다.

현궁은 이스라엘의 스파이크(Spike-MR), 미국의 재블린(Javelin) 등 지금까지 개발된 해외 대전차 미사일 2세대와 3세대 유사무기체계와 비교해 훨씬 작고 가볍다. 이 덕분에 운용이 쉽고 긴 유효사거리와 함께 관통력까지 갖고 있다. 뿐만 아니라 광학 성능, 탐지·추적 성능 등 모든 면에서 뛰어나 수출 경쟁력까지 확보한 것으로 평가되고 있다. 국내에서 관심도 높지만 중동 지역과 남미 여러 나라에서 누구보다 현궁에 대해 뜨거운 관심을 가지고 있다.

현궁의 성공적 개발로 축적될 노하우와 기술력은 향후 한국의 단거리 대전차 무기 및 장거리 전술 유도무기 개발과 국내 지형에 적합한 영상 탐색기 설계·제작, 고성능 성형작약 탄두 및 희연추진제 설계·제작에 밑거름이 될 것으로 전망된다. 이로 인해 많은 사람들이 국내 방위산업의 획기적인 기술 발전을 기대하고 있다. 이렇듯 현재 한국의 방산기술이 비약적으로 좋아지고 있다. 이와 동시에 여러 나라에서 한국의 무기들을 구입하겠다는 소식도 들려오고 있다. 한국의 기술력이 세계 각국에 영향을 미치고 있다는 뜻이다. 부디 이런 영향력이 계속 이어지기를 기대한다.

3

파이크

40mm 유도미사일 파이크

소총에 부착된 유탄 발사관을 이용한 소형 유도미사일이 목표물 타격에 성공하게 되는 무기체계가 개발됐다. 이는 병사 개인이 정밀타격무기를 보유하는 것과 같은 의미다. 보병이 소형 유도미사일을 보유함으로써 병사 개인의 전투력이 급상승하게 되었다는 말이다. 한국처럼 육군이 강세인 국가에서 보병용 소형 유도미사일을 보유하여 보병 분대나 소대만으로 기갑차량을 파괴할 수 있게 된다면 그 파괴력은 상상 이상일 것이다. 그런 혁신적인 무기를 한국이 개발했다.

패트리어트 미사일 등으로 잘 알려진 세계 1위 미사일 제조업체인 레이시언(Raytheon)사는 3년간 남모탤리사와 함께 탄두 및 추진 체계를 개발해왔다. 그리고 2015년 10월 M320과 강화 유탄 발사 모듈 EGLM(Enhanced Grenade Launching Module) 등을 통해 발사할 수 있는 40mm 정밀 유도 미사일인 파이크(Pike)의 시험 발사에 성공했다.

파이크는 병사 1명이 유탄발사기를 통해 사격하거나 2인 1조로 사수와 표적지

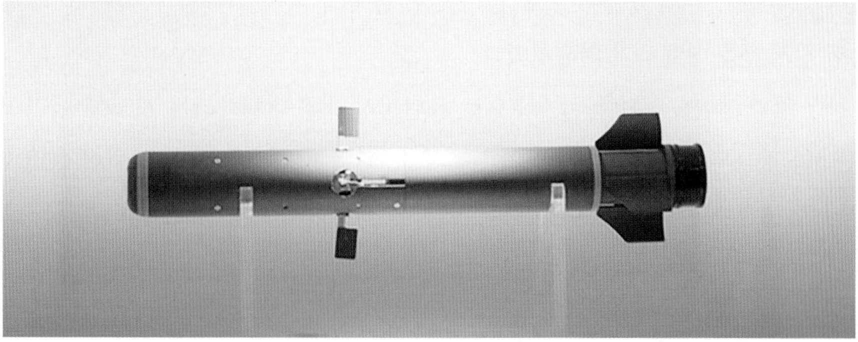

한국형 파이크

시병으로 나눠 최대사거리 2km 이내 목표물을 정밀 타격할 수 있는 무기다. 파이크는 명중 시 반경 10m 범위에 걸쳐 치명적인 효과를 발휘한다. 목표는 고정 목표나 속도가 빠르지 않은 저속 목표물에 적합한 것으로 알려졌다. 또한 발사 후 2.5~3m를 콜드런칭으로 날아오른 뒤 로켓 점화를 통해 추진력을 얻는다. 이로 인해 연기가 거의 발생하지 않아 적에 노출될 확률이 현저히 적다. 또한 전체 길이가 42.7cm, 무게는 770g에 불과하다.

그러나 유탄발사기 중 가장 많이 보급된 M203에는 바로 적용할 수 없다. M203에 적용하기 위해선 개조 부품이 필요하다. 이 M320을 이용해 발사하는 일명 '저속탄'의 최대 사거리는 400m이며 실질적인 사거리로 보는 유효사거리는 150m로 훨씬 짧다. 파이크의 최대사거리가 2km라는 것을 생각해 보면 그야말로 압도적인 성능 차이라고 할 수 있다. 사거리뿐만 아니라 휴대성도 큰 장점 중 하나다. 파이크의 무게는 1kg 미만으로, 개인이 수 발 이상 소지할 수 있을 정도로 휴대가 간편하다. 이런 엄청난 무기를 한국이 미국 다음으로 개발에 성공한 것이다.

미국과는 다른 개발 배경이 눈길을 끌고 있다. 한국의 40mm 유도미사일 개발 배경은 참으로 복잡하다. 처음 한국형 파이크가 공개된 것은 2019년 UAE IDEX 방산 전시회였다. LIG 넥스원은 한국 육군의 요청으로 파이크와 거의 비슷한 물건을 개발하기 시작했던 것으로 알려졌다. 한국의 파이크 개발 목적은 M320급 유탄 발사기를 대체하기 위해서였다.

한국은 이전에도 K11 복합소총으로 유탄발사기를 대체하려는 시도를 했던 적이 있다. K11은 2000년에 개발 착수하여 2008년 전투적합 판정을 받아 2010년부터 보급된 복합화기다. 이는 공중폭발 유탄발사기와 자동소총의 결합품으로 ADD 주관하에 만들어졌다. 화기는 S&T가 진행했고, 사통장치는 이오시스템, 탄환은 한화가 도맡았다.

한국의 K11은 과거 미군에서 연구되었던 OICW의 영향을 짙게 받은 무기이다. 개인화기로 개발되었던 OICW와 달리 K11은 분대 40mm 유탄발사기인 K201를 대체할 목적으로 개발되었다. 그러나 갖가지 문제가 많았다. 전투적합 판정을 받고 보급되었음에도 양산품에서 수차례의 고질적인 폭발 사고가 발생한 것이다. 이뿐만 아니라 총기 파손, 탄 결함, 개발사의 시험성적서 조작 등 갖은 비리가 밝혀지기도 했다. 결국 사용 중단, 원인 규명, 제품 수정의 과정을 수차례 반복하다 2018년 개발 예산이 대폭 삭감되었고, 2019년 12월 5일 방사청이 공식적으로 사업 포기를 결정하면서 제식에서 퇴출되었다.

K11

이에 한국 국방부는 K11을 대체할 무기가 필요했다. 그리고 그것이 현재 LIG 넥스원이 개발한 한국형 파이크다. 이 작은 소형 녹색 미사일 하나가 수류탄보다 높은 파괴력을 갖고 있다. 어깨에 견착해 여러 발을 발사하며 비냉각형 열영상장비를 탑재하여 적외선 영상을 포착해 유도하는 방식을 사용하고 있다. 이는 사수가 표적을 계속 유도하지 않는 '발사 후 망각 방식'으로, 명중률과 사수의 생존성 두 마리 토끼를 모두 잡을 수 있는 기술이다.

또한 고폭탄두를 사용하면 경장갑차들을 격파하고, 파편화탄두를 장착하면 기관총이나 대전차 미사일 기지와 같은 적 보병 진지들을 무력화하는 데 사용된다. 크기가 작고 무게가 가벼워 무인 드론에도 장착할 수 있다. 무인드론에도 장착된다면 장병들의 기동성과 안전성이 보장되기 때문에 육군 개인화기 중 끝판왕이라 할 수 있다.

파이크에는 한국의 유도로켓으로 개발된 비궁 기술이 대거 들어가 있다. 비궁은 한국과 미국이 개발한 저가형유도로켓인 로거(LOGIR) 사업으로 탄생한 무기체계를 말한다. LIG 넥스원에 따르면, 한국의 40mm 유도미사일 파이크를 비롯한 한국산 무기에 가장 큰 관심을 보이는 나라는 아랍에미리트와 사우디아라비아다.

그중 아랍에미리트는 한국의 AESA 레이더처럼 유망해 보이는 무기에 대해서도 많은 관심을 갖고 있다. 아랍에미리트는 한국과 한국의 기술력을 인정한 국가 중 하나다. 만수르의 두 살 아래 동생인 압둘라 아랍에미리트 외교부 장관이 한국을 방문해 전 세계의 시선이 집중된 일이 있었다. 세계의 눈길이 집중된 이유는 UAE(아랍에미리트)와 거래를 하기 위한 국가들이 많았음도 불구하고 코로나19 사태 이후 첫 출장국이 다름 아닌 한국이었기 때문이다. 과거 전염병 발생 시, 한국의 친구 국가라고 주장하던 일본과 베트남, 중국은 한국이 개발한 전염병 진단키트를 폄훼했다. 한국인 입국을 금지시켰으며, 한국인이라는 이유로 부당한 대우를 받게 했다. 하지만 아랍에미리트는 한국의 진단키트를 믿고 사용해 주었다. 또한 모든 나라들이 한국인의 입국을 금지시켰을 때에도 마지막까지 한국을 받아준 국가였다.

아랍에미리트가 한국과 군사 경제에 걸쳐 대규모 거래를 하는 이유는 한국이 가격 대비 우수한 품질을 판매하는 점도 있지만 한국 건국 후 어지럽던 아랍에미리트에 파병하여 쌓아온 신뢰가 있기 때문이다. 또한 한국은 아랍에미리트가 선호하는 군 과학화 훈련센터, 군 시험평가 센터 등 국방 및 방위산업 전반에 걸쳐 협력을 강화해 나가고 있다. 이런 배경이 있었기에 아랍에미리트가 한국을 믿고 좋은 관계를 유지할 수밖에 없던 것이다.

방위산업연구부는 중동권역이 한국의 방산무기 수출의 교두보로 부상할 가능성이 매우 높다고 밝혔다. 실제로 중동권역은 최근 8년간(2009~2016) 우리나라 방산수출의 23.7%를 차지할 정도로 큰 고객이다. 이는 아시아 32.1%, 북미 30.1%와 함께 우리나라 3대 방산수출 권역의 하나이기도 하다.

아랍에미리트는 최근 주변국인 이란과 예멘의 갈등이 고조됨에 따라 첨단 유도무기체계와 잠수함, 구축함, 무인통제사격시스템(RWCS) 등의 방산무기를 구매하고 있다. 또한 방산무기뿐만 아니라 원전도 수입하고 있다. 한국이 최초로 아랍에미리트에 수출한 원전이 바로 바라카 원전이다. 한국은 이례적으로 미국과 유럽에서 모두 우수성 인증을 획득했을 정도로 뛰어난 원전 기술을 보유하고 있다. 아랍에미리트는 10년 전 다른 국가의 무수한 요청을 뿌리치고 한국에 원전 건설을 요청했다. 그리고 10년 만에 바라카 원전이 완공되었다. UAE의 결과물이 공개되자 한국에 대한 극찬이 쏟아졌다.

UAE 현지 매체인 칼리즈 타임즈는 '바라카 원전은 아랍에미리트의 야심을 상징한다. 이는 세계적인 모범사례이며 조만간 아랍에미리트 국민을 위해 하루 24시간 깨끗한 전기를 생산하기 시작할 것'이라고 전했다. 아부다비 왕세자이자 아랍에미리트군 부사령관인 모하메드는 '한국 덕분에 아랍에미리트가 아랍 세계 최초의 핵 운영국이 됐다. 이 놀라운 업적이 자랑스럽다', 'UAE와 한국 사이의 전략적 파트너십과 특히 원자력 분야의 협력은 감사한 일이다'라며 한국에 대해 극찬을 아끼지 않았다.

아랍에미리트가 바라카 원전 건설을 위해 한국에 지불한 금액은 186억 달러에 이른다. 이는 원화로 22조 원이나 되는 거액이다. 이뿐만 아니라 아랍에미리트는 원전의 운영과 관리도 한국에 요청했다. 이는 원전 건설보다 더 큰 의미가 있다.

원전 운영과 관리로 받을 수 있는 금액은 무려 494억 달러로, 한화 59조 원에 육박한다. 한국이 바라카 원전 건설을 순조롭게 진행해온 것을 본 아랍에미리트가 원전 관리 운영 경험이 있는 프랑스나 다른 나라에 운영 관리 권한을 주지 않고 한국에 모든 것을 맡긴 것이다.

또한 UAE는 2010년 4월부터 6개월 동안 한국과 '군사비밀정보보호약정', '정보보안 교류협력 양해각서', '군사교육 및 훈련분야 협력 양해각서', '방산 및 군수협력 양해각서'를 체결했다. 이렇게 국가 간 신뢰를 신뢰로 보답한 아랍에미리트는 향후 한국의 큰 손으로 거듭날 것이다.

4

차세대 전차

K-3

현재 한국에서 가장 강력한 전차는 K-2 흑표전차다. 이는 한국 육군의 현 주력 전차인 K-1 전차의 후계 기종이다. 제식 채용 전까지는 시험기를 뜻하는 X가 붙은 XK-2라고 불렀으며 실전 배치된 지금은 K-2라고 불리고 있다. 기초 연구는 1995년에 시작되었고 2003년부터 정식 개발되어 2008년에 운용 시험이 종료됐다. 2014년부터 양산에 들어갔다. 2008년 공개 당시, 미국의 M1 에이브람스를 비롯한 각국의 주력 전차와 비슷하거나 상회하는 수치가 언론에 공개되었다. 파워팩 논란 등 여러 문제가 있었지만 스펙 자체는 분명 세계 정상급 수준의 전차가 맞다.

K-2는 자동장전장치를 채용했다. 이로 인해 탄약수가 필요 없어지자 운용에 필요한 인원 1명이 줄었다. 양압 장치를 갖춰 화생방 방호 능력도 좋아졌고 수심 4.1m까지 도하가 가능해 한반도 강 대부분을 별도의 도하장비 없이 도하할 수 있다. 표적 획득 능력과 방어력도 좋아져서 생존성이 대폭 상승했다.

러시아의 T-14 아르마타

K-2의 주포인 120mm 55구경장 활강포에서 발사된 K-279 날개안정분리철갑탄(APFSDS)을 표준 교전 거리에서 훌륭히 막아내 뛰어난 방어력을 입증했다. 그뿐만 아니라 현수장치들 중 세계 최초로 반능동 유기압식을 전면적으로 도입하여 중량, 공간, 기동성이라는 3가지 요소를 모두 향상시켰다.

K-2는 이처럼 뛰어난 성능을 가지고 있음에도 적당한 가격을 형성해 세계 방산 시장에서 큰 사랑을 받았다. 이에 따라 세계 각국으로 수출되며 한국의 방산무기 수준을 세계에 알린 대표적인 무기체계로 자리매김했다. 하지만 러시아의 차세대 전차가 한국의 K-2 흑표전차의 제원상 스펙을 가뿐히 뛰어넘으며 등장했다. 이에 따라 한국도 신형 전차에 대한 대비가 필요해지기 시작했다.

러시아가 전력화에 속도를 내기 시작한 차세대 주력전차(MBT) T-14 '아르마타'는 스텔스 기능을 채택해 탐지가 어렵고 어떤 대전차 화기 공격도 거뜬히 막아낼 수 있는 것으로 알려졌다. 또한 승조원과 탄약 및 연료용 장갑 캡슐, 원격조종 화력통제 체계 등 완전히 새로운 설계 개념을 채택한 혁신적인 전차로 알려졌다.

폭발형 반응장갑이 보이는 러시아의 T-72 전차

특히 주목할 만한 점은 두 장의 강판 사이에 폭발성 물질을 넣어 적이 쏜 포탄이 제자리에서 터지도록 하는 폭발반응장갑(ERA) 체계와 능동방호체계(APS)를 갖췄다는 것이다. 이 체계는 주변에 접근하는 대전차 화기의 적시 탐지와 파괴를 용이하게 한다. APS는 날아오는 대전차 미사일과 대전차 로켓(RPG) 등을 탐지해 추적하는 레이더와 이를 파괴하고 무력화하는 포탄으로 구성됐다. 또한 125mm 신형 주포는 최첨단 방식으로 설계된 고화력 포탄을 사용한다. 전천후 디지털 화력통제 체계 등도 갖춰 방호체계를 잘 갖춘 표적이라도 무력화할 수 있는 화력을 갖고 있다.

러시아의 군 관계자는 아르마타가 '무적전차'나 다름없다고 밝혔다. 전자동 무인 포탑차 평대로 12km 거리의 적 전차도 너끈히 격파할 수 있는 시스템을 갖췄다는 것이다. 러시아의 아르마타는 현대 공중전에서 사용되는 '먼저 보고 먼저 쏘는 방식'의 개념을 육상전의 전차에 도입한 것이다. 아르마타는 스프린터 대전차 미사일을 발사하는데, 이는 11.4km 떨어진 표적도 타격할 수 있는 것으로 알려졌다. 경쟁 상대인 미 육군의 M1A2 V3 에이브럼스 신형 전차와 비교해 보면 2배나 긴 사거리를 갖고 있는 셈이다.

미 육군의 M1A2 SEP V3

아르마타는 군사 전문매체 제인스 디펜스 위클리(JDW)에서도 상당히 높은 평가를 받았다. JDW는 아르마타에 대해 '시속 80~90km의 속도를 자랑하며 표적 탐지 거리 5,000m 이상인 컴퓨터 기술과 조작 성능 등에서 기존의 T-90 탱크보다 훨씬 앞서며 완전한 로봇 탱크로 진화할 수 있는 토대를 구축했다'고 평가했다. 이어서 JDW는 아르마타가 서방 진영에서 가장 널리 사용되는 독일 라인메탈의 최첨단 대전차용 철갑탄과 고폭 탄두를 장착한 대전차 미사일 공격을 견딜 수 있다고 강조했다. 또한 주포도 T-90전차보다 정확도가 15~20% 높아 독일의 주력 탱크인 레오파드-2의 라인 메탈 Rh-120 활강포보다 월등하며 자동 포탄 장전 기능과 컴퓨터화된 조준 기능을 갖추고 있다고 밝혔다. 포탑 역시 360도 회전이 가능하며 원거리에 있는 헬기와 무인기를 격추할 수 있는 30mm 고사포도 장착되고 적 보병을 상대하기 위안 12.7mm 기관총도 배치된다고 한다.

러시아 지상군은 현재 가동 중인 20대가량의 초도형과 이번에 도입하는 80대까지 합쳐 아르마타 100대를 오는 2020년까지 확보한다고 밝혔다. 그렇다면 한국의 K-2 흑표전차는 어떨까? K-2 흑표전차는 구릉지가 많은 한반도의 특수한 작전 환경상 장갑과 화력, 기동성 같은 통상적 성능은 뛰어나다. 러시아를 제외한 타 국가 주력전차에 비해 자동장전장치나 전자장비에 비교적 많은 공을 들였기 때문에 웬만한 전차와 붙어도 충분한 전투력을 갖추고 있다.

한국은 M48 계열 등 2세대 전차가 노후화된 상태다. 이를 전량 도태시켜 치장 전차로 돌리는 계획이 국방개혁 2.0에 맞춰 진행되는 상황이다. 여기에 K-2 전차를 양산해 배치하겠다는 계획이었지만, 러시아의 아르마타가 등장하면서 한국군이 목도한 상황 또한 변하게 되었다. 이에 따라 K-2전차 3차 양산을 200여 대까지 마무리하고 장차 미래전에 효과적으로 대응하기 위한 신형 전차를 구상해야 하는 현실을 맞이한 것이다.

지금까지 한국군은 북한의 전면전 위협 대응에 주력하여 야지를 주 전장으로 하는 인력 집약적인 전략전술을 위주로 교육훈련을 해왔다. 그리고 현재까지도 그러한 패턴에서 벗어나지 못하고 있다. 하지만 미래 지상전 전장은 네트워크 기반의 동시, 통합전 양상으로 복합 무기체계가 유용하게 될 가능성이 크다. 또한 전투차량의 무인화 등의 첨단 기술로 생존성을 향상시키는 것도 중요한 요소가 될 것이다.

전장 영역이 확대됨에 따라 전투는 효과 중심 작전 및 신속 기동전 양상으로 전개될 것이다. 도시 지역의 발달로 시가전 및 대테러 작전의 중요성이 커질 수밖에 없기 때문이다. 이로 인해 미래 전장은 다양한 불특정 위협 요소가 존재할 수 있다. 이에 적극적으로 대응하고 기존의 전투 양상을 혁신적으로 변화시키기 위해 첨단 기술을 기반으로 한 신개념 미래 기동 체계를 개발할 필요성이 있다.

미래 전장의 요구에 따라 한국이 개발할 현대 전투차량은 신속 기동성, 특히 야지 기동성과 항공 수송에 의한 전략적 기동성이 중요한 요소로 대두되었다. 전략적 기동성 및 탑승 인원 보호를 위하여 차기 전차는 30톤 미만 전투중량과 무인 포탑에 중점을 두고 연구개발을 추진 중이며 2030년 이후를 전력화 목표로 두고 있다.

동력 계통은 기존의 파워팩이 아닌 하이브리드식 고효율 전기추진 시스템을 채

한국의 K-2 전차

택할 것으로 보인다. 전력을 주 에너지로 사용하므로 구동 계통은 구동, 변속, 조향 기능을 일체화한 일체형 전기식 구동장치로 구성할 예정이다. 그리고 고전압 대전류의 전력을 짧은 시간에 발생, 제어하는 펄스전력 장치를 이용하여 전자기 유도탄, 요격 레이저 등 탑재 무장을 가동하고 이를 전자기 장갑, 스마트 제독장치 등에도 활용하게 된다.

또한 기존 궤도 차량의 현수장치가 아닌 궤도식과 차륜식을 겸용할 수 있는 지능형 현수장치를 적용할 것으로 보인다. 조금 더 상세히 들어가면 전기 구동, 노면 감응 제어 방식의 능동 현수장치와 경량 고내구성 복합재 휠 그리고 고내구탄성 고무제 유연 궤도를 조합한 스마트 휠-궤도 변환 장치를 사용할 것이라는 분석이다. 이를 사용한다면 포장도로에서는 차륜으로, 야지나 산지 도심지에서는 궤도로 변환하여 기동할 수 있다.

한편 주포는 기존의 화약을 쓰지 않고 마하(Mach) 10 이상의 고속으로 발사할 수 있는 전자기포를 채택할 가능성이 크다. 이는 우리가 흔히 알고 있는 레일건 형태이다. ADD는 현재 전열화학포 형태의 전자기포를 연구개발 중이다. 전차 등에 탑재하기 위해서는 우선 펄스전원장치를 소형화하는 필수 선결 요소가 있다.

하지만 이미 레일건은 육·해·공군 모두 용도에 맞게 탑재할 수 있도록 다양한 모델을 개발 중에 있었기 때문에 큰 걱정은 없다.

전차에 큰 위협 요소인 전차포탄 대전차로켓, 대전차미사일뿐만 아니라 박격포탄, 무인기 등도 요격할 수 있는 고출력 레이저포를 부무장으로 탑재하는 방안도 고려 중이다. 네트워크 체계와 연동하여 다수의 표적을 동시에 타격할 수 있는 다표적 동시 타격 유도탄도 탑재할 것으로 알려졌다.

방호력의 핵심 장갑재는 경량화된 모듈형 복합 장갑을 채택할 것이 유력하며, 적이 레이더 등 탐지 수단을 이용하여 탐지하기 어렵게 스텔스 체계를 적용할 것으로 보인다. 뿐만 아니라 날개 안정 철갑탄과 같은 초고속 운동에너지탄의 경로를 교란하는 장치와 전차를 향해 발사된 미사일을 대응 미사일이나 레이저로 요격하는 능동 방어시스템, 그리고 전자기 에너지를 이용하여 대전차 미사일이나 운동에너지탄을 방호하는 전자기 장갑, 마지막으로 보병 휴대용 로켓의 관통력을 떨어뜨려 방호하는 그물망, 전기 장갑, 가변형 반응 장갑 등을 적용할 예정이다.

한국은 현재 전술지휘통제자동화체계를 기반으로 UAV, UGV(무인전투차량), 미래 장갑 보병 항공기 등과 같은 네트워크를 형성하여 협동 작전을 수행할 수 있는 체제를 구상 중이다. K-3 전차로 가칭될 한국형 차기 전차의 차체 형상과 운용 개념은 이미 완성된 상태다.

K-3 전차의 구상안을 보고 '저것이 과연 현실에서 실현 가능한 것인가' 하는 의문을 제기할 사람이 많을 것 같다. 그러나 현재 군 당국은 이 차기 전차를 소요제기 예정이며 실제로 구체화되는 시기는 2030년 이후가 될 것으로 보고 있다. K-2 전차도 처음 소요제기된 시기가 1992년이고 1차분 전력화까지는 22년이 걸린 것을 보면 확정된 형상이 나오려면 꽤 많은 세월이 흘러야 할 것이다. 하지만 미래 전장 및 앞으로 닥칠 병역 자원 부족 시기 등을 대비하기 위해서라도, 지금부터 이러한 신 무기체계를 구상하는 것은 장기적으로 옳은 선택이라 볼 수 있다.

5

전술차량

한국 육군의 차세대 전술차량

대한민국에서 국방의 의무를 지내고 온 사람이라면 모두 공감하는 것이 하나 있다. 그것은 바로 군 생활을 하면서 가장 많이 사용했던 '전술차량'의 극악무도한 사용감이다. 과거, 군부대 안에서 가장 흔히 볼 수 있는 것 중 하나가 바로 '짚차', '닷지', '육공'이라 불리던 군용차들이었다. 그런 차량 중에서 가장 첨단 기술을 사용한 것은 일명 '군토나'다. '군토나'로 불렸던 이 차량은 대한민국 국군의 대표적인 소형 전술차량이다. 그동안 다양한 사용 목적에 맞게 개량되어 20년이 넘도록 한국의 대표적인 전술차량으로 자리매김해 왔다.

언제부턴가 한국은 한국산 군용 자동차를 개발해 전군의 차량을 미국의 구형 지프차가 아닌 군토나로 교체하기 시작했다. 필자 또한 입대 후 군토나를 처음 봤을 때 한국 군대가 많이 좋아졌다고 감탄했었던 기억이 있다. 그런데 이제는 그때보다 더 훌륭한 전술차량이 나온다고 하니, '한국 군대의 운송 수단이 정말 많은 발전을 했구나'하는 생각을 지울 수가 없다.

미국은 1980년대부터 AM 제네럴사가 제작한 험비를 전술차량으로 사용해 왔다. 이는 지프와 함께 현대 미군의 수송 차량을 상징하는 대표적인 모델이다. 미군은 기존 M151과 지프 계열 차량을 교체하기 위해서 1980년대에 험비를 새로 도입했다. 험비는 '고기동성 다목적 전술차량'(High Mobility Multipurpose Wheeled Vehicle)이라는 뜻을 지닌 HMMWV로도 알려졌다. 1985년에 양산됐고, 1989년 파나마 침공 때 처음 실전에 투입됐다.

험비는 버전이 매우 다양하다. 미군 외 일부 국가에서도 험비를 전술차량으로 사용하기 때문에 다양한 형태와 기능을 가진 모델이 많기 때문이다. 미군에서 사용하는 험비의 기순 사양은 길이 4.57m, 너비 2.16m, 높이 1.83m에 최저 지상고 약 46cm이며 무게는 2.5톤 내외이다. 엔진은 최고 출력 190마력, 최대토크 52.5kg·m를 발휘하는 V8 6.5L 터보 디젤엔진을 쓰고 있다. 변속기는 4단 자동이며 하이·로우 기어를 갖춘 2단 트랜스퍼 케이스도 갖췄다. 또한 등판 경사각은 무려 60도에 달하고 깊이 76cm 참호도 통과하는 전천후 성능을 자랑한다.

험비가 개발된 이유는 기존 미군이 사용했던 M151 차량의 잦은 전복 사고 때문이었다. M151 차량은 전폭 대비 전장이 짧은 차체이고, 차체 크기에 비해 높은 최저 지상고를 가져서 쉽게 전복 사고를 일으켰다. 이로 인해 비전투 손실을 야기하는 문제가 지속적으로 발생했다. 비전투로 군인이 사망하는 사건이 발생하자 이에 분노한 레이건 대통령은 미 육군의 전술차량을 지상고가 낮고 힘이 좋은 차량으로 교체하는 사업을 추진했다. 이렇게 해서 만들어진 전술차량이 바로 고기동성 전술차량인 험비인 것이다.

험비의 차체는 기존 M151 차량에서 사용했던 모노코크바디를 버리고 다시 프레임바디로 회귀했다. 프레임바디를 사용했지만 승객석이 위치하는 프레임 부분을 낮게 설계했다. 최저지상고를 확보해 전고를 억제하는 방식으로 주행 안정성을 크게 높였다. 그 결과, 험비는 고성능 4륜 구동 장갑 수송차량으로 전쟁이나 국지전 등에서 맹활약을 펼치며 현재까지도 미군의 주력 차량으로 활약하고 있다.

한국형 험비 K-151 KLTV

이에 미군의 대표적인 튼튼한 자동차로 이미지를 굳힐 수 있었다.

한국도 일명 '한국판 험비' 개발에 나섰다. 한국판 험비는 현재 미국 험비에 버금갈 정도로 기능이 뛰어날뿐더러 가격 경쟁력도 우수해 국내는 물론, 해외에서까지 큰 사랑을 받고 있다. 우리나라 군대를 다녀온 남자들이라면 누구라도 과거 한국의 지프차를 경험해 봤을 것이다. 기존의 한국 전술차량들은 크고 불편했다. 나날이 발전하는 현대화에 뒤처졌기 때문이다. 이를 해결하기 위해 한국 지형에 맞는 새로운 전술차량을 개발하기 시작했다.

방위사업청 주관으로 기아자동차가 새롭게 개발한 소형전술차량은 노후된 기존 군용차량을 대체하기 위해 개발됐다. 이는 육군 12사단, 해병 2사단 등 실제 야전부대에 배치돼 야전운용시험을 거치면서 실전 검증 과정을 거쳤다.

소형전술차량은 범용성 있는 플랫폼을 갖춰 향후 개발하는 다양한 목적과 무기체계에 폭넓게 적용이 가능하게 설계되었다. 4인승 카고 컨셉카의 기반이 되며, 한국군 최초의 다목적 전술차량이다. 현재는 각 군에 배치되어 전투력 향상에 크게 기여하고 있다. 주요 제원으로는 225마력의 유로 5 디젤 엔진을 장착했으며 8

한국형 험비 K-151 KLTV

단 자동변속기, 4륜 구동 시스템, 내비게이션, 차동잠금장치, 전술 타이어, 전자파 차폐 장치 등 첨단 차량기술 및 군용 특수 사양이 적용됐다.

이 차량은 부대장과 장교가 탑승한 상태에서 이동 중 전·후방부대에 지시를 내리는 임무를 수행할 뿐만 아니라 약간의 개조를 통해 다양한 용도로 사용될 예정이다. 현재 지휘용으로는 4인승, 8인승이 있으며 기갑수색용, 포병 관측용, 정비용 등 기본 5종의 다양한 형태로 개발되었다. 추후에는 통신장비 탑재차량, 유도무기 탑재차량, 화생방 정찰차량 등 다양한 모습으로 변형될 예정이다.

기아자동차는 2016년부터 양산에 착수해 전방부대를 비롯한 육군 곳곳에 2,000여 대가 넘는 소형 전술차량을 배치했다. 기아차의 소형 전술차량은 최고속도가 시속 135km에 이르러 미군용 험비의 113km를 넘어섰으며 마력도 뛰어나다. 타이어에도 첨단 기술이 접목되었다. 총탄을 맞아 펑크가 나도 최대 시속 48km로 주행 가능한 것으로 알려졌다.

한국형 험비 K-151 LTV의 주요제원표

Type		std Wheel Base	Long Wheel Base
전장/ Overall length	mm	TBD	TBD
전폭/ Overall width	mm	TBD	TBD
전고/ Overall height	mm	TBD	TBD
총중량/ GVW	kg	5,700	7,000
최고속도/ Max. Speed	km/h	100이상	100이상
최대출력/ Max. Horsepower	ps	225	225
최대토크/ Max. Torque	kg·m	50	50
등판/ Gradeability	%	60	60
도섭/ Fording Depth	mm	TBD	TBD
최저지상고/ Ground Clearance	mm	TBD	TBD
최소회전반경/ Min Turning Radius	m	8	9
항속거리/ Range	km	600	600

한국형 험비에는 에어컨이 추가적으로 탑재되었다. 뛰어난 기동성과 범용성은 군사 무기 개발에 있어 기본 소양이라고 해도 과언이 아니다. 그런 면에서 신형 장비에 에어컨을 탑재하는 것은 장비의 범용성을 크게 높여 준다. 하지만 최근까지 에어컨 같은 장비는 전장에서 사치성이 짙은 보조 장비라는 평이 강했다. 기존 군 용차량을 타 본 경험이 있는 사람이라면 에어컨이 있는 전술차량이 배치된다는 소식에 깜짝 놀라고 또 부러울 것이다. 대부분 냉방 장치가 장착되지 않은 기존 군용 차량을 타며 더위에 고생했던 경험들이 있을 것이다.

그런데 이번에 개발된 새로운 소형전술차량에는 에어컨이 기본으로 탑재되었다는 것이다. 이로 인해 한국 육군들은 차량 이동 시에도 쾌적한 컨디션을 유지할 수 있게 되었다. 수송 수단으로서 역할뿐 아니라 이동 시 병사의 전투력을 유지해 전투의 효율성을 높이는 것은 전술차가 가지는 중요한 역할 중 하나이기도 하다. 한국이 개발한 전술 차량은 이 부분을 그 어느 나라보다 훌륭히 수행하고 있다.

더욱 충격적인 사실은 이런 엄청난 기능들을 장착했음에도 불구하고 생산 단가가 미국 험비의 절반 수준이라는 것이다. 한국 소형전술차의 대당 판매 가격은 용도에 따라 다르지만, 방탄 차량이 약 1억 5,000만 원, 비방탄 차량이 약 8,000만

원 수준으로 알려졌다.

과거의 소형전술차는 기아가 레토나를 기반으로 만든 K-131 군토나였다. 이는 지휘관용 '1호차'로 알려졌다. 기존 K-131은 단순히 업무 이동 위주에 사용되었다. 그러나 새로운 소형전술차는 지휘차량뿐만 아니라, 수색정찰, 근접정비지원 등 여러 임무에 활용될 수 있도록 만들어졌다. 기아차는 소형전술차 개발을 위해 정부로부터 수백억 원을 지원받아 약 1,000억 원의 개발비를 투입한 것으로 알려졌다. 지난 2012년 국방부와 차량 공급 계약을 맺었고, 2018년 1월에는 정부가 진행한 시험평가에서 모든 항목의 기준을 충족해 '전투용 적합' 판정을 받았다.

특히 소형전술차는 적의 소총 공격 같은 방호 능력이 취약한 K-131과 달리 방탄이 가능하도록 설계됐다. 뿐만 아니라 일반 도로가 아닌 산악지형에서도 운용할 수 있도록 만들어졌다. 강력한 파워트레인과 섀시는 기아차 모하비의 것을 공유했다. 유로5를 만족하는 3000cc V6 디젤 엔진과 8단 자동변속기가 조합됐고, 사륜구동 시스템과 더블 위시본 타입 독립현가 차축, 4채널 ABS, 런플랫 타이어, 전자식 타이어 공기압 조절장치 등도 함께 적용됐다. 정말 영화에서만 보던 미래형 차량을 한국군이 사용하는 것이다.

국방부가 제시한 성능 기준으로는, 언덕의 경우 종경사 60%, 횡경사 40%인 지형에 주행이 가능하고 최대 760mm 깊이의 강이나 하천을 건널 수 있다. 접근각과 이탈각은 각각 60도, 45도이며 지상고는 420mm다. 또한 런플랫 타이어를 사용해 유사시 공기압 손실 상태에서도 시속 48km의 속도로 주행이 가능하고, 전자식 타이어 공기압 조절장치를 활용해 모래나 진흙탕 같은 지형에서도 원활한 주행 성능을 제공한다. 이에 관련된 후일담으로, 타이어 공기압이 완전히 손실된 소형전술차가 험로와 언덕길을 원활히 주행하는 모습을 본 군 관계자들이 험비보다 우수한 성능에 입을 다물지 못했다는 얘기가 있다.

여기에 더해 야전에서의 활용성을 감안해 엔진에 물이 들어가지 않게 했다. 급

경사에서도 엔진오일의 흐름을 원활하게 하기 위해 내부 구조를 개선했고, 영하-32℃까지 기온이 떨어져도 안정적으로 시동이 걸리게끔 하는 등 야전 활용성에 중점을 두어 개발되었다.

이번 한국이 개발한 소형전술차량이 가지는 가장 중요한 의미는 적의 공격을 방어할 수 있는 방어력이 군용차량 중에서는 최초로 부여되었다는 점이다. 기존 군이 사용하던 군용차는 방탄 능력이 없어 전장에서 탑승자를 보호하는 임무는 수행하지 못했다. 사실 말만 군용차량이지 일반 양산차에 개구리무늬의 카모플라주만 입힌 것이라고 해도 과언이 아니었다. 하지만 이번 기아자동차의 새로운 소형전술차는 설계 초기부터 방탄 성능을 염두에 두고 만들어져 적의 공격에 대응할 능력을 갖췄다. 적의 총탄이나 수류탄 공격으로부터 전투원들을 보호할 수 있기 에 진정한 전투용 차량으로서의 가치를 높였다는 평이 많다.

소형전술차는 기아차 광주 하남 공장에서 통신 장비 탑재차의 생산이 시작됐으며, 다른 차종은 작년 12월부터 생산을 시작해 올해부터 본격적으로 야전부대에 배치될 계획이다. 한국의 소형전술차는 기본적인 주행 성능과 안전성은 물론, 통신 운용 및 기동지휘소로서 역할 등 다양한 작전환경을 상정한 야전 적합성 평가를 최우수로 통과하여 선정되었다. 이를 통해 국군의 전투력 향상을 기대하는 목소리가 높다.

한국은 K-9을 비롯한 많은 군사 무기와 체계를 국산화해가며 한국형 방위산업의 국제적 경쟁력을 갖추고 있다. 그리고 한국형 험비 개발은 그동안의 방산무기체계와는 다른 의미를 갖고 있다. 그것은 실전에서도 우수한 성능을 자랑하는 차량을 한국이 개발했다는 것이다. 이로써 한국의 지상전용 무기체계는 군사 선진국들과의 경쟁에도 절대 뒤처지지 않는 위풍당당한 모습을 갖추게 되었다.

6

전략부대

제7기동군단 전투력

한국에 세계 최강 군단이 있다. 바로 육군 제7기동군단이다. 보유한 전차만 해도 800여 대에 이른다. 이는 영국과 프랑스, 독일 등 3개국이 현역으로 운용하는 전차 수보다 많다. 제7기동군단은 지난 1982년 부대 창설 당시부터 국내에서 가장 강력한 화력과 기동력을 자랑했다. 일반적인 부대가 방어 중심의 작전 계획에 따라 움직이는 반면, 유사시 7군단의 임무는 북진 선봉과 초월공격(超越攻擊)이다. 쉽게 말하면 고착된 전선을 뚫고 적진 깊숙이 전격한다는 것이다. 신형 전차와 보병 전투차, 장갑차, 자주포와 대공자주포가 개발될 때마다 가장 먼저 제7군단 예하부대에 배치되는 것도 7군단이 오로지 전진만을 위한 부대이기 때문이다. 이는 7군단의 창설 이념이라고 할 만큼 중요하고, 또한 그만큼 육군 내에서도 단연 독보적인 규모와 화력을 갖게 된 원인이라고 볼 수 있다.

이토록 뛰어난 제7군단의 전투력은 비단 한국에만 국한되지 않는다. 한국을 넘어 아시아 전체를 두고 비교해 봐도 최대 규모, 최강 전력을 가진 기계화 부대이다. 앞서 언급했던 것과 같이, 육군 제7기동군단은 여타 군단들과는 창설 목적부터가 다르다. 대한민국 유일의 기동군단인 만큼 북쪽 진격에 큰 초점을 두고 있기 때문이다.

한국의 다른 국군 부대는 전쟁 발발 시 주둔지를 철저히 방어한다. 후방에서 병력을 충원해서 천천히 반격하는 것을 주 목적으로 두고 있기 때문이다. 하지만 육군 제7기동군단은 주둔지를 방어하지 않는다. 오히려 주둔지를 떠나 북쪽으로 무작정 진격하는 것을 최우선 목표로 두고 있다. 즉, 주둔지를 버리고 모든 전력을 총동원해서 평양으로 진격한다는 것이다.

제7기동군단 마크

심지어 전시에는 주한미군도 7군단의 지휘를 따르게 되어있다. 한미연합사령부의 정시 지휘체계에 따라 주한미군의 제2사단은 7군단에 배속되어 지휘를 받으며 함께 싸운다. 이는 대한민국에서 유일하게 전시 단독 작전권이 있는 군단이라는 것을 의미한다. 그야말로 대한민국에서 유일무이한 공격부대라고 할 수 있다.

사실상 육군 7군단은 오로지 공격뿐인 부대이기에 평상시 훈련도 방어 훈련은 거의 하지 않는다. 대신 대부분 기동전에 관한 훈련을 한다. 심지어 내부 경례 구호조차 '북진'일 정도다. 그렇기 때문에 방어가 주 임무인 다른 군단과는 달리 제7기동군단 사령부는 지상에 위치하고 있다. 일반적인 군단 사령부 건물은 모두 주둔지 방어를 위해 지하에 위치하고 있다. 밖에서는 위치를 전혀 알 수 없게 한 것이다. 그러나 제7기동군단은 설비 시설에 별다른 투자를 하지 않는다. 언제든 주둔지를 버리고 진격하기 때문이다. 이처럼 7군단은 사령부 건물 및 시설에는 소홀하지만 전력에는 대대적인 투자와 지원을 아끼지 않는다. 7군단은 한국군 중에서도 가장 빠르게 최첨단 장비와 시스템을 도입하는 곳이며 동시에 육군 군단 중 가장 화력이 강한 군단으로 평가받는 부대다.

7군단 기계화보병사단 전차부대 실기동 훈련모습

공격전을 수행하는 기동군단의 특성상 우수한 기계화 장비가 필요하다. 그 때문에 기계화 장비 보급에 심혈을 기울이는 것이다. 전쟁이 터지면 최신 식 아파치 헬기 부대도 7군단 소속으로 편성된다. 또한 주목할 부분은 국방개혁 2.0에 의해서 전력이 2배 이상 강해졌다는 점이다. 기존의 2개 기계화 사단에 3개 기계화 사단을 더 받았고, 제 8·11·26 기계화 보병사단이 7군단 예하 부대로 들어왔다. 대한민국 육군의 총 7개 사단급 기계화부대 가운데 5개를 7군단 깃발 아래로 모은 것이다. 물론 이는 국방개혁 장기 플랜에 따른 한시적 조치일 뿐이다. 그러나 결과적으로 7군단은 한국군 역사상 전무후무한 최강 군단으로 자리매김하 게 되었다.

제7군단 휘하의 5개 기보사가 보유한 기갑 장비는 전차만 헤아려도 800여 대이다. 단순히 800여 대를 보유한다고 하면 어느 정도인지 실감이 잘 안날 것이다. 이를 다른 군사강국이 보유하고 있는 전차 수와 비교하면 얼마나 엄청난 것인지 알 수 있다. 2016년 기준으로 독일이 보유한 전차 수는 244대에 불과하다. 또한 영국은 227대, 프랑스는 227대를 보유하고 있다. 한국의 7군단이 보유한 전차 수가 서유럽 3대 군사 강국이 보유한 전차보다 많은 것이다.

이는 폐기 직전의 노후화 차량을 배치해 전력을 뻥튀기시킨 것도 아니다. 7군단이 보유한 전차 전량이 K 계열이다. 현재 한국군의 주력 모델인 K-1, K-1A1, K-2는 세계에서도 성능과 화력을 인정받은 모델이다. 더욱이 신형인 국산 K계열 전차의 40%가 7군단에 몰려있는데 전시도 아니고, 평시에 이 정도 전력을 갖춘 기계화 군단은 지구상 어디에도 없을 정도이다. 전쟁이 터질 경우 이스라엘 전군이 편성하는 기갑군단이 한국군 7군단에 필적할 정도라고 한다. 이 정도면 7군단의 전력만으로도 여느 나라의 국방력과 맞먹는다고 해도 과언이 아니다.

7군단의 화력도 만만치 않다. 각 사단의 포병 화력도 웬만한 유럽 국가의 자주포 세력과 비슷하거나 웃돌기 때문이다. 7군단의 예하부대를 좀 더 세부적으로 설명하자면 우선 맹호부대라고 불리는 수도 기계화 보병사단이 있다. 그리고 '맹호부대'의 영원한 라이벌인 제20기계화 보병사단 결전부대, '오뚝이 부대'라고 잘 알려진 제8기계화 보병사단, '젓가락 부대'라 불리는 제11기계화 보병사단, 'BC마스터카드 부대'라 불리는 제26기계화 보병사단과 제7포병여단, 제7공병여단으로 구 성되어 있다. 특히 제7포병여단은 7군단의 화력을 담당하며 최신예 K-9 자주포와 K-10 탄약보급 장갑차 등으로 무장하고 있다.

군단 직할부대로는 본부근무대, 제107정보통신단, 제517방공대대, 제7강습대대, 제17화생방대, 헌병대, 통합의무대가 있다. 특히 이 중 제7강습 대대는 현재 대한민국 전군 유일의 공중강습부대이다. 94년 개편 이전에는 707 특공 공정 연대였지만 현재는 특공이라는 이름을 달고 있지 않다. 하지만 병과는 엄연히 특공이다. UH-60을 이용한 공중강습을 통해 기계화 사단의 진력로를 확보하는 기동보병의 임무에 특화되었기 때문이다. 그리고 제7강습 대대의 특이한 임무가 하나 더 있다. 바로 국군 교도소 탈옥수 추적 임무다. 그만큼 제7강습 대대는 육군의 어려운 임무를 맡고 있다는 것이다.

한국이 이처럼 엄청난 기갑 부대를 운용하는 이유는 한반도에 전쟁이 발생할

통합화력훈련중인 7기동군단의 모습

경우 냉전기의 유럽처럼 대규모 화력전과 기갑전이 벌어질 것으로 예상하기 때문이다. 한국 외 다른 국가들은 대규모 총력전을 치를 상대가 없기 때문에 국방비 상당 부분을 보병 장구류나 장병의 복지, 임금에 투자한다. 그러나 우리나라는 한반도 전장의 특성 때문에 전차와 포병 등 화력 자산에 대한 투자를 최우선으로 하고 있다.

이로 인해 육군 7군단의 전력은 대한민국의 나머지 육군과 겨뤄도 손색이 없을 만큼 강력한 것이다. 더 나아가 일개 군단 단위 전력으로는 아시아에서 적수가 없다고 평가받고 있다. 어떤 군사전문가들은 한국의 7군단을 전 세계 전력 TOP 3위권 안으로 언급할 정도다.

반면 북한은 방사포와 미사일 전력에 집착하고 있다. 그 이유는 한국에 비해 열세인 재래식 전력을 상쇄하기 위해서다. 이에 대해 군사 전문가들은 '500km 이하 단거리 발사체는 선제기습·속전속결을 원칙으로 하는 북한군의 전통적 군사 전략의 핵심 수단'이라고 말한다.

한국군은 1990년대 초반부터 본격적으로 무기체계를 첨단화했다. 90년대 초반, 소련 및 동부 유럽의 붕괴로 당시 한국에 배치돼 있던 미국의 전술핵이 전면

철수됐고 생화학무기도 모두 폐기됐다. 한국은 이때부터 재래식 전력을 발전시켜 왔다. 하지만 북한은 핵과 전략미사일 등 '비대칭' 전력에 집중했다. 따라서 이 때를 남북한 간 전력이 기울기 시작한 시점으로 보는 분석이 많다. 핵전력의 균형추는 북측으로, 재래식 전력은 남측으로 기울기 시작했다는 것이다.

남한 지명으로 훈련중인 105땅크사단

국내외 안보 기관과 군사 전문가들의 분석을 종합하면 북한의 재래식 전력은 처참한 수준이다. 해군력은 미지수이며, 육군력은 무시 못 할 수준으로 요약된다. 어디까지나 한국군 전력과 비교할 때 그렇다는 얘기다. 국방백서에는 이러한 남북 간 전력 비교가 정량적으로 표시돼 있다. 무기체계의 성능과 노후도, 합동전력 운용개념 등, 정성적 평가는 빠져있지만 정량 평가만 놓고 보면 남북 간 전력 비교는 다음과 같다.

2018년 12월을 기준으로 북한군 병력은 128만여 명이다. 한국군은 59만 9,000여 명으로 대략 2배를 넘는 차이를 보인다. 전차는 북한 4,300여 대, 한국은 2,300여 대를 보유하고 있다. 또한 전투함정은 북한은 430여 척, 한국은 100여 척을 보유 중이다. 전투기 또한 마찬가지로, 북한 810여 대, 한국은 410여 대이다. 결과적으로 현재 북한이 보유 중인 주요 무기의 양은 한국의 2~4배 수준이라는 것이다.

특히 남북 재래식 전력의 격차는 공군력에서 두드러진다. 북한 공군의 주력 전투기는 4세대 전투기로 분류되는 MIG-29로 30여 대를 보유하고 있는 것으로 알려져 있다. 전투기의 세대 구분은 등장 시기와 주요 탑재 무장, 항공전자 장비 특성 등으로 나뉜다. 예를 들어 레이더와 미사일이 탑재되기 시작할 무렵에 등장한 전투기는 2세대, 암람 등 장거리 미사일을 장비하고 이를 활용할 만한 우수한 항전장비를 갖춘 전투기들은 3세대로 분류한다. 그런데 북한이 보유한 전투기는 MIG-29를 제외하면 MIG-21, MIG-19 등 3세대 이하 전투기가 대부분이다. 군사소식통에 따르면 북한의 전투기 도입은 사실상 MIG-29를 끝으로 중단된 것으로 전해진다. 반면 한국 공군은 4세대 전투기인 F-16을 180여 대, 4.5세대인 F-15K 59대를 보유하고 있다. 여기에 2021년 7월에는 5세대 전투기 F-35A 36대를 추가 도입했다.

이처럼 전체적인 군사력은 한국이 월등히 높다. 하지만 북한군의 군사력도 무시 못 할 수준이라는 분석이 많다. 일례로 육군 전력의 핵심이 되는 전차는 북한이 우리보다 2,000여 대나 많고, 최근에는 신형 전차를 공개하기도 했다. 이 역시 7기동군단이 보유한 3세대 이상의 고성능 전차를 상대하기에는 버겁지만 어쨌든 아주 심각한 위협임은 분명하다. 그래서 우리 군은 아미타이거 4.0, 워리어 플랫폼, 전군의 차량화 등을 통해 전력 공백을 해소하고 나아가 전력을 강화하려 하고 있다. 이에 따라 7기동군단에 새로운 장비가 많이 투입되는 중이다.

7

Korean military weapon

장갑차

K-21 한국형 장갑차

예전에는 많은 이들이 세상의 다양한 민족 중 유대인이 가장 똑똑하다고 생각했다. 현재는 그런 인식이 조금씩 바뀌고 있다. 유대인보단 한국인이 똑똑하다고 생각하는 사람들이 늘고 있는 것이다. 그도 그럴 것이, 한국인 손에만 닿으면 기존 제품들이 업그레이드되기 때문이다. 심지어 없던 것조차 척척 만들어낸다. 여기서 더 나아가 한국이 만든 제품은 가성비가 좋기까지 하다. 그러니 이런 말이 나오는 것이다. 이는 일상적인 제품에서만 발생하는 일이 아니다. 한국의 방위산업 또한 세계에서 좋은 품질과 뛰어난 가성비로 두각을 나타내고 있다.

강력한 화력을 가진 장갑차는 육군 기계화 부대의 핵심 전력인 전차와 함께 현대 전장에서 매우 중요한 기동무기체계다. 전차에 비해 상대적으로 가볍기 때문에 병력 수송, 지휘, 정찰, 수색, 경계 등 다양한 임무를 수행할 수 있는 멀티플레이어이기 때문이다.

장갑차는 크게 보병수송차(APC)와 보병전투차(IFV)로 나뉘어진다. 현재는 보

미국의 M113 장갑차

병 지원 화력을 갖추고 병력이 탑승한 상태에서도 전투가 가능한 보병전투차가 대세다. 보병부대의 다재다능한 존재인 장갑차가 처음 등장한 것은 2차 세계대전 때였다. 장갑차는 당시 도보행군에 지친 연합군이나 독일군 보병들에게 큰 사랑을 받았다. 기동성과 경화기 방호능력까지 겸비한 든든한 방패나 다름없었기 때문이다.

그중 대표적인 모델이 전장의 택시(Battle Taxi)라고 불리기도 한 미국의 M113이었다. M113은 1960년에 실전 배치된 이래 지난 60여 년간 미 육군 외 30개국 이상에서 8만 대 이상 생산되어 지금까지도 현역에 남아 있는 베스트셀러다. 초기 장갑차 역할은 대부분 분대 또는 소대 단위의 병력 수송용이었다. 현대에 이르러서는 종전의 병력 수송용 장갑차 개념에서 탈피했다. 기관포와 중기관총 등의 중화기 장착으로 화력 지원이 가능해졌고 자체 방어, 관측 및 교전 등의 수행능력까지 갖춘 보병전투차가 등장한 것이다.

장갑차는 2차 세계대전 이후 지상전에서 빼놓을 수 없는 무기 체계로 자리매김했다. 한국은 1960년대 베트남 전쟁에 참전하면서 미국에 받은 M113 장갑차를 1970년대부터 기계화 보병 사단 및 기갑여단 기계화보병대대에 편제하여 운용해

K-200 전차의 개량형인 K-200A1의 모습

왔다. 이후 1984년에는 율곡사업으로 국산 장갑차인 K200을 개발해 육군에 배치·운용했다.

K200 장갑차는 국방과학연구소 주도로 국산화에 들어가 개발된 첫 번째 모델이기도 하다. 병력이 하차하지 않고 탑승한 상태에서 기동하며 개인화기 사격을 가능하게 하는 '총안구'를 설치하는 등 초기 보병 탑승 전투차량의 형태를 갖추었으나 탑재된 무장체계가 약해 병력 수송 장갑차에 가까웠다는 평가를 받았다.

하지만 K200은 저렴한 생산 단가와 더불어 많은 기능을 갖췄다는 장점으로 1984년부터 육군 전방부대에 배치되기 시작했다. 이후 약 2,500대 이상이 생산되었지만 K200 장갑차는 결국 단순 병력 수송용 장갑차(APC:Armored Personnel Carrier)라는 이명을 벗지 못했다. 화력 및 방호력, 야지 기동력, 생존성 등 주요 성능이 북한의 M1973, BMP-2 장갑차에 비해 월등하지 않았고 탑승 전투도 어려웠기 때문이다. 또한 미래 주력 전차인 K1A1 및 K2 전차와의 성능 차이로 인해 전술적 운용도 어려웠다. 게다가 현재까지 20년 이상 운용된 K200은 한계 수명에 도래한 상태다. 따라서 기계화 부대의 전투력을 극대화하기 위해서는 새로운 개념의 보병전투차(IFV:Infantry Fighting Vehicle) 개발이 시급한 상황이다.

주변국 및 선진국에서는 이미 1980년대 후반부터 경장갑차량 제압용 화기를 탑재했다. 탑승 전투가 가능한 보병전투차를 개발하고 전력화를 추진함으로써 전투력 증강을 도모해 왔다는 의미다. 그리고 현재는 통신 네트워크 중심의 전장 환경에서 적의 입체적인 공격에 대응이 가능한 3세대 급 전투 장갑차 개발을 시도하고 있다. 즉, K-21 보병전투차의 연구개발은 한국군이 미래 전장 환경에서 예상되는 위협에 대응하기 위해 반드시 필요한 일이라는 것이다.

한국군은 K200을 개량한 K200A1을 주력 장갑차로 임무 수행 중에 있다. K200A1은 임무에 따라 많은 파생 모델이 만들어졌나. 그러나 K200A1은 다른 나라의 장갑차에 비해 화력과 방호력이 약해 단순 보병 운송수단과 비슷한 느낌의 장갑차로 여겨졌다. 그래서 우리 군은 1999년부터 2007년까지 900억 원이 넘는 금액을 투입해 K-21 장갑차를 만들어냈다. 한화 디펜스에서 제작한 K-21 보병전투차는 기존 K200과 K200A1의 단점이었던 기동성과 화력, 방호력을 대폭 향상했다. 그리고 40mm 기관포와 대전차 미사일 2발 복합 기능탄을 사용하여 적의 헬기와도 싸울 수 있는 화력을 자랑한다.

2세대 전차처럼 장갑이 얇은 전차도 파괴 가능하며, 웬만한 강물은 쉽게 도하가 가능하도록 수상 부양 장치를 장착했다. 차체 설계가 커져서 승무원 3명과 기계화 보병 9명이 탑승할 수 있고 수송 능력은 세계 최고 수준의 장갑차다. 승하차 편의성도 상당히 좋다. 머리만 살짝 숙이면 탑승할 수 있게 설계해 승하차에 필요한 불필요한 시간을 대폭 단축해 생존성도 높아졌다.

군 전문가들은 미국 육군의 주력 장갑차인 M2 브래들리보다 K-21을 더욱 뛰어난 보병전투차로 평가하고 있다. 화력, 방호력과 기동성을 기준으로 세계 최고의 보병전투차를 선정했는데 세계 최고 보병 전투차량은 독일의 푸마(Puma)가 꼽혔고 한국의 K-21은 2위로 기록되었다. 기동력, 화력, 생존성 등에서 선진 장갑차 수준과 동등하거나 그 이상의 성능을 보유한 것으로 평가받았기 때문이다.

한국의 K-21 장갑차

특히 다양한 소재를 붙여 만든 복합 장갑을 사용해 가벼우면서도 중구경 무기에 대해 방호력을 갖췄다는 점이 크게 작용했다. 방호력과 생존성이 미국의 최신 M2A3 장갑차와 견주어도 손색없다는 평가를 받는 것이다. 화력과 기동력 면에서는 더 앞선 것으로 평가받기도 했다. 실제로 K-21은 러시아제 152mm 포탄 파편을 방호할 수 있다.

중무장인 40mm 중기관포 K40은 현존하는 전투장갑차 중 최대 구경으로, 파괴력이 가장 우수하다. 최대 발사속도는 분당 300발이며 유효사거리는 지상 2000m, 대공 4000m를 자랑한다. 자동화된 송탄 장치를 채택했고, 날개안정분리철갑탄과 복합기능탄 등의 탄종을 필요에 따라 선택해 발사할 수도 있다. 날개안정분리철갑탄은 적 장갑차를 단숨에 파괴할 만큼 위력이 대단하고 복합기능탄은 경표적 파괴는 물론 파편 효과로 밀집 보병부대를 순식간에 무력화시킬 수 있다.

탄이 목표물의 7m 이내에 근접하면 자동으로 폭발해서 수백 개의 파편이 목표물을 공격하게 되어있어 헬기를 포함한 저속·저공의 적 항공기에 효과적인 대응이 가능하다는 장점을 갖는다. 향후에는 국내 개발한 3세대 급 대전차 미사일도

K-21 장갑차의 에어백식 수상부양장치

장착할 수 있다. 그렇게 되면 적의 전차도 거뜬히 파괴할 수 있는 그야말로 세계 최강의 화력을 보유하게 되는 것이다.

K-21의 장갑은 기존 알루미늄 장갑재보다 30% 가볍다. 플라스틱 수지와 강화 섬유의 복합소재로 제작된 경량화 알루미늄을 사용했기 때문이다. 기본 차체는 2519 알루미늄 합금을 사용했고, 그 외의 부분은 복합소재와 세라믹 타일을 결합한 복합구조장갑으로 제작되었다. K-21은 전투 중량이 25톤에 달한다. 750마력의 소형 고출력 동력 장치를 통해 최고 시속은 70km, 야지에서는 시속 40km까지 속도를 낼 수 있다. 지난 2008년 말 개발이 완료된 K-2전차와 동일한 속력이다. 장갑차와 전차가 협동작전을 수행하게 된 것이다.

K-21이 보유한 또 하나의 특징은 세계의 전투장갑차 중 유일하게 피탄 시 안정성까지 고려한 에어백식 수상 부양장치를 장착해 전술적 기동력이 한층 우수해졌다는 것이다. 이 장치 덕분에 K-21 장갑차는 시속 7km의 속도로 하천을 건널 수 있다. 이 수상 부양장치는 장갑차 양 측면 부가장갑 사이에 장착되어 있다. 도하 시 적탄으로부터 상부가 방호되고, 7개의 격실로 나누어져 있어 일부가 피탄되더

라도 안전성을 확보할 수 있다는 장점을 갖고 있다.

K21장갑차는 계속해서 진화하는 장갑차로 거듭나고 있다. 한국은 K-21 장갑차 차체에 CMI 디펜스사의 105mm 포탑을 탑재한 'K21 XC8 105mm 경(輕)전차'과 'K21 XC8 120mm 중형전차'를 제작해 해외 전시회에서 선보였다. 현재 세계 방산시장, 특히 중동, 남미, 동남아 등지에서 중형 전차에 비해 가격이 저렴하면서 전술적으로 다양하게 활용할 수 있는 경전차에 대한 수요가 많다. 한국은 이를 파악하고 기존 K21 장갑차에, 해외에서 이미 기술력을 인정받은 CMI 디펜스사 포탑을 탑재한 신형 경전차를 만들어 수출 중이다.

그중 하나가 호주 육군의 미래형 보병전투장갑차 AS-21 레드백 장갑차다. 호주 정부가 진행하는 미래형 궤도장갑차 도입사업에 한국이 최종 후보로 선정됐다. 총 8조~12조 원으로 추정되는 사업비 가운데 장비 획득에만 5조 원이 편성돼 있다. 호주 정부는 이번 사업의 최종 후보(shortlist) 장비로 한화디펜스의 '레드백(REDBACK)'과 독일 라인메탈디펜스의 '링스(Lynx)' 등 2개를 선정했다고 발표했다. 최종 발표는 시험 평가 기간을 거쳐 2021년에 발표될 예정인데 AS-21 레드백의 좋은 결과가 기대된다.

이처럼 한국의 방위산업은 몇 년 안되는 짧은 시간 동안 하루가 다르게 성장하고 있다. 이미 재래식 무기시장에서 독보적인 자리를 차지할 정도다. 이런 한국의 기술력을 보고 주변국들은 놀라움을 금치 못하고 있다. 한국이 처음 무기 시장에 진입했을 때 모두 비웃었기 때문이다. 그 비웃음은 놀라움으로 바뀌었다. 한국은 모두의 판단을 뒤집고 당당하게 무기 시장의 쟁쟁한 경쟁상대로 발돋음한 상황이다. 과거에는 유대인이 우수한 민족이라고 불려왔다. 현재는 그런 타이틀이 한국인을 향해 돌아서고 있다. 한국이 불가능에 도전하고, 더 나아가 꿈을 현실로 만드는 힘을 갖췄기 때문이다.

레드백

한화가 54조 원 규모의 미국 차세대 유무인 선택형 전투차량(OMFV) 사업에 도전 중이다. 미 육군은 기존 브래들리 보병전투차량(IFV)을 대체할 목적으로 오는 2027년까지 OMFV 교체사업을 추진하고 있다. 이는 최대 3,800여 대의 브래들리 장갑차를 교체하는 것으로, 사업 규모는 450억 달러(약 54조 원)에 이른다. 미국 당국은 이를 위해 올 1월부터 3월까지 정식 제안요청서(RFP)를 발행했다. 뒤이어 2023년 초에는 OMFV 단계인 상세설계와 시제품 제작 등 3가지 제안을 뽑았다. 그리고 4년 뒤 단일 생산 대상을 최종 선정할 계획이다.

한화디펜스는 미국 전술차량 제작사로 유명한 오시코시 디펜스(Oshkosh Defense)와 제휴를 맺고 수주전에 뛰어들었다. 지금까지 15만 대에 달하는 군용차량을 제작 납품해온 오시코시 디펜스는 미국의 특수차량 제작회사로 주로 트럭, 소방차, 제설차, 군용차, 건설용 중장비 등을 만들어왔다.

지난해 1월 OMFV 사업 시제차량으로 독일 라인메탈과 미국의 레이시온이 팀을 이뤄 만든 링스 KF41과 제너럴 다이내믹스의 그리펜 Ⅲ가 선정됐지만, 라인메탈이 시한까지 링스 시제 차량을 미 육군에 인도하지 못하면서 실격 처리됐다. 이후 미 육군이 재 입찰공고를 내면서 2차전이 진행 중이다.

1차 입찰에는 참여하지 않았던 한화는 이미 지난 3월 말 제안요청서를 제출한 것으로 확인되고 있다. 이번 2차 수주전에 참여한 업체로는 영국 BAE 시스템즈(BAE Systems), 이스라엘 엘빗 시스템즈(Elbit Systems), 미국 제너럴 다이내믹스 랜드 시스템즈(GDLS) 등 세계 유수의 쟁쟁한 업체들이 참가한다. 이로써 현재 OMFV 사업은 한화디펜스를 포함해 5강 구도가 되었다.

우선 미 육군이 기존 브래들리 보병전투차량(IFV)을 유무인 선택형 전투차량(OMFV)으로 교체하게 된 배경을 알기 위해선 과거로 거슬러 올라가야 한다. 미

라인메탈의 링스 장갑차

군은 레이건 대통령 때부터 이 장갑차를 사용해 왔다. 그러던 어느 날 쿼드 참여 국가인 호주에 방문한 미국이 크게 놀라는 사건이 발생했다. 호주에서 기가 막힌 전투차량 시제품을 테스트하고 있었던 것이다. 세계 최강의 군사력을 가진 미군도 갖지 못한 전투차량이 동맹국 호주에는 있다는 것은 미군에게는 여간 자존심 상하는 일이 아니었다. 그래서 미국은 부랴부랴 호주가 도입하는 전투차량에 무인 운용 기능까지 선택적으로 적용해 도입하겠다는 계획을 발표했다. 무너졌던 미군의 자존심도 회복하면서 다시 세계 최고의 장비를 보유하겠다는 생각이었다. 그렇게 추진한 사업이 이번 OMFV 사업이다.

그런데 가장 놀라운 점은 미군을 자극한 것이 다름 아닌 한화의 레드백이었다는 것이다. 한국은 전후부터 현재까지 무기의 대다수를 미국에서 도입해 왔다. 그래서 미국의 기술력에 대해서 일부 과대평가하는 경향이 있다. 그러나 이번 미군의 유무인 선택형 전투차량(OMFV) 교체사업은 한국의 한화가 미국보다 기술적 우위를 점하고 있다.

이처럼 우리 기술이 미국의 우위에 있다고 하면 '한국이 무슨 미국 기술을 뛰어넘냐'고 반박하는 사람이 많다. 방산무기 기술 전체를 보면 미국이 한국보다 우세한 게 맞다. 그런데 오히려 한국이 미국을 압도하는 기술도 분명히 존재한다. 한

링스와 대결하고있는 한국 한화디펜스의 레드백 장갑차

국의 전체 방산기술은 세계 정상급에 도달해 있다. 세계 모든 나라를 뒤져봐도 소총부터 기갑차량, 재래식 포탄, 유도미사일, 구축함, 전투기까지 모두 개발이 가능하고 제작할 수 있는 나라는 손에 꼽는다. 극히 적은 나라 중 하나가 한국인 것이다.

한화가 만든 레드백의 유일한 단점은 방호력이다. 레드백의 성능은 현재 호주군이 원하는 수준은 뛰어넘었지만, 미군이 원하는 방호력에는 조금 못 미친다. 그러나 엔진이나 미션 문제도 아니고 단지 방호력만 보강하면 되기 때문에 다른 문제에 비하면 이것은 문젯거리도 안된다. 만약 호주 사업에서 레드백이 확정되면 최대 24조 원 규모의 호주군 방산사업뿐만이 아니라, 54조 규모의 미군 브래들리 장갑차 교체사업에서도 승산 가능성이 높아지게 된다.

레드백의 뼈대는 우리 군이 2007년에 개발을 끝낸 K-21 장갑차다. K-21 장갑차는 레드백으로 개량되기 전부터 미군 브래들리 장갑차보다 뛰어난 성능을 자랑했다. K21은 740마력 급 V10엔진을 사용해 600마력의 V8엔진이 장착된 브래들리의 엔진보다 출력도 뛰어나다. 게다가 보병 탑승구간도 넓게 설계되어 8명이 여유롭게 탑승할 수 있다는 장점이 있다. K40 40mm 주포를 장착하여 최대

220mm 강철판까지 관통할 수 있다. 이는 최신식 전차에 속하는 3~4세대 전차의 장갑을 뚫지는 못하지만 북한군이 운용하는 구형 전차는 충분히 격파할 수 있는 수준이다.

K21의 또 다른 이름은 '헬기 잡는 장갑차'다. 우수한 사격통제시스템 덕분에 헬리콥터처럼 저속으로 움직이는 공중 표적에도 대응이 가능하기 때문이다. 이러한 K21을 개량하여 만든 레드백의 주요 무장으로는 30mm 주포와 7.62mm 기관포, 5세대 최신 대전차 미사일이 장착된다. 또한 최첨단 시대에 걸맞은 장갑차답게 전투기에 사용되는 기술들이 적용됐다.

여기에 적용된 것이 '아이언 비전(Iron Vision)'과 '아이언 피스트(Iron Fist)'다. 아이언 비전은 차량 내부에서 특수 헬멧을 쓰고 고글을 통해 전차 외부 360도 전 방향을 감시할 수 있는 기능이다. 기존 장갑차는 내부 승무원이 밖을 볼 수 없다는 큰 단점이 있었다. 조준경과 잠망경으로 외부를 관측할 수도 있었지만, 시야가 아주 좁았다. 그런데 아이언 비전은 장갑차 밖의 영상을 헬멧 장착형 디스플레이에 보여주기 때문에 고개만 휙휙 돌리면 마치 투명 장갑차에 외부를 그대로 들여다볼 수 있게 된다. 한 마디로, 기존과는 비교도 안 될 정도로 넓은 시야를 시스템적으로 구현해냈다는 것이다.

아이언 피스트는 최첨단 전투기에서나 볼 수 있는 능동위상배열(AESA) 레이더를 이용해 장갑차로 접근하는 적 대전차 미사일을 요격할 수 있다. 최근에는 대응탄을 발사해 대전차 무기를 직접 파괴하는 하드킬(hard kill) 기술이 발전하고 있다. 레드백엔 장갑차로 접근하는 적 대전차 미사일을 능동위상 배열레이더(AESA)로 포착한 뒤 이를 요격하는 아이언 피스트(Iron Fist)도 갖춰졌다. 이는 현재 이지스 구축함이 SM-3 미사일로 적 탄도미사일을 격추하는 방식 그대로다.

또한 가장 중요한 레드백의 심장인 파워팩은 K9 자주포와 동일한 장비로 교체

아이언 피스트

했다. 이로 인해 42t에 육박하는 레드백이 시속 65km까지 달릴 수 있게 되었다. 호주에 이어 미국에까지 도전장을 낸 레드백의 원형인 K21도 처음 개발 단계에서는 주목을 받지 못했었다. 그러나 좋은 무기는 결국 인정받는다. 세계 무기 개발사를 돌아보면 처음에는 평범했지만 개량을 거듭하면서 명품무기로 탈바꿈한 사례가 꽤 많다. 예를 들면, 처음에는 전 투기로 개발됐으나 미국제 엘리슨 엔진 문제 때문에 지상공격기로 용도 변경 당했던 머스탱이 있다. 이 머스탱은 엔진을 영국제 멀린으로 바꾼 후부터 독일 공군이 가장 두려워하는 전투기로 변모했다. 이 기체는 한국전쟁 등 각지에서 맹활약을 보여주며 그 이름을 널리 알렸다.

현재 한국 육군의 주력 보병전투차량(IFV) K21도 머스탱의 길을 따를 것으로 보인다. 2차 양산사업이 곧 시작되기 때문이다. 지난해 합참에서 100대 이상의 K21 추가 소요가 결정됐다. 현재 소요 검증 작업이 진행 중이며 관련 예산이 편성되면 육군은 2024년부터 새로운 K-21을 받을 수 있다. 정부 관계자는 육군 제7기동군단에 K-21이 더 배치되면 북한의 탱크는 이제 상대도 안 된다고 밝히고 있다. 유사시 안정화 작전에선 K-21이 K2 전차보다 유용한 전력이라고 판단한 것이다. 그래서 2차 양산 K-21에 레드백의 젊은 피를 수혈하자는 여론이 군 안팎에서 일고 있다.

아까 언급했던 것처럼, 레드백의 원형은 K-21이다. 호주인의 체형을 고려해 크기를 키웠고, K9 자주포의 파워팩(엔진+변속기)을 가져왔다. 한 군 관계자는 K-21 개발 노하우를 바탕으로 레드백을 만들 수 있다며 두 장갑차는 DNA가 같다고 밝혔다. 이런 점을 바탕으로, 일각에선 '이렇게 좋은 레드백을 국산 기술로 개발해 수출까지 하면서도 정작 우리 군에는 왜 도입하지 않는가'라며 의문을 품기도 한다. 하지만 같은 DNA의 형제 사이라고 하더라도, K-21과 레드백은 엄연히 다른 전차인만큼 차이점이 많다. 반대로, K-21은 레드백에 도입된 신기술을 당장이라도 도입할 수 있다. 그렇게 되면 K-21은 화룡점정에 금상첨화라는 말로밖에는 표현할 수 없는 명실상부 최강의 전투장갑차가 된다.

우선 능동 방어 시스템인 아이언 피스트가 있다. 과거 전차나 장갑차는 미사일과 같은 적의 대전차 화기를 만나면 무조건 서둘러 피해야만 했다. 이런 맹점 때문에 미사일을 탐지하면 연막탄을 자동으로 발사하거나 전자 장비로 미사일의 센서를 교란하는 소프트킬(soft kill) 기술이 나왔다.

최근에는 대응탄을 발사해 대전차 무기를 직접 파괴하는 하드킬(hard kill) 기술로 발전하고 있다. 레드백엔 장갑차로 접근하는 적 대전차 미사일을 능동위상배열레이더(AESA)로 포착한 뒤 이를 요격하는 아이언 피스트(Iron Fist)도 갖춰졌다. 이는 현재 이지스 구축함이 SM-3 미사일로 적 탄도미사일을 격추하는 방식 그대로다.

이뿐만이 아니다. 지휘관이 장갑차 내부에서 특수 헬멧으로 밖의 상황을 한눈에 볼 수 있는 아이언 비전(Iron Vision)도 있다. 기존 장갑차는 내부 승무원이 밖을 볼 수 없다는 큰 단점이 있었다. 조준경과 잠망경으로 외부를 관측할 수도 있었지만, 시야가 아주 좁았다. 그런데 아이언 비전은 장갑차 밖의 영상을 헬멧 장착형 디스플레이에 보여주기 때문에 고개만 휙휙 돌리면 마치 투명 장갑차에 외부를 그대로 들여다볼 수 있게 된다. 한 마디로, 기존과는 비교도 안 될 정도로 넓은 시야를 시스템적으로 구현해냈다는 것이다.

레드백은 철이 아닌 복합소재 고무 궤도(CRT)를 사용한다. 이는 고무와 내열성 강화 합성섬유 철선으로 만들어졌다. 고무 궤도는 철제 궤도와 비교해 주행 소음이 적고 기동 성능이 높다. 그리고 오히려 내구성 또한 고무 궤도가 더 뛰어나다. 이와 더불어 철제 궤도보다 50% 이상 가볍기까지 하다. 이는 연료를 아낄 수 있을뿐더러, 순간 가속력이 높은 민첩한 장갑차를 만드는 역할을 한다.

한화 디펜스 관계자도 레드백의 아이언 피스트, 아이언 비전, CRT는 예산만 주어진다면 K-21에 바로 적용할 수 있다고 말했다. 이처럼 레드백의 장점만 가져오면 모든 면에서 뛰어난 전투장갑차가 될 것 같지만, K-21에도 치명적인 단점이 있다. 바로 '도하 성능 부족'이다. 2차 양산 때는 이것을 반드시 개선해야만 한다. 도하를 위해 무게를 줄여야 하지만, 무게를 줄이면 장갑이 약해지기에 여간 까다로운 부분이 아닐 수 없다.

K-21은 양쪽에 특수 에어백을 달고 있다. 강을 만나면 에어백에 공기를 불어 넣어 장갑차를 물에 띄우는 방식이다. 이는 산과 강이 많은 한국의 지형을 고려한 것이다. 유사시 우리의 기동군단이 북한으로 치고 올라간다고 가정해 보자. 북한에는 장갑차가 건널 수 있는 다리가 많지 않다. 그 마저도 전차나 장갑차의 무게를 견딜지 불분명하다. 그래서 K-21은 도하 장비 없이도 강을 건널 수 있어야 한다. 이런 배경을 바탕으로, K-21은 도하 성능을 위해 장갑차의 무게를 줄여야만 했다. 이는 25t의 K-21이 다른 IFV보다 가볍다는 소리를 듣는 이유이기도 하다. 그런 반면 레드백은 도하 성능이 없다. 그 덕에 두툼한 장갑을 여유롭게 두를 수 있었다.

과거 2009년 12월과 2010년 7월에 K-21 도하 도중 침수 사고가 일어나 안타깝게 장병이 순직하는 일이 벌어졌다. 그 뒤로 육군은 다리를 놓는 자주도하장비를 도입하고 있다. 군사 전문가들도 세계적으로 기갑차량은 중장갑·중무장화가 대세라며, 도하 성능은 K-21이 세계적 추세를 따라가는 데 걸림돌이 될 것이라는 부정적인 의견을 내놓았다. 이런 이유로 2차 양산에서는 레드백을 선택할 가능성이 높게 점쳐지고 있다. 육군 지휘부가 도하 성능만 고집하지 않는다면 한국의 K-21은 레드백의 DNA를 이어받아, 우리 육군이 레드백을 직접 운용해 볼 수 있게 될 것이다.

호주에서 평가를 마친 레드백 2대가 올 연말 한국으로 귀국한다. 정부 관계자에 따르면, 이 레드백 시제품 2대를 육군이 시범 운용하는 방안을 검토할 수 있다고 한다. 또한 한국이 운용할 시범 운용 레드백 2대를 새로 주문할 수도 있다. 가까운 시일 내로 육군이 레드백 2대를 굴려보면서 K-21 2차 양산 사업의 밑그림을 그릴 수 있을 거란 얘기다. 호주에 이어 미국 방산시장까지 넘보는 레드백이 미국발 추가 낭보를 전해주길 기대하면서, 한국의 새로운 명품 무기의 탄생을 기원한다.

8

유도미사일

155mm 유도포탄

2010년 연평도 포격 사건으로 한국군의 자질을 의심받았던 적이 있었다. 당시 한국군이 쏜 포탄의 탄착점이 확인되지 않았고 북한 장사정포를 정확히 맞추지 못했다는 것이 이유였다. 현재 한국은 여러 종류의 포탄을 보유하고 있다. 포탄을 공중폭발하도록 신관을 조작하거나 바다에 떨어졌을 수도 있다. 아니면 불발탄이 되어 그냥 땅속에 처박혔을 수도 있다. 하지만 해병대 측은 80발의 포탄을 발사했다고 전했다. 보통 포병에서는 고폭탄만으로 공격하지는 않는다. 여러 가지 상황을 고려해 다양한 탄을 쐈을 것이다.

반면 세계 군 관계자들은 한국의 즉각적인 대응에 찬사를 보냈다. 155mm k-9으로 북한 장사정포에 대응한 건 불과 13분 만의 일이었다. 포탄이 떨어지는 찰나의 순간에도 적 기지에 정확하게 포탄을 퍼부었을 정도로 한국의 준비 태세는 완벽했다. 그럼에도 당시 한국이 발포한 포탄의 탄착지점의 오차가 심하다고 주장하는 사람이 많다. 심지어 한국 군인의 자질을 의심하는 사람들까지 등장했을 정도다. 그러나 K-9 시험장에 가서 포탄이 터지는 광경을 목격한다면 한국이 사용하는 155mm탄의 위력에 경악을 금치 못할 것이다.

연평도 포격사건 주요 피해 현황

다른 나라에서는 한국의 재래식 무기를 굉장히 높게 평가하고 있다. 미국 육군은 재래전 상황에 대비해 155mm 포탄과 스마트 포탄 등을 한국에 대량 주문했다. 내셔널 인터레스트(TNI)와 태스크 앤드 퍼포스 등의 미국 언론은 미 육군이 2019 회계연도에 M-109A6 팔라딘 자주포와 M777 견인 곡사포에 사용할 목적으로 약 15만 발의 155mm 포탄을 발주했다고 밝혔다. GPS 유도 포탄인 '엑스칼리버(Excalibur) 스마트 포탄 또한 1,200발 발주했다. 또한 2018년 대비 1만 7,000발보다 825% 증가한 수치라며 경악했다.

미국 첨단 포탄이라고 할 수 있는 엑스칼리버 포탄은 팔라딘 자주포와 M777 견인곡사포는 물론이고 한국이 운영 중인 자주포 K-55와 K-9에서도 분당 6발씩 발사가 가능하다. 한발 당 가격이 7,000만 원 가량이며 표적에서 벗어나는 명중 오차가 10m 이내로, 가히 끝판왕 포탄이라고 할 수 있다.

잭 대니얼스 미 육군 부차관보는 "지난 15년 동안 미 육군은 대(對) 반란전에 집중해왔기 때문에 중포탄인 155mm 포탄 사용량이 그리 많지 않았다. 하지만 현재는 미 육군이 재래전을 수행할 수 있도록 재편 작업을 거치는 상황이다. 미국 병사들도 155mm 포탄을 활용한 전투 훈련에 더욱 집중할 필요가 있다."라고 밝혔다. 데이비스 웰치 미 예산국 부국장 또한 "미 육군의 탄약 보유량은 상당하다. 하지만 분쟁이 발생할 가능성이 큰 특정 지역과 전구(Theater)에 비축하는 양은 충분하지 않다. 한국 제품은 신뢰성이 뛰어나며 이번 주문은 비축 확대를 위한 조

미국의 엑스칼리버(Excalibur) 스마트 포탄

치"라고 설명했다.

도널드 트럼프 시절, 미 행정부는 테러 조직보다 러시아나 중국 등의 강대국을 미국의 안보를 위협하는 더 큰 존재로 간주했다. 이를 견제하기 위해 M1A1 에이브럼스 전차 40대, 다목적 장갑차량 66대, 브래들리 전투차량 61대를 추가 생산했을 정도였다. 이런 추세를 감안한다면 앞으로 한국산 포탄이 전 세계에서 이름을 떨칠 것은 분명하다.

한국은 국방개혁 2.0을 통해 기존 사단, 군단 작전 범위를 넓혔다. 그 덕에 하위 제대인 연대, 대대의 작전 범위가 함께 넓어졌다. 이로 인해 늘어난 작전 범위만큼 연대급 화력인 4.2인치 탄약과 120mm 박격포를 교체하는 방안이 제시되기도 했다. 하지만 그 당시에는 대화력전과 킬체인으로 인해, 한정된 예산으로는 보병사단까지 넉넉하게 신경 써줄 여유가 없었다. 우리가 진정한 자주국방을 이루기 위해서는 현역 사단 뿐만 아니라, 동원사단 및 향토사단도 신경 써야 한다는 사실을 염두에 두어야 한다.

또 다른 문제는 교체 대상인 120mm, 4.2인치 탄약 보유량이 2015년도 기준으로 자그마치 254만 발이고 현재는 약 340만 발 정도로 추산된다. 만약 120mm로 전량 교체한다면 15일 치 탄을 생산하는 것에만 조 단위 예산이 가볍게 증발되고 만다. 노파심에 덧붙이는 얘기지만 이 금액은 포가 아닌, 순수 탄 생산 비용만 집계한 것이다.

대안으로 나온 것이 구식 전력인 3,000문의 105mm 곡사포와 350만 발 재고탄의 활용 방안이었다. 혹자는 포탄의 노후화를 문제 삼기도 했지만, 기본적으로 포탄은 한 번 제작하면 20년은 문제없이 보관하여 사용할 수 있다. 105mm포 역시 2만 발 이상 수명이 남은 포가 대부분이다. 그래서 결과적으로 우리 한국은 105mm와 155mm를 동시에 사용하게 됐다.

105mm는 현재 우리 군의 견인포나 자주포 중에서 가장 작은 크기다. 때문에 위력이 약하다고 생각할 수도 있다. 하지만 105mm도 엄연한 포탄이다. 105mm 포탄의 대표격인 일명 'HE탄'의 경우 살상반경이 15m에 이른다. 다시 말해 지름 30m에 위력을 떨칠 수 있다는 얘기다. 또한 이중목적탄 등의 다양한 탄을 사용할 수 있다. 105mm는 적은 인원과 적은 비용으로도 쉽고 간편하게 사용할 수 있다. 때문에 한국 보병에게는 꼭 필요한 지원 화력이다.

155mm 전장에서 가장 기본이 되는 포탄이다. 가장 적은 비용으로 최고의 효과를 볼 수 있기 때문에 군사 무기 선진국을 포함한 여러 나라에서 꾸준히 애용하는 포탄이다. 한국의 155mm 포탄과 k-9과 같은 무기체계에서만큼은 한국이 세계 1위라고 해도 과언이 아니다. 155mm 고폭탄의 경우 일반적으로 50m의 살상반경을 갖고 있다. 폭발 지점을 중심으로 반경 20m 안쪽에 사람이 있다면 폭발 시 형체를 알 수 없게 된다. 30m 이후부터는 사는지 죽는지 장담할 수 없다. 폭발 압력과 큰 폭음으로 장기를 파열시키는 등 극심한 피해를 입힐 수 있기 때문이다. 껍데기만 사람일 뿐 사람 구실조차 못하게 된다는 것이다.

155mm 고폭탄은 크게 고폭탄 계열과 기타 탄종으로 구별된다.

고폭탄(HE)은 포병의 기본 탄약으로 폭풍 및 파편 효과를 통해 인마살상 또는 장갑차량에 대한 공격 임무를 수행한다.

로켓 추진 탄약(RAP)은 고폭탄의 사거리 연장을 위해 제작한 탄약으로 후방에 달린 로켓 부스터를 통해 사거리를 연장시킨 탄약이다. 기존의 고폭탄보다 사거리가 약 6km 정도 증가해서 K-55 고폭탄 사거리가 18km에서 23.5km까지 증가하게 되었다.

개량 고폭탄(ICM)의 기본 원리는 공중에서 탄두를 폭발시켜 내부에 탑재된 자탄이 땅에 떨어져서 추가 폭발을 통해 적을 공격하는 탄약이다. 자탄이 땅에 떨어져서 폭발하기 때문에 탄약의 낭비 없이 효과적인 타격이 가능하다. 크게 인마살상용의 AP(Anti Personal)와 대전차용의 DP(Dual-Purpose)가 있다.

기타 탄종으로는 크게 조명탄과 연막탄, FASCAM이 있다.

조명탄(ILL)은 야간 작전 시 조명지원을 위한 탄약으로 낙하산이 탑재된 조명체를 발사시켜 공중에서 천천히 하강하면서 주변을 밝히게 된다.

연막탄(HC)은 다양한 운용예시가 있지만 대표적인 예는 보병, 차량이 기동 시에 연막을 통해 적의 공격으로부터 차단하는 목적에 있다. 같은 연막이지만 백린연막탄(WP)은 연막탄과 사용 시 대류 현상으로 인해 연막을 더 멀리 보내는 효과가 있고, 낮은 발화점을 이용해 제한적인 소이 능력으로 사용하는 경우가 있다(인명 살상용으로 쓰면 전쟁범죄).

FASCAM은 지뢰살포탄으로 크게 대인용인 ADAM과 대전차용인 RAAM이 있다. 운용자의 운용 상황에 따라 자폭 시간을 설정 가능하고 거미줄처럼 엮여있어 해체를 시도하면 동시에 격발되도록 설계되어 있다.

그러나 기존 K-55 자주포는 현수장치가 약해서 고압력의 장약을 사용하지 못했고 그로 인해 사거리도 매우 짧았다. 이를 보완하기 위해서 K-9 자주포는 고압력의 장약에도 버틸 수 있도록 설계했고, K-9에게 맞는 신형 탄약을 개발했는데 이렇게 나온 탄약이 BB탄약이다.

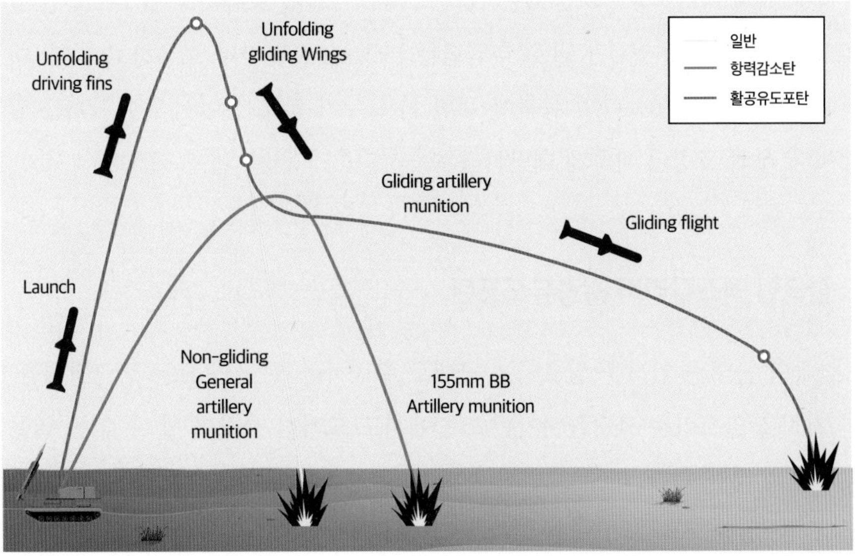

155mm 포탄 사거리

BB탄은 항력감소 고폭탄으로 RAP탄과 작동 원리는 비슷하지만 탄저부에 로켓 추진제가 아닌 항력감소제가 들어있어 비행 시 발생하는 탄저부 항력을 감소시킨 방법이다. 탄저부에서 항력 감소제를 연소시켜 탄의 바닥 쪽으로 연소가스를 배출하는 방법을 사용해 사거리를 25~30% 연장시킬 수 있었다. 그 결과 고폭탄 사거리는 약 두 배인 40km까지 오르게 되었다. 기본형인 HE-BB와 대전차용의 DP-BB가 존재한다.

K-55는 짧은 사거리로 인해 견인포보다 성능이 떨어졌으나 개량을 통해 성능을 보완하기로 계획하였고 그 결과 K-55A1으로 개량하면서 성능이 비약적으로 향상하였다. 이 성능개량을 통해 자주포의 안정성이 커졌고 특히 고압력의 장약도 견딜 수 있게 되어 K-55A1은 K-55와 다르게 BB탄약을 사용할 수 있다.

이처럼 한국이 보유한 포병 화기들은 역할에 딱 맞는 다양한 탄종을 보유하고 있으며 그 수 역시 어마어마하다. 현재 한국이 보유 중인 재래무기 포와 탄의 보유량은 세계 1위일 정도다. 280만 발의 박격포 포탄을 보유하고 있고 350만 발의 105mm 포탄과 약 150만 발로 추정되는 155mm 포탄까지 보유하고 있다. 이것들을 한곳에 쏟아붓는다면 동북아 주변 어느 누가 와도 살아서 돌아가기는 힘들 것이다. 우리 포병이 이렇게 대단하다.

한국형 엑스칼리버 활공유도포탄

한국의 군대는 기적을 일으키는 군대로 유명하다. 한국의 모든 국군장병들 또한 기적을 일으키는 사람들이지만 그중에서도 도저히 사람이 할 수 없는 일들을 해내는 부대가 있다. 바로 포병이다. 포병 출신 남자들이 즐기는 거짓말이 하나 있다. "155mm 곡사포가 제일 편한 보직이다"라는 말이다. 이 말에 멋모르고 속아 견인 포병에 입대한 건장한 남성들은 결국 7톤이 넘는 포를 사람이 드는 기적을 행하고, 그 무거운 포를 자유자재로 돌리는 신공을 보여주며 주위 사람들을 경악하게 만든다.

포의 가신을 들다 보면 팔에 멍 자국이 나기도 한다. 여름에는 엄청난 땀 때문에 겉옷에 소금만 남아 국방색 군복을 하얗게 만드는 마법을 시전하게 된다. 또한 겨울에는 돌보다 단단한 땅을 단지 곡괭이와 망치를 들고 1m나 파는 무서운 괴력을 보여준다. 계절에 상관없이 장병들의 체력을 길러주는 곳이 포병인 것이다. 힘들었던 만큼 포병으로 전역한 사람들의 자부심은 엄청나다.

현재 K-55, K-9 자주포가 많은 군에 배치되었음에도 아직까지 퇴역하지 않은 구식포가 많다. 하지만 아무리 구식포라도 포 한문 한문이 병사들의 생사를 가를 귀중한 전력이기에 허투루 낭비할 수 없다. 이런 구식포라도 없다면 적의 부대를 제압하기는 사실상 어렵기 때문이다. 포는 미사일보다 조금은 부정확하고 약하지만 극강의 가성비를 갖고 있는 무기다. 많은 포탄을 비처럼 쏟아붓게 만든다면 그 위력은 가히 상상을 초월한다. 이런 점 때문에 아무리 무기 기술이 하루가 멀다

하고 고도화되고 있는 현대에도 재래식 대포가 전장에서 사라지지 않는 것이다.

그래도 부족한 성능을 뛰어넘기란 어렵다. 그래서 한국은 그 부족한 성능을 보완하기 위해 다른 군사 강국들은 전혀 생각하지도 못했던 엄청난 기술을 넣어버렸다. 발사 후 유도가 되는 포탄을 개발한 것이다. 이로 인해 한국군은 한층 더 강해졌다.

'포병은 현대전의 신이다.' 이는 현대전에서 대포가 얼마나 중요한지를 알려주는 관용구다. 이 말을 처음 한 이는 소련의 독재자 스탈린이다. 그는 포탄을 더 많이 쓸수록 희생을 줄일 수 있고 100발의 포탄을 쏴 99발이 빗나가더라도 1발만 적에게 맞는다면 그것은 성공한 전술이라고 주장했다.

실제로 과거 소련이 군사 강국 독일을 압도할 수 있었던 것은 전장에서 포와 포탄 공급이 끊이지 않았기 때문이다. 이런 압도적인 화력 우세 덕분에 소련군은 우수한 작전 능력과 전투력을 가진 독일군을 몰아붙일 수 있었다. 일례로 2차 대전 말기 나치 독일의 수도인 베를린을 두고 벌어진 베를린 공방전을 들 수 있다. 이 공방전에서 소련군은 무려 4만 문이 넘는 야포를 동원했다. 다수의 포를 보유한 소련군은 결국 압도적인 전력을 바탕으로 적을 쉽게 물리칠 수 있었다.

한국은 세계에서 포만 놓고 본다면 세계 제일의 전투력을 자랑하는 나라다. 21세기 현재, 세계는 약 200여 개에 나라들로 구성되어 있다. 하지만 세상 그 어디에도 155mm 포를 3천 문이나 보유한 나라는 한국 외에는 찾아볼 수 없다. 미국, 중국, 러시아도 그 정도 수량의 자주포를 보유하고 있지는 않다. 심지어 한국이 보유한 포 중 약 2천 문은 장갑이 둘린 궤도형 자주포다. 이런 배경을 놓고 보면, 한국군의 포병 전력이 얼마나 막강한지를 알 수 있다.

과거 1950년 6월 25일 시작된 한국전쟁은 전쟁 초기까지만 하더라도 기동전이 모든 것을 결정지을 것으로 보였다. 쳐들어온 북한군이나 맞상대한 유엔군 모두 기갑전력과 공군을 활용한 전격전으로 승리했기 때문이다. 하지만 1951년 초, 유엔군은 중공군의 기습에 참패하고 말았다. 이후 유엔군은 새로운 전략을 수립해 포를 앞세운 전술을 펼치게 되었다.

K-9 155mm탄의 포격 장면

새로 부임한 유엔 지휘관, 리지웨이 장군은 우수한 포를 이용해 적을 물리쳤다. 여러 겹으로 만들어진 방어선에 강력한 포병을 배치하고 적의 공세가 강하면 물러나며 다시 공격했다. 말 그대로 포병을 이용해 적을 녹여버린 것이다. 쪽수만 많았던 중공군은 유엔군의 엄청난 화력전에 그대로 쓸려나갔다.

포병 중심의 화력 전술은 그렇게 유엔군의 핵심 전술로 자리 잡게 되었다. 리지웨이 장군 후임인 밴 플리트 장군은 포병이 하루 쓸 수 있는 포탄의 상한선을 5배로 올린 '밴 플리트 탄약량'이라는 기준을 만들었다. 사실상 무제한 포탄 사용을 허가한 셈이다. 숫자만 많던 북한군과 중공군은 엄청난 포병 화력에 어김없이 녹아내렸고 유엔군은 이 성과를 바탕으로 평양-원산 선까지 점령하겠다는 '맹조의 발톱' 작전을 추진했다. 하지만 확전을 두려워한 미국 지도부의 반대로 작전은 무산되고 말았다. 이 사례는 전장에서 강력한 포병 전력이 얼마나 중요한지를 보여주는 역사적인 사건으로 남게 됐다. 한국은 이 사례를 교과서 삼아, 다른 나라가 보면 미쳤다고 생각할 정도의 엄청난 포병 전력을 유지하고 있다.

최근 막강했던 포병의 지위가 위협받고 있다. 21세기 현대 전장에서 포병은 더 이상 전장의 신이 아니라는 주장이 힘을 얻게 된 것이다. 정밀유도무기(PGM)가 발전함에 따라 대부분의 전쟁이 비정규전의 양상을 띄게 되며 포병에 대한 회의론이 일어났다. 군대와 군대가 싸우던 과거와 달리 21세기 전쟁은 민간 속에 숨어 있는 테러리스트와 국가 간 경제적 전쟁을 벌이는 '4세대 전쟁'의 양상으로 흘러가기 시작했기 때문이다.

포탄의 파괴력이 무차별적이라는 점도 한몫했다. 어린아이와 노약자들이 있는 광장 한가운데에서 테러리스트들과 보병이 수 십 미터 간격을 두고 총격전을 벌이는 현대 전장에서 포탄을 쏟아붓는 것은 불가능했다. 그리고 이런 점 때문에 100발의 포탄을 쏟아붓는 것보다 한발의 정밀유도폭탄이 오히려 더 싸고 효과적이라는 주장이 제기되었다.

이에 따라 전장의 주요 화기는 대포에서 드론과 미사일로 변하기 시작했다. 당연히 무기 가격만 놓고 보면 미사일과 드론이 포탄보다 훨씬 비싸다. 그러나 포탄이 일으킬 수 있는 부수적 피해(collateral damage)가 그보다 훨씬 큰 비용을 발생시킨다.

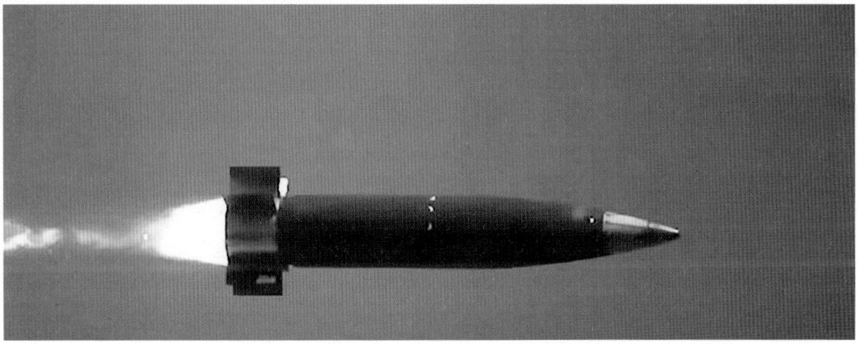

목표를 향해 날아가는 엑스칼리버 유도포탄의 모습

시가지가 아닌 전장에서도 포병은 그리 환영받지 못했다. 언제 어디든 순식간에 날아갈 수 있는 공격 헬기와 건쉽이 있는 상황에서 자동차 속도인 대포의 지원은 상대적으로 느릴 수밖에 없었기 때문이다. 한국군의 사정도 이와 크게 다르지 않다. 현대 전장이 바뀌면서, 기존 방식대로 시가지에 포탄을 쏟아붓는 행위는 결국 우리 영토와 소중한 국민의 재산을 우리 손으로 망가트리는 행동밖에 안된다. 하지만 한국이 새롭게 개발한 포탄은 다르다. 안정핀을 장착한 스마트 포탄이 등장하면서 한국 포병은 새로운 전기를 맞이하게 되었다.

대표적인 스마트 포탄은 미국의 엑스칼리버가 있다. 미국이 만든 이 정밀유도 포탄은 포탄 뒤에 안정핀을 달아 포탄의 궤도 안전성을 높이고 GPS, INS 유도를 통해 목표에 정확히 명중할 수 있다. 이 스마트 포탄이 등장하면서 포병은 정밀유도무기를 사용하게 되고 포탄 사거리도 비약적으로 증대되었다. 미국이 엑스칼리버에 이어 추진하고 있는 XM-1113 HERA 포탄의 사거리는 70km에 이른다. 이는 사거리 연장탄을 사용한 K9의 최대사거리인 54km보다 훨씬 먼 거리다. 또 영국의 BAE사와 이탈리아의 레오나르도 사가 합작해 개발한 스마트 포탄 불카노는 무려 100km를 날아갈 수 있다.

XM113 HERA의 모습

하지만 이 포탄은 가격이 너무 비싸다는 치명적인 단점이 있다. 미사일에 비해 그리 싸지도 않고 위력은 약하니 무기의 매력도는 바닥을 길 수밖에 없다. 이런 단점을 한국의 활강유도곡사포탄 GGAM이 극복하고 있다. GGAM은 현재 개발 중인 스마트 포탄의 끝판왕이라고 할 수 있다. 또 현존하는 가장 강력한 차세대 스마트 포탄이기도 하다.

영국의 BAE사와 이탈리아의 레오나르도사의 Vulcano 그림 자료

K-9의 3번째 개량형이자 K-9A3에 탑재하는 것을 목표로 개발 중인 GGAM은 155mm 포탄에 안정핀을 다는 정도가 아니라 아예 별도의 날개를 달아 사거리를 비약적으로 늘려버렸다. 이에 만족하지 않고 포탄에 미사일 추진에 쓰이는 램제트 기관을 탑재하기 위한 연구도 진행하고 있다. 이 연구를 통해 최대 사거리를 100km로 증대시킨다는 계획이다. 이렇게만 된다면 GGAM은 유도미사일에 준하는 정밀도를 갖는 포탄이 된다. 이는 추후 국군이 K-9 자주포로 미사일을 발사하게 된다는 의미가 된다.

GGAM은 2020년대 중반을 목표로 개발되고 있다. 일각에서는 선진국도 실패한 스마트 포탄을 한국이 어떻게 성공할 수 있느냐며 비난하고 있다. 또한 다른 나라에는 없는 첨단 기술을 집어넣어 버리면 미사일보다 비싸진다는 목소리도 있다. 세계 군사 선진국들이 앞서 개발한 포탄들처럼 스마트 포탄이 비싸져 개발 취지가 퇴색된다는 것이다. 하지만 한국은 다른 나라와는 결정적으로 다른 점이 하나 있다.

다른 국가들의 스마트 포탄 개발이 지지부진한 이유는 대부분의 국가들이 보유한 포의 숫자를 대폭 줄였기 때문이다. 반면 한국은 3천 문의 155mm 포를 보유한 대포 강국이다. 여기에 더해 한국이 수출한 수백 문의 K-9을 생각하면 그 숫자는 더 늘어난다. 자주포 한 문당 5발씩만 스마트 포탄을 도입해도 무려 만발의 수요가 있는 것이다. 방산무기 시장에 필연적으로 따라오는 '규모의 경제'가 성립이 된다. 다른 국가들은 포탄 수요가 적어 그만큼 포탄의 가격이 오를 수밖에 없다. 이것이 한국과 다른 나라들과의 차이점이다.

북한 및 중국과 최악의 상황을 준비하는 한국군이 이렇게 좋은 포탄을 고작 포

한문 당 5발만 살 리는 없다. 즉, 생산량이 늘어나는 만큼 당연히 가격은 떨어질 수밖에 없다. 여기에 더해 구경을 약간 달리하는 해군의 5인치 함포용 127mm 스마트 포탄 GGNM-5까지 더해진다면 그 가격은 더욱 낮아질 것이다. 스마트 포탄을 처음 만드는 것이 어렵지만 구경을 약간 달리하는 것은 그리 큰 비용이 들어가지 않는다. 이 함포용 포탄의 판로 또한 결코 작지 않다. 우리가 항상 최고라고 하는 미 해군도 잠재적 구매 고객에 포함된다.

과거 미국은 미사일보다 저렴한 스마트 포탄을 만들기 위해 줌왈트급 구축함에 탑재할 155mmAGS 함포와 전용 포탄을 만들었다가 처참히 실패했었다. 이때도 앞에서 언급한 것처럼 적은 생산량 때문에 포탄 가격이 예상했던 금액의 10배로 뛰어올라 미사일만큼 비싸지게 되었다. 하지만 우리의 GGNM-5의 경우 모든 기술이 GGAM과 공유된다. 두 포탄이 함께 대량 생산된다면 가격은 더욱 떨어지게 될 거란 얘기다.

이런 관점에서 보면, 한국의 스마트 포탄만이 세계에서 유일하게 '가성비'를 달성할 수 있는 셈이다. 아직도 대한민국의 실패를 생각하는 사람들이 많다. 하지만 세계에서 스마트 포탄으로 이런 규모의 경제가 가능한 나라는 오직 대한민국뿐이다. 군사 선진국들이 자랑하는 최신의 무기라고 마냥 좋은 것만은 아니다. 또 최고의 무기라고 좋은 것도 아니다. 우리 나라의 환경에 맞게 개발되어 우리의 의지대로 사용할 수 있는 무기체계야말로 한국에게 가장 위력적이고 훌륭한 무기가 되는 것이다.

9

Korean military weapon

C-RAM

기존 아이언돔의 단점과 한국형 토르

축적된 기술이 상호작용을 하는 것을 시너지 효과라고 한다. 한국의 성공적인 방공망 사업 근간에는 이 시너지 효과가 있었다. 그리고 이는 이제 한국의 새로운 전력으로 부상하고 있다. 그런데 우리의 이런 모습을 보고 배 아파하는 나라가 있다. 바로 섬나라 일본이다. 한국은 미국산 무기를 도입하며 축적된 기술로 KAMD를 비롯한 자체 미사일 방어 체계 구축을 추진해 왔다. 반면 그동안 우리를 비웃던 일본의 대공방어 체계는 심각한 문제에 직면한 상황이다. 이처럼 한국과 일본의 다른 행보에 세계 군 전문가들의 관심이 집중되고 있다.

한국의 무기체계는 무기체계 간의 융합이 활발히 일어나면서 혁신적인 무기체계들로 새롭게 탄생하고 있다. 이 중 특히 주목할 만한 무기가 바로 근거리 대공망을 책임지는 C-RAM 체계다. 대표적으로는 이스라엘의 아이언돔이 바로 이 C-RAM에 속한다. 이렇게 뛰어난 성능의 C-RAM을 한국이 개발하고 있다. 현재 개발되는 한국형 C-RAM은 레이저 무기나 해상형 단거리 대공미사일인 해궁을

이스라엘의 '아이언돔'의 모습과 발사 장면

모체로 만들어질 예정이다. 만약 이 체계가 완성된다면 한국은 아이언돔을 가볍게 뛰어넘는 세계 최고 수준의 방어체계를 확보하게 된다.

C-RAM은 Counter Rocket, Artillery, and Mortar의 약자다. 직역하자면 '작지만 위력적인 모든 종류의 포격에 대응하는 무기'라는 말이다. 이는 기관포, 대구경 대공포, 레이저, 미사일을 사용해 적의 포병에 신속하게 대응할 수 있도록 한 무기체계다. 특히 최근에는 무인기가 자폭 드론, 박격 드론, 킬러 드론 등으로 소형화, 다양화되면서 C-RAM의 역할이 더욱 중요해졌다. 또한 이런 무인기의 전략화는 날이 갈수록 고도화될 거라는 분석이 쏟아지고 있다. 이에 C-RAM은 미국, 이스라엘, 독일 등 내로라하는 기술 강국들이 집중적으로 개발하는 핵심 무기체계로 자리매김했다.

이 기술의 선두 주자는 이스라엘과 미국이다. 이스라엘과 미국은 팔레스타인 무장 조직 하마스의 저가형 로켓 공세 때문에 많은 인명 및 재상 피해를 겪었다. 반군의 박격포탄, 로켓 공격에 피해를 입은 미국과 이스라엘은 누구보다 빠르게 C-RAM 구축에 나섰다.

그 결과 만들어진 것이 바로 이스라엘의 C-RAM인 아이언돔이다. 아이언돔은

미국의 LPWS

4~70km 거리에서 날아오는 적의 포탄이나 소형 로켓을 제압할 수 있다. 그리고 그 성능은 지금 이 순간에도 입증되고 있다. 단가가 비싸다는 단점 때문에 효율적인 무기체계라고 보기는 어렵다. 수만 원짜리 박격포탄이나 수 십만 원짜리 로켓을 막기 위해서는 수 천만 원짜리 미사일을 발사해야 하기 때문이다.

그래서 미국은 함정용 CIWS 무기인 '팰렁스'를 차량에 장착한 LPWS를 만들었다. 약자는 그럴듯하지만 지상기반 팰렁스라고 생각하면 된다. 의외로 이 무기는 2020년 1월 이라크에서 대활약을 펼치면서 세계를 놀라게 했다. 당시 미국이 자국의 군사령관을 살해한 것에 크게 분노한 이란은 미사일 수 발을 이라크에 주둔한 미군 기지에 발사했다. 그러나 미국의 LPWS와 이스라엘의 아이언돔에 모두 막혀버리고 말았다.

CIWS의 성능에 놀란 다른 군사 강국들도 CIWS를 배치하기 시작했다. 독일은 스위스제 CIWS인 오리콘 대공포를 참고해 만든 35mm C-RAM을 개발했다. 중국은 여느 때와 마찬가지로 불법적인 방법으로 골키퍼를 카피해 만든 H/PJ-14 1130식 CIWS를 C-RAM으로 개조했다. 중요한 것은 한국 또한 이런 미사일형 방공무기를 손쉽게 만들 수 있다는 것이다. 그러나 일각에서는 한국의 방공무기 성능은 떨어지고 자체 개발 능력은 수준 이하라고 폄훼하고 있다. 그 일각이란 바로 일본을 뜻한다.

과거 일본은 고도의 기술과 경험이 필요한 미사일방어체계를 자체 개발하는 것은 막대한 비용이 드는 무의미한 시도라고 생각했다. 그래서 미국산 미사일 방어체계 도입을 추진했다. 그렇게 추진한 것이 바로 희대의 망작으로 통하는 '이지스 어쇼어'다. 일본이 이지스 어쇼어를 선택한 가장 큰 이유는 AESA 레이더 소자를 일본 기업이 만들었기 때문이었다. 당시 많은 일본 언론은 '일본의 첨단 기술 제품에는 신뢰할 수 있는 일제 부품이 들어가기에, 한국산과는 비교할 수 없고 심지어 미국산보다 뛰어나다'는 식의 선전 기사를 배포했다. 결국 근거 없는 자만으로 미사일 방어 체계를 구축한 것이다.

또한 일본은 '한국은 일본과 같은 방공체계를 만들지 못할 것'이라며 비아냥거리기도 했다. 이는 지독한 허세에 불과했다. 일본의 이지스 어쇼어 사업을 위해 AESA 레이더에 쓰이는 소자 공장 건설 비용만 1조가 넘는 비용이 책정되었다. 또한 공장 건설부터 설치까지 진행한다더니 당초 계획보다 2년이나 지연된다는 사실이 뒤늦게 알려지기도 했다. 결국 일본은 이지스 어쇼어를 취소하고 자국산 차세대 이지스 구축함을 건조하기로 결정했다. 사실 일본은 이지스 어쇼어를 도입을 통해 노리던 게 하나 더 있었다. 미국의 첨단 기술력을 돈으로 흡수하고, 자신들의 기술로 지상형 이지스함을 개발하려 했던 것이다. 하지만 결국 이 전략은 완전 실패로 돌아가고 말았다.

반면 한국은 일본과 다른 행보를 보이고 있다. 한국을 조롱하던 일본은 현재 배아파 죽기 일보 직전의 상황에 처해있다. 한국이 독자 기술로 방공체계를 성공적으로 진행하기 때문이다. 한국도 외산 방공체계 도입을 검토하긴 했었다. 한국이 고민 중이던 외산 방공체계는 아이언돔이었다. 아이언돔은 비싸지만 훌륭한 방어체계로 알려져 있다.

또한 다수의 실전 경험 사례를 통해 우수한 신뢰성이 증명된 상태다. 이에 꽤 심도 있는 논의가 이어졌다. 그러나 한국 상황에는 맞지 않는다는 이유로 도입을 포기했다. 아이언돔으로는 사실상 전술 미사일이나 다를 바 없는 북한의 초대형 방사포나 대구경 곡사포탄을 요격할 수 없기 때문이다.

아이언돔의 요격 방식은 적 무기체계에 근접한 뒤 폭발하는 파편형이다. 하지만 구경 600mm에 달하는 초대형 방사포나 170mm 대구 경포는 아이언돔 같은 소형 미사일의 탄두 파편만으로는 쉽게 파괴되지 않는다. 또 초대형 방사포의 경우 최대 속도가 무려 마하 6.9에 달하고 상승, 하강, 재상승이 가능하다는 문제도 있었다.

사실 장사정포로만 본다면 북한군은 그리 만만한 군대가 아니다. 실제로 이스라엘이 상대하는 대다수 로켓은 북한의 기술이 들어가 있다. 북한은 전 세계 약소국들에 판매되는 상당량의 로켓과 미사일을 공급하는 국가다. 이 분야에 있어서는 미국과 러시아를 압도하고 있다. 북한 방사포는 엄청나게 저렴한 가격과 준수한 성능으로 서방권 진영이 아닌 국가들에게는 세계적인 베스트셀러로 취급된다. 여기에 북한 뒤에서 한반도에 대한 야욕을 감추지 않는 중국의 미사일 전력까지 합쳐서 생각한다면, 한국은 아이언돔보다 훨씬 더 뛰어난 고성능의 C-RAM이 필요한 상황이다. 그래서 한국은 세계 최강의 방공 시스템인 아이언돔을 아득히 상회하는 C-RAM 체계를 독자 개발하겠다고 나선 것이다.

현재 한국이 추진하고 있는 C-RAM 체계는 천마 지대공 미사일과 유사한 규모가 될 것으로 알려져 있다. 이는 3m 정도인 아이언돔용 타미르 미사일보다 2배 이상 큰 규모다. 말이 천마지 이보다 훨씬 빠르고 정확한 요격무기로 설계될 예정이다. 또한 군 전문가들의 의견에 따르면 한국형 C-RAM 체계는 미국 록히드 마틴의 MHTK와 유사한 방식을 채용할 것으로 전해지고 있다.

MHTK는 록히드마틴이 단거리 공대공 적외선 미사일인 AIM-9 사이드와인더

록히드마틴의 MHTK 발사 장면

를 기반으로 개발하는 차세대 C-RAM 체계를 말한다. 근처에서 폭발해 파편으로 요격하는 방식인 아이언돔과는 달리, 적탄에 정확히 직격해 요격하는 Hit to Kill 무기다. 탄두에 별도로 화약이 필요하지 않아 무기와 크기가 감소했고, 이 덕분에 설계 난이도가 낮아졌다. 심지어 더 먼 곳까지 더 정확하게 날아감에도 발당 가격이 아이언돔의 절반에 불과하다. 그래서 한국은 한국 전장 상황에도 맞고 아이언돔보다 저렴한 직격 요격체를 개발하고 있다. 또 여기서 얻게 된 노하우는 천궁 블록-3나 L-SAM 등에서도 사용되기에 집중적인 연구와 개발이 이뤄지고 있다. 그 중심 체계로는 해군의 단거리 대공 미사일인 해궁이 채용될 가능성이 높다.

해궁은 20km 사거리를 가졌으며 수직발사관을 이용해 360도 즉각적인 대응이 가능하다. 이는 외산 무기보다 뛰어난 성능이다. 또 이미 만들어진 국산 체계를 지상형으로 개조해서 처음 무기를 만드는 것보다 훨씬 저렴하다. 기존 무기의 신뢰성까지 확보하게 되어 신뢰성 증명에 들이는 시간과 비용을 절감할 수 있다. 다시 말하자면, 한국이 처음 개발하는 무기체계이지만 실패할 확률이 극히 낮다는 것이다. 이에 대한 정보는 이미 공시된 바가 있다. K-9 차체에 한국형 수직발사대를 장착하고 해궁을 탑재하는 K-토르 체계에 대한 연구가 공개된 적이 있기 때

러시아제 지대공 요격 미사일 시스템인 S-400

문이다. 이는 굉장히 효율적인 체계로 인정받고 있다.

'토르 지대공 미사일 체계'는 러시아군의 지대공 미사일 시스템으로, 수직발사관을 이용한 지대공미사일 시스템이다. 토르가 가지는 최대 장점은 기동성과 신속성이다. 일반적인 미사일은 발사대가 정지하는데 한국이 개발하는 토르는 이동하며 발사할 수 있기 때문이다. 이는 기갑 부대의 작전과 매복 기습에서 큰 효과를 발휘할 수 있다.

하지만 이는 한국형 토르를 만들려면 원조인 러시아의 협력이 있어야만 한다. 그리고 최첨단은 아니지만 나름 첨단 기술인 토르와 관련된 기술을 러시아가 아무 나라에나 넘길 리가 없다. 그래서 많은 이들이 한국형 토르는 불가능한 일이라고 말한다. 그런데 꼭 그렇지만도 않다. 한국과 러시아는 이미 불곰사업을 통해 중거리 지대공 미사일인 천궁 개발 과정에서 협력한 바가 있다. 또 한국과 러시아는 지리적으로 싸울 일이 없다. 오히려 한국이 강해질수록 러시아의 주변 적들이 난처해진다. 중국과 러시아는 미국이라는 강대한 적을 두고 동맹을 맺은 상태지만 사실 러시아는 중국을 믿지 않고 있다. 중국에 종속되는 것을 우려하고 있기 때문이다. 그러므로 한러 방산 협력은 의외로 현실성이 높다.

미국과도 협력이 가능하다. 현재 미국이 실전 배치한 차량형 레이저포를 한국이 개발해 곧 실전 배치를 목전에 두고 있는 것이다. 한국이 개발하고 있는 차량용 레이저포는 50-100kW급으로, 적의 포탄으로부터 사단-군단급 지휘부를 보호할 수 있는 전술 방공망이다. 만일 이것까지 개발 완료된다면 한국의 방공망은 차세대 C-RAM과 레이저 대공무기로 완성된다. 아이언돔과는 비교조차 성립되지 않는 신의 방패를 한국이 얻게 되는 것이다.

10

Korean military weapon

신형박격포

한국의 신형 초정밀 박격포

육군에는 '제발 이 보직만은 걸리지 않게 해주세요'라고 빌게 되는 보직이 있다. 그중 하나가 바로 박격포병이다. 박격포는 육군을 지탱해 주는 중요한 무기다. 하지만 그 무거운 걸 사람이 직접 들고 날라야 하는 만큼 상상을 초월하는 고된 병과로 악명이 높기도 하다. 그것도 이제 곧 옛말이 될 것 같다.

현재 대한민국 육군은 대대적인 혁신을 추진하고 있다. 이번 혁신이 무사히 끝난다면 육군은 두 배 더 강해진다. 좀 더 정확히는 보병부대의 전력이 두 배 상승하게 된다. 발사 속도가 2배 빠르면서도, 더 가볍고 정확한 신형 81mm 박격포가 전군에 배치 중이기 때문이다. 작은 박격포 하나 가지고 무슨 호들갑이냐 하는 사람도 있겠지만, 이는 정말 엄청난 변화다. 이 신형 박격포만 있다면 한국군의 창끝부대 전력이 대폭 강화되어 수적 열세에도 적을 압도할 수 있다. 또한 신형 박격포 말고도 신형 박격포를 운반할 전용 차량까지 배치하기 시작했다. 여기에는 육군의 엄청난 밑그림이 숨겨있다.

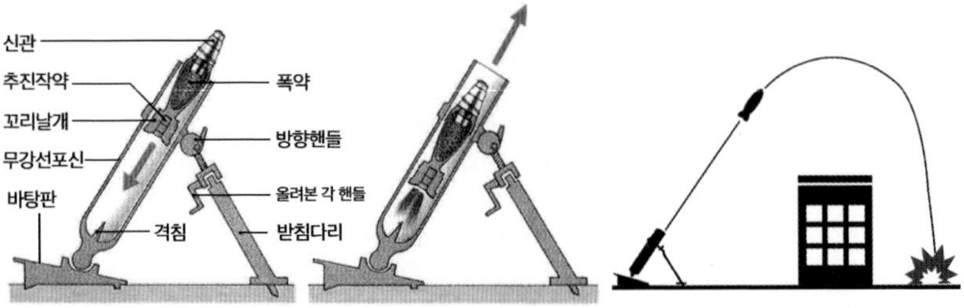

① 포구에서 미끄러져 떨어진 포탄은 포신 밑부분에서 격침과 충돌한다.
② 격침과 부딪힌 뇌관이 추진작약을 발화시켜, 그 결과과 발생한 가스의 압력으로 포탄이 전진한다.
③ 포탄은 45˚ 이상의 곡사탄도로 발사되어 적의 머리위로 떨어진다.

박격포 구조와 발사시스템

박격포(迫擊砲)의 뜻을 풀이하면 말 그대로 '때려서 발사되는 포'라는 의미다. 로켓처럼 생긴 박격포탄을 박격포에 집어넣으면 내부에 달린 격침이 포탄 뒷부분의 추진 장약을 격발시키는데, 박격포라는 이름은 바로 이 발사 방식에서 따온 것이다. 그리고 이런 발사 방식 덕분에 결국 박격포는 최전선의 보병이 최악의 상황에서도 믿고 의지할 수 있는 무기로 자리매김할 수 있었다.

박격포는 후장식 대포처럼 복잡한 장비가 필요 없고 손과 포탄만 있으면 손쉽게 발사할 수 있다. 그리고 날씨에 영향을 크게 받지 않는다. 그럼에도 포(砲)인 만큼 위력이 막강하기까지 하다. 가장 작은 60mm 박격포만 하더라도 제대로 장갑을 두른 장갑차량이나 전차를 제외한 거의 모든 지상목표를 파괴할 수 있다. 탄이 작은 만큼 휴대할 수 있는 탄의 수가 많다. 이는 전투지속능력도 매우 우수하다는 것이다. 이토록 장점이 수두룩하니, 박격포를 두고 보병이 믿을 수 있는 최후의 화력, 보병의 친구라는 말까지 나오는 상황이다.

하지만 이것은 전시의 이야기일 뿐이다. 평시 박격포는 무거운 짐 덩어리에 불과하다. 81mm 포를 기준으로 박격포 한 대의 무게는 포탄을 제외하고도 무려 40kg이 넘는다. 20kg에 근접하는 포다리 각각 10kg을 가뿐히 넘는 포열, 포탄은 분리해도 무거운 쇳덩어리를 운반하는 건 쉽지 않은 일이다. 게다가 쇳덩어리인 만큼 밀도가 무지막지하게 높다. 같은 무게라도 짊어졌을 때 체감되는 무게감이 다르다는 것이다. 그리고 이는 FEBA선 이북의 전장 박격포병에게 엄청난 고난일 수밖에 없다. 이들은 전시에 지정된 고지를 사수하기 위해 이동해야만 한다. 안 그래도 무거운 군장에, 분리된 박격포와 박격포탄까지 짊어진 채로 말이다.

문제는 이뿐만이 아니다. 박격포 또한 엄연한 포인만큼 사격 준비과정이 필요하다. 아마 군 전역자라면 굳이 박격포병이 아니더라도, 한여름에 박격포병이 땡볕 속에서 겨냥대를 박고 손을 휘적거리는 모습을 본 적이 있을 것이다. 이 훈련은 심지어 위험하기까지 한데, 손으로 포탄을 집어넣다 보니 실수로라도 포열 근처에 손을 뒀다간 큰 부상을 당할 수 있다. 손가락이나 손이 날아가는 것은 예삿일이고, 잘못하면 손에 부딪힌 신관이 작동해 근처에 있던 동료들까지 길동무 삼아 사이좋게 저승길에 오를 수도 있다. 한 마디로 박격포는 보병에게 꼭 필요하지만 그와 동시에 너무도 불편한 애증 덩어리이다.

더 강력한 포가 있음에도 왜 한국 육군은 박격포를 고집하는 걸까? 일례로 105mm 곡사포조차 자주화된 마당에 고작 수 km를 날아가는 보병용 박격포가 무슨 쓸모가 있냐 생각할 수도 있다. 실제로 일각에서는 드론이나 건쉽 등의 첨단 무기들이 난무하는 미래 전장에서 보병이 낑낑대며 옮긴 작달만한 박격포를 도대체 어디에 사용하냐는 비판이 존재한다. 한마디로 새로 만들어 쓸 무기가 아니라는 것이다. 하지만 절대 그렇지 않다.

사실 포가 처음 만들어졌을 때만 하더라도 경포를 무시하는 이들이 많았다. 인간이 처음 포를 만든 이유가 바로 공성전에서 적의 성벽이나 성문을 부수기 위함이었는데, 성문조차 뚫지 못하는 경포가 무슨 소용이냐는 것이다. 그러나 정작 역사에 길이 남은 위대한 전쟁 영웅들은 보병이 손쉽게 운반할 수 있는 가벼운 포를 매우 중시했다.

스웨덴의 국왕이던 구스타프 아돌프는 보병들이 힘들이지 않고 들 수 있는 가

박격포 격발 훈련 모습

죽대포를 애용했다. 가죽포는 구리나 동으로 포신을 얇게 만든 후 가죽을 둘둘 감은 경포를 말한다. 금속 포신의 양이 줄어든 만큼 경량화를 노린 것이다. 포신이 얇아진 만큼 일회용품 수준으로 쉽게 부서지곤 했지만 그 성능만큼은 정말 강력했다. 특히나 당시 전장은 보병이 오와 열을 맞춰 빽빽하게 대열을 갖춰 싸우는 양상이었다. 그 얘기는 가죽포 한 발 만으로도 수 십 명을 사살할 수 있었다는 얘기다. 그리고 스웨덴은 이 가죽 대포 덕분에 적은 인구와 부족한 경제력에도 100년 이상 북유럽의 패자로 군림할 수 있었다.

최고의 장군이자 황제였던 나폴레옹 역시 경포를 사랑했다. 포병장교 출신이었던 나폴레옹은 경포의 운반을 매우 중요시했다. 실제로 적을 압도하기 위한 전술로 포병 화력을 한 점에 집중시키는 집중포격술을 적극적으로 활용하기도 했다. 나폴레옹이 알프스를 넘어 이탈리아를 공격했던 마렝고 전투 일화도 유명하다. 그는 알프스 산을 넘을 수 없는 중포를 포기하는 대신 다수의 경포를 도수로 운반시켰다.

이처럼 포(砲)라는 것은 절대 만만하게 볼 무기가 아니다. 근대에 들어 박격포가 경포의 역할을 대체하기 시작했다. 사실 박격포 자체는 상당히 오래된 무기다.

원래 박격포는 공성용으로 개발된 무기였다. 고각으로 쏠 수 있는 만큼 성벽을 넘어 적을 공격하기 쉬웠기 때문이다. 임진왜란에서 수많은 일본군을 사살한 폭발식 포탄인 '비격진천뢰' 또한 박격포의 일종인 대완구를 통해 발사됐다. 하지만 아무래도 태생이 공성용인 만큼 초창기 박격포는 상당히 무겁고 클 수밖에 없었다. 지금처럼 가볍고 이동이 간편한 보병용 박격포는 1차 대전부터 본격적으로 쓰이기 시작했다. 이를 가장 잘 활용한 것은 독일제국군이었다.

당시 독일군은 고착된 참호선을 돌파하기 위해 '후티어 전술'이라는 개념을 도입했다. 후티어 전술은 강력한 포병 지원을 통해 적 방어선에 구멍을 내고 기관총, 박격포 등으로 무장한 정예 보병부대인 '스톰트루퍼'가 점령지를 확대하는 전술이다. 당시 기술로는 박격포 외에, 적진에 깊숙이 침투한 스톰트루퍼들에게 적절한 포병 지원을 해줄 만한 무기가 많지 않았다. 그렇기에 박격포는 그들이 믿을 수 있는 가장 강력한 화기였다. 그러나 정작 후티어 전술을 계획한 독일 상층부는 큰 기대를 걸지 않았다. 이 작은 포가 무슨 대단한 일을 할 수 있겠냐는 생각이었다. 하지만 작달막한 박격포는 모두의 예상을 깨고 엄청난 위력을 발휘했다.

스톰트루퍼가 포병지원을 받지 못할 것이라 생각해 방심했던 영국과 프랑스는 반격을 개시했다. 하지만 수 십초마다 정확한 위치로 쏟아지는 박격포탄에 큰 피해를 입고 말았다. 그리고 박격포는 이 사건 이후부터 보병부대면 반드시 보유해야만 하는 장비가 되었다.

포에 대한 사랑이 지극한 대한민국 육군 역시 당연히 박격포에 집중했다. 박격포야말로 한국 보병이 북한을 압도해 줄 게임 체인저라 생각했기 때문이다. 우리 국군이 북한군을 본격적으로 압도하기 시작한 것은 '88전차'라고도 불리는 K-1 전차가 도입된 80년대 중반부터다. 3세대 전차인 K-1과 코브라 공격헬기, K-55 자주포만으로도 북한군 정도의 상대를 제압하는 것은 큰 문제가 없었다. 심지어 2000년대 이후부터 T-80U와 K-1A1 전차, K-9 자주포, M270 다연장로켓 등이 도입되며 북한군은 더 이상 한국군의 상대가 아니게 되었다.

신형 81mm 박격포 개념도

하지만 한국군이 아직도 북한에 열세인 분야가 있다. 바로 보병 분야다. 현재 육군 보병 분대원은 8명으로 구성되어 있다. 이전까지는 전시에 예비군 2명이 붙어 10명 분대로 강화하기도 했지만 인구 부족 문제로 이마저도 할 수 없게 되었다. 반면 북한은 군 복무 기간이 10년이나 되기 때문에 병력이 넘쳐난다. 보병 분대 하나에 무려 12명씩이나 집어넣을 정도다. 이는 한국군이 '창끝부대'라고 하는 대대 단위의 전장에서 심각한 전력 격차를 발생시킨다. 국군이 2010년대에 분석한 바에 따르면, 북한군 1개 중대는 105정의 AK 소총과 9정의 기관총 그리고 18기의 RPG 발사관과 18기의 투척기를 보유하고 있다.

그래서 한국군은 이런 수적 열세를 만회하기 위해 소대나 중대마다 기관총과 박격포를 추가 지급했다. 소대와 중대에는 60mm 박격포를, 대대급에는 81mm 박격포를 지급했는데 그중 기관총에서 심각한 문제가 발생했다. 그 기관총이 '단발식 기관총'이라는 악명으로 유명한 K-3였기 때문이었다. 군의 공식 조사 결과에 따르면 57발마다 기능 고장이 발생하는 이 총 때문에 보병에는 심각한 전력 공백이 발생하고 말았다. 게다가 기존에 사용하던 박격포까지 노후화가 진행되며 문제가 속출하기 시작했다. 이런 상황을 개선하기 위해 준비했던 분대지원소총 K-11 사업까지 파탄 나면서 국군은 대혼란에 빠지고 말았다.

신형 81mm 박격포의 실제 모습

국군은 이를 해결하기 위해 해결사를 투입했다. 그 해결사란 바로 신형 81mm 박격포다. 이 신형 81mm 박격포는 기존 포에 비해 무게 20%나 감소했음에도 오히려 사거리는 늘어났고 발사속도는 빨라졌다. 특히 발사속도 부분이 인상적이었는데 기존보다 2배나 빨라진 것이다.

가능했던 이유는 디지털 관측 장비를 박격포와 결합해 관측과 조준에서 낭비되는 시간을 크게 줄였기 때문이다. GPS, 진북 감지 장비, 전자 나침반 등이 탑재된 FCS가 장착되어 비숙련자도 3분 이내에 정확하게 사격할 수 있게 됐다. 게다가 신형탄을 사용해 훨씬 막강한 위력을 낼 수도 있다. 그러면서 운영 인원이 한 명 줄어들어 병력 부족 개선에도 큰 도움이 되었다.

군은 지난 7월 30일 국방뉴스 보도를 통해 중동부사단을 중심으로 이 신형 박격포가 도입되고 있음을 밝혔다. 이번에 배치될 신형 박격포는 보병중대가 기존에 사용하던 60mm 박격포를 대체하게 된다. 이에 따라 우리 보병중대의 화력이 크게 향상되고 있다.

군이 예상하는 전군 배치 완료시기는 2024년이다. 이와 함께 차량화 역시 가속화하고 있다. 이번에 배치되는 신형 박격포는 탄약과 포를 운반할 적재 차량이 포마다 1대씩 배정된다. 차량 자체에 주목할 점은 없지만 보병 중대급 지원화기가 차량화된다는 것은 아주 큰 의미가 있다. 이는 군사 선진국처럼 국군도 일선 보병 부대의 차량화를 시작했다는 의미이기 때문이다. 아주 올바른 변화다. 병력 감소로 확장된 사단의 작전구역을 차량화로 극복할 수 있을 뿐 아니라 나아가 우리 군의 전투력을 한 단계 업그레이드할 수 있기 때문이다.

2030년대 정도면 '보병 사단'이라는 말은 '차량화 사단'이나 '차량화 여단'이라는 말로 대체될지도 모르겠다. 제자리에 멈추지 않고 끊임없이 개선하는 우리 육군의 발전이 기대된다.

해군

어뢰 · 초음속 대함미사일 · CIWS
경항모와 함재기 · 국방중기계획
함대함 유도미사일 · 고속정 · 잠수함 소나

1

어뢰

한국의 초공동 어뢰 개발

일본의 수출 규제 이후 많은 이들이 한국과 일본의 군사력을 비교하고 있다. 일본의 세계 군사력은 6위이고 해군 군사력은 4위로 매우 높다. 반면 한국은 전체 군사력은 7위이다. 일본에 비해 많이 빠지지 않는다. 하지만 한국의 해군 군사력은 세계 10위로 일본과 상당한 차이가 난다. 한국은 이를 해결하기 위해 비대칭 무기 도입이나 최신예 전투무기 개발 또는 구입이 절실한 실정이다. 그런데 해군 군사력을 비약적으로 올릴 수 있는 방법이 하나 있다.

바로 어뢰다. 어뢰는 적은 금액으로 최대의 효과를 볼 수 있는 무기 중 하나지만, 그동안 짧은 사정거리와 느린 속도로 크게 주목받지 못했다. 하지만 우리나라가 시속 800km의 초공동 어뢰 개발과 완성을 눈앞에 두고 있다. 한국이 개발 중인 초공동 어뢰는 일본 해상자위대를 한방에 쓸어버릴 수 있는 게임체인저다. 시험발사도 성공적이었고 수년 이내 실전 배치 가능성도 높아지고 있다. 그런데 초공동 어뢰란 무엇일까? 어뢰는 많이 들어봤겠지만 초.공.동 이라는 단어는 다소 생소할 것이다.

돌고래 잠수함

한국 어뢰의 역사

1980년대 국내 개발 무기 체계 중 철저한 보안이 유지됐던 최고 비밀 중 하나는 1985년에 취역한 소형 잠수함 돌고래였다. 해군은 이 돌고래에 탑재할 중어뢰로 미국의 MK-37을 확보하기 위해 갖은 노력을 기울였다. 그러나 미국은 잠수함을 보유하지 않은 한국 해군이 작전적으로 중어뢰를 필요로 할 까닭이 없다며 판매를 번번이 거절했다.

어뢰는 경어뢰와 중어뢰로 크게 나뉜다. 경어뢰는 중량 300kg, 직경 32cm, 길이 3m 이내로 잠수함 공격을 목표로 운용하고, 수상함의 대잠로켓에 장착하여 원거리에서 공격하거나 헬기 또는 수상함에 장착하여 근거리에서 직접 공격을 할 수 있다. 반면 중어뢰는 중량 1~1.5톤, 직경 53~63cm 길이 6~7m 정도 되는데 일반적으로 잠수함에 탑재하여, 수상함과 잠수함을 공격하여 장거리 기동한다. 그렇기 때문에 침로 변경이 쉽도록 주로 유선 유도방식을 채택하고 있다. 항공모함이나 이지스함도 중어뢰 한방이면 침몰하거나 전투력을 상실하게 만들기 때문에 상당히 위력적인 무기라고 할 수 있다.

국방과학연구소(ADD)와 해군은 장차 중어뢰 개발의 필요성을 절감했다. 이를 위해 어뢰 연구팀은 중어뢰에 대한 사전 연구와 함께 향후 개발 가능성을 검토했다. 그와 동시에 대잠수함 작전용 이동 표적으로 사용하겠다는 목적으로 미국과 협의를 맺어 1986년에 MK-37 중어뢰 3발을 확보할 수 있었다. 어뢰를 잠수함에서 발사하기 위해서는 발사 장치와 발사 준비를 하는 과정에서 필요한 점검 장비와 치구 등도 함께 도입하는 것을 고려해야 한다. 그러나 한국은 '연구용'이라는 명분을 들어 어뢰를 가져온 것이기 때문에 그럴 수 없었다. 그래서 한국은 더욱 중어뢰의 필요성을 절감했다.

한편 어뢰 연구팀에 임무가 추가됐다. 돌고래 잠수함에서 중어뢰를 발사하는 임무였다. 한국형 경어뢰 K-744 개발에 전념하던 어뢰 연구팀은 이 새로운 임무에 매우 당황할 수밖에 없었다. 다만 중어뢰 3발을 미국 현지에서 인수·검사하도록 돼 있던 것이 다행이었다. 어뢰 연구팀은 미국의 중어뢰 인수 검사를 위해 1985년 11월부터 약 한 달간 미국 키포트의 미 해군 수중 병기 센터에 머물렀다. 인수 검사는 어디까지나 표면적인 목적일 뿐이었고 어뢰 연구팀은 이 기회에 중어뢰 MK-37 어뢰에 대한 정비 교육을 받고자 했다. 그리고 더 나아가 인수 검사 때에 필요한 장비·치구 목록과 형상 스케치를 하고 작동법도 알아냈고, 결국 소기의 성과를 거둘 수 있었다.

어뢰 연구팀이 귀국하자마자 돌고래 발사 시험 프로젝트가 본격적으로 추진되기 시작했다. 돌고래 연구팀은 돌고래의 발사관 부분과 MK-37 중어뢰의 에너지 변환기(transducer)가 장착되는 노즈(nose)부의 기구 부분 제작을 맡았고, 어뢰 연구팀은 MK-37용 연습탄 두부(頭部)의 전기적인 부분과 어뢰 정비를 위한 치구와 기구물의 설계·제작을 맡았다. 제한된 예산과 단기간 제약이 있었는데도 적극적으로 제작에 나선 덕분에 몇 차례 수정·보완을 거쳐 성공적으로 장비 제작을 완료할 수 있었다.

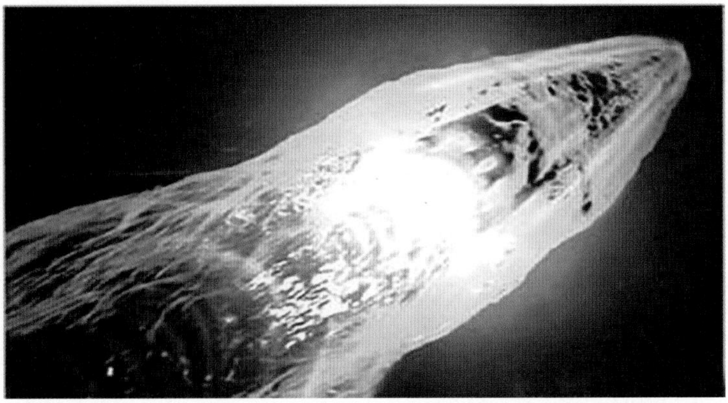

초공동 어뢰와 초공동 현상

한국형 경어뢰 K-744 사업을 마치면 중어뢰를 독자 개발하겠다는 의욕을 갖고 있던 한국 어뢰연구팀은 88년 10월 27일, 마침내 한국 해군 최초로 수행하는 잠수함에서의 어뢰 발사 시험을 진행할 수 있었다. 이렇게 한국은 지난 과거부터 꾸준히 어뢰 개발을 거듭해 왔고 이런 과정이 있었기 때문에 현재 초공동 어뢰를 개발하는 수준까지 진보할 수 있었다.

초공동 어뢰 개발

초공동 어뢰는 초공동 현상이 발생하는 어뢰를 뜻한다. 초공동 현상은 큰 기포로 물체를 덮으면 공기저항의 1,000배에 달하는 물속 마찰저항이 공기 저항 수준으로 떨어지는 현상을 말한다. 이를 어뢰에 적용할 경우 어뢰를 미사일처럼 쏠 수 있게 되는데, 이것이 바로 초공동화 기술이다.

초공동화 기술은 제2차 세계대전 중 독일에서 가장 먼저 연구를 시작했다. 전후 구소련이 그 뒤를 이었다. 최초의 초공동 어뢰는 1990년대 구소련에서 개발된 시크발(Shkval)이다. 시크발의 별명은 바닷속 괴물이었다. 최대 속도가 365~547km

초공동 어뢰 노즐

에 달했기 때문이었다. 이는 보통 어뢰 최대 속도의 4~6배에 달하는 수준이었다. 때문에 시크발이 나왔을 때 세계는 경악을 금치 못했다. 하지만 이를 뛰어넘는 진정한 괴물이 탄생했다. 독일에서 초공동 어뢰의 최고봉 바라쿠다를 만들어낸 것이었다. 시속이 무려 800km에 달했는데 이는 물속에서 순항 미사일 토마호크와 비슷한 속도로 움직였다는 뜻이다. 말 그대로 맞은 뒤에야 알 수 있는 초고속 어뢰였다.

또한 기존의 어뢰와는 판이하게 달랐다. 기존의 유선 조종식 어뢰는 수압변으로 심도를 조절하고 자이로가 안정시켜주면서 유도 핀을 움직여 항주 방향을 조종했다. 반면에 이 무기는 초공동 거품(supercavitation bubble)을 만들어주는 탄두에서 고체 연료를 연소시켜 발사체의 진행 방향으로 기체 터널을 생성시켜주면서 탄두부를 유도하고자 하는 방향으로 움직여 발사체의 항주 방향을 조절하는 방식을 사용했다. 이것은 유도미사일과 비슷한 개념이라고 보면 된다. 쉽게 말해 요격하기가 매우 어려워진다는 것이다.

현재 한국도 초공동 어뢰를 개발하고 있다. 국방과학연구소를 중심으로 자연

공동 관련 초공동 기초연구가 수행됐다. 고체추진기관과 공동발생기를 이용한 소영 수중 운동체를 수중 주행 시험하여 초공동화를 시연했고 이에 대한 시험 발사 영상을 보이기도 했다. 또한 초공동의 생성과 유지, 환기 공동, 수중 주행 특성 등과 관련된 연구를 진행 중이다.

초공동 어뢰는 순항 미사일과 비슷한 속도로 날아간다. 10척의 이지스함이 있어도 물속에서 시속 800km로 움직이는 초공동 어뢰를 막기는 어렵다. 그렇기 때문에 한국에 초공동 어뢰가 개발 완료된다면, 한국의 주변국들이 해상으로 침투하는 것을 막아내는 전쟁억제력이 있는 무기로 자리 잡을 것이다.

초공동 어뢰와 대잠 로켓 어뢰

초공동화 어뢰

해군은 1980년 중반까지만 해도 미국의 MK44 경어뢰와 이를 개량 개발한 K744 경어뢰를 운용했던 경험밖에 없었다. 중어뢰 개발 경험이 전혀 없었던 당시, 독일로부터 장보고급 잠수함 도입이 추진되면서 독일제 SUT 중어뢰에 대체할 잠수함 탑재용 중어뢰 백상어가 1990년부터 개발에 착수됐다.

무에서 유를 창조하겠다는 일념으로 연구 개발에 매진하여 1998년 6월에 성공적으로 개발을 완료했다. 이와 병행해 1995년부터 체계 개발을 시작한 신형 경어뢰 청상어는 10년간의 연구개발을 거쳐 2004년에 경어뢰 개발에 성공함으로써 중어뢰, 경어뢰 모두 독자 개발 능력을 갖추게 됐다. 이후 2009년에는 경어뢰를 로켓에 탑재해 원거리 공격이 가능한 장거리 대잠어뢰인 홍상어가 개발돼 전력화됨으로써 대한민국은 명실상부한 어뢰 개발 강국으로 우뚝 서게 됐다.

2006년 4월 미국은 이란에게 핵 프로그램을 포기하라는 압박을 가했다. 이에

수중에서 200노트까지 속력을 내는 시크발 어뢰

반발한 이란은 무력시위까지 벌였다. 이도 모자라 이란 국영 TV에서는 독특한 어뢰 발사 영상을 방영하기까지 했다. '후트'라고 불리는 이 어뢰는 시속 360km로, 보통 어뢰보다 4배나 빨랐다. 당시 러시아만 보유하고 있는 것으로 알려졌던 '초공동' 어뢰였다. 이에 대해 일부 전문가들은 이란의 초공동 어뢰 기술이 북한에 넘겨졌을 가능성이 매우 높다고 전했다. 이란과 북한은 핵, 미사일, 잠수함정 등 여러 분야에서 긴밀한 커넥션을 갖고 있기 때문이다.

초공동화 기술은 제2차 세계대전 중 독일에서 가장 먼저 연구했고 전후 소련이 초공동화 기술 개발에 집중한 것으로 알려져 있다. 1990년대 세계 최초로 개발된 쉬크발(Shkval)은 최대 속도가 시속 550km에 달해 바닷속 괴물로 불렸다. 이는 보통 어뢰 최대 속도의 6배에 달하는 놀라운 속도였다. 이 정도 속도라면 웬만한 함정은 피할 겨를 없이 얻어맞게 된다.

초기의 쉬크발도 치명적인 결함이 있었다. 바로 항진 중 발생하는 엄청난 소음이었다. 쉬크발은 이 소음 때문에 음향 유도가 불가능했기 때문에 2차 대전 때처럼 유도 없이 목표물을 향해 곧바로 돌진하는 형태를 취할 수밖에 없었다.

러시아는 유도 장치를 장착해 정확도를 높인 신형 쉬크발을 개발했다. 이런 구 소련의 괴물 무기 개발에 자극을 받은 미국도 1990년대부터 초공동화 기술을 활발히 연구 중인 것으로 알려져 있다. 독일도 초공동 어뢰 개발에서 가장 앞서가는 나라 중 하나다. 1988년부터 초공동화 연구를 시작해 최근까지 시속 약 800km에 달하는 '바라쿠다(Barracuda)'어뢰를 개발하고 있다. 바라쿠다는 속도가 빠른 데다 첨단 유도 장치까지 갖춰 어떤 함정도 피하기 어려울 것이라고 군 관계자들은 말하고 있다.

한국도 국방 과학 연구소를 중심으로 자연 공동 관련 초공동 기초연구가 수행됐고 고체주진기관과 공동발생기를 이용한 소형 수준 운동체를 수중 주행 시 시험하여 초공동화를 시연했다. 초공동의 생성과 유지, 환기 공동 수중 주행 특성 등과 관련된 연구가 진행 중이다. 또한 초공동 어뢰와 함께 첨단 어뢰로 꼽히는 항적추적 어뢰도 개발했다.

항적추적 어뢰는 움직이는 함정에 생길 수밖에 없는 항적을 추적해 공격하는 방식의 미사일이다. 적 함정이 항해 중에 발생시키는 파도의 미세 기포를 고주파로 탐지해 추적하는 원리다. 보통 음향을 추적해 적 함정을 공격하는 어뢰는 가짜로 소리를 내는 기만장치 등에 무력화될 수 있다. 하지만 항적추적 어뢰는 직접 어뢰를 파괴하는 것 이외에는 뾰족한 대응 수단이 없다.

어뢰는 외관상 구식 무기처럼 보이지만 각종 유도장치로 무장한 현대 어뢰는 첨단 미사일과 다를 바 없다. 특히 배수량 1만 톤이 넘는 대형 함정을 일격에 두 동강 내 격침시킬 수 있는 무기는 핵무기를 제외하곤 어뢰가 유일하다시피 하다. 더구나 잠수함에서 발사되는 무기는 탐지가 무척 어렵기 때문에 더욱 치명적일 수밖에 없다. 때문에 세계 각국이 지금도 신형 어뢰 개발에 매달리고 있다.

어뢰는 크게 중어뢰와 경어뢰로 나뉜다. 중어뢰의 경우 지름 약 21인치인 533mm 어뢰로 대표된다. 잠수함에서 주로 사용하며 적 잠수함과 수상 전투함을 공격용으로 제작된다. 무선 유도 방식을 사용하는 경어뢰와 달리 유선유도 방식을 사용해 명중률을 크게 높였다. 최근에는 광섬유 유도 케이블을 사용해 어뢰와 잠수함 간에 데이터 전송 속도가 빨라졌고 사정거리도 향상되었다. 반면 경어뢰는 수상 전투함과 해상초계기 해상작전 헬기에서 주로 사용한다. 지름 약 12.7인치인 324mm 어뢰가 많으며 주로 적의 잠수함을 공격하는 용도로 사용된다.

중어뢰는 적 함정을 일격에 격침할 수 있는 능력을 갖추고 있는데 이는 버블제트 효과에 의해 가능한 것이다. 버블제트 효과는 어뢰가 직접 목표물에 명중하는 것이 아니라 선박의 아래쪽을 지나가며 폭발할 때 발생하는 현상이다. 우선 어뢰에 탑재된 폭약이 함정 밑에서 폭발하면 엄청난 가스 압력이 발생하면서 함정은 수면 위로 솟구쳐 오르게 된다. 그 뒤 순식간에 가스 압력이 소멸되면서 빈 공간이 발생하고, 함정은 다시 수면 아래로 떨어지게 된다. 그렇게 오르락내리락 하는 동안 함정의 척추인 용골은 큰 충격을 받아 완전히 부러져 침몰하게 된다.

실제로 1999년 환태평양 훈련에 참여한 한국 해군의 잠수함 이천함은 8km 떨어진 표적함, 1만 2000톤 급인 미 퇴역 순양함 오클라호마시티호를 단 한발의 어뢰로 두 동강 내 훈련에 참가한 세계 각국 해군들을 놀라게 했다. 현재 우리나라는 중어뢰와 경어뢰를 각각 독자 개발해 배치해놓고 있다. 2003년 해군에 실전 배치된 중어뢰 백상어는 이례적으로 무선유도 방식을 택하고 있다. 또 2004년 개발된 경어뢰 청상어는 수심 600m의 적 잠수함도 공격할 수 있다. 어뢰의 첨단화는 한국만 진행하는 것이 아니었다. 미국도 독일과의 기술 협력 하에 '슈퍼캐브'라는 초공동 로켓 어뢰의 개념을 잡고 대형 시험시설을 갖추어 주행 시험과 부품 단위 개발 시험 연구를 활발히 진행하고 있다.

ATT와 VLA 대잠로켓어뢰

대부분 많은 사람들이 초공동 어뢰가 어뢰의 끝판왕으로 알고 있다. 초공동 어뢰는 분명 위력적인 무기이긴 하다. 하지만 초공동 어뢰보다 더 만들기 어려운 어뢰를 한국이 개발하고 있다. 어뢰 개발의 최고 기술이라고 할 수 있는 어뢰를 잡는 어뢰가 바로 그것이다.

지금 세계 각국은 바닷속의 패트리엇 미사일 개발에 박차를 가하고 있다. 어뢰로 어뢰를 잡는 어뢰 요격 체계가 구체화하고 있는 것은 해상작전에서 적성국의 어뢰가 그만큼 위력적이라는 방증이다. 외신에 따르면 어뢰 요격용 어뢰 'ATT'개발에 최근 두 가지 주목할 만한 일이 생겼다. 하나는 독일이 개발 중인 요격용 어뢰 프로젝트에 캐나다가 합류했다는 것이고 다른 하나는 중단됐다고 알려졌던 미 해군의 요격용 어뢰 개발이 국방예산에 반영됐다는 것이다.

가장 앞선 것으로 평가되는 독일은 이 시스템을 오는 2021년 실전 배치할 계획이다. 우리나라도 이에 대한 기초 연구에 들어갔다. 현재 독일이 실전 배치 예정인 어뢰 요격용 어뢰 '시스파이더'가 국제 협력 개발 단계에 들어섰다. 캐나다 마젤란 항공우주사는 독일 아틀라스사와 시스파이더 개발 및 생산에 참여한다고 밝혔다. 마젤란사는 시스파 이더의 핵심 부분인 탄두부와 로켓추진부 개발에 참여하게 된다. 이처럼 독자적으로 추진하던 무기 개발 프로젝트에 다른 국가를 참여시키는 경우는 주로 개발 비용 분담과 시장 확보용이 목적이다.

독일의 거대 방산업체인 티센크루프 계열인 아틀라스는 2009년 이래 '시스파이더' 시스템을 개발해왔다. 독일은 최근 3년 동안 이 시스템을 1,000톤 급 실험선에 탑재해 운용 실험하다가 작년 초에 테스트에 성공하였다. 탄두부의 폭약을 제거한 미국제 구형 어뢰 M37과 독일제 DM2A3 어뢰를 요격하는 데 성공했다고 독일 관계자는 공식적으로 밝힌 것이다.

독일이 개발중인 시스파이더 어뢰의 운용 개념도

수상함과 잠수함의 잠망탑 앞 또는 어뢰 발사관에서 발사 가능한 이 시스템은 개발이 순조롭게 진행된다면 2021년부터 실전 배치될 수 있다. 크기가 중어뢰보다 훨씬 작아 수상 함정과 잠수함의 잠망탑 하부 기존 어뢰발사관 등에 탑재 가능하다. 독일은 잠수함에 우선 탑재할 계획이고 미국은 수상함대에 먼저 배치할 예정이다.

한편 미국도 '시스파이더' 시스템 개발에 다시금 착수했다. 미 해군이 제출한 2020회계 연도 예산안에 예산이 반영된 것이 확인되었다. 잠수함 지휘 통제 시스템 개선 연구에 들어갈 6,000만 달러 예산 안에 요격용 어뢰 예산이 포함됐다는 것이다. 이는 미국산 요격 어뢰 시스템이 미 해군과 호주뿐 아니라 동맹국 해군에도 적용될 가능성이 높다는 얘기다. 현재 미국은 탑재 플랫폼 다변화를 통해 수출을 모색 중이며 수상 함정과 잠수함, 대잠 헬기, 무인 항공기와 해저에 건설되는 고정식 발사관, 자항식 기뢰 등 다양한 운반체계에 요격용 어뢰를 투입할 것으로 알려져 있다.

어뢰 요격용 어뢰란 어뢰로 어뢰를 잡는 무기 체계를 말한다. 어뢰 요격용 어뢰(ATT)는 공중처럼 3차원 공간인 수중에서 요격하기에 종정 '바다의 패트리엇 미사일'로 불리고 있다.

함정이 어뢰의 공격에 대항하기 위한 방어체계를 '어뢰 대항 체계'라고 한다. 가장 기본적인 어뢰대항책으로는 회피 기동을 하여 어뢰 공격권을 벗어나는 것이다. 그러나 어뢰의 속력이 함정의 속력보다 빠르기 때문에 쉽지 않다. 그동안은 함정보다 큰 소음을 발생하는 음향 기만기, 일명 소프트킬(Soft Kill)을 사용하여 회피하는 방법을 주로 사용해 왔다. 하지만 어뢰의 첨단화로, 유선유도어뢰나 항적을 쫓아가는 항적 어뢰가 등장하며 무용지물이 되었다. 때문에 이에 대한 대항체계로 어뢰를 어뢰로서 공격하는 '요격어뢰'가 탄생했다.

ATT를 이해하려면 우선 어뢰의 위력이 치명적이라는 점을 생각할 필요가 있다. 미사일이나 함포는 몇 발을 맞아도 견딜 수 있으나 어뢰 한 발에 수만 톤 급의 대형 함정이 대파되거나 침몰하는 경우가 많다. 어뢰에 탑재된 폭약이 미사일과 포탄보다 많기 때문이다. 수중 폭발이 일어나고 버블제트 효과까지 더해지면 파괴력은 훨씬 커지기 때문에 웬만한 함선은 어뢰 한방에 침몰할 수 있다. 성능 좋은 어뢰 한 발은 적 함선을 침묵시킬 수 있는 위력적인 무기인 셈이다.

반면 잠수함을 대상 표적으로 운영하는 경어뢰는 협소한 어뢰 내부공간으로 인해 추진에너지에 따라 추진 전지 또는 엔진 연료를 많이 탑재할 수 없다는 단점이 있다. 이로 인해 최대 10km 이상을 주행하기 어렵기 때문에 10km를 초과하는 곳에서 표적을 발견하더라도 즉각적인 공격을 할 수 없게 된다. 이러한 경어뢰의 최대 주행거리 밖에 있는 원거리 잠수함 표적을 공격할 수 있도록 어뢰를 로켓에 탑재해 원거리 공격이 가능하도록 개발한 것이 '대잠로켓' 또는 '장거리 대잠어뢰'라 부르는 어뢰다.

과거부터 모순에 대한 많은 논쟁이 일어났다. 어느 무기체계에도 적용되며 언제부터인가 어뢰에도 이 말이 사용되기 시작했다. 현대식 어뢰인 화이트헤드 어뢰가 나온 1894년 이래 잠수함 공방 체계는 모순의 대결을 이어왔다. 2차 세계대

한국의 장거리 대잠어뢰 홍상어

전 말까지 어뢰 방어 수단은 어뢰를 빨리 발견해 침로를 변경하는 회피기동이 주를 이뤘다. 급한 경우에는 그물을 투사하는 방식도 사용했다. 그러나 적 함정에서 발생하는 음향을 추적하는 어뢰가 보편화되면서 대응 방식도 음향 대응으로 변해갔다.

어뢰 개발에 사용되는 주요 핵심기술에는 표적을 탐지하고 추적하는 탐지추적 기술, 표적까지 어뢰를 달리게 하는 추진 기술, 그리고 최종 목표물의 표적을 파괴, 무력화시키는 탄두 기술 등이 있다. 그래서 현재 가장 두각을 보이고 있는 어뢰가 바로 하늘을 나는 어뢰인 '대잠로켓' 어뢰다. 어뢰의 발사대는 경사형과 수직형이 있다. 수직형 발사대가 360도 전방위의 목표를 향해 발사할 수 있기 때문에 수직 발사형을 많이 사용하는 추세다.

수직 발사 대잠로켓을 'VLA'이라고 한다. 수직발사 대잠로켓(VLA) 어뢰는 미국에 이어 한국이 세계 두 번째로 개발에 성공하여 실전에 배치되어 운용 중에 있으며 일명 '홍상어'라고 부르고 있다. 이뿐만 아니라 현재 한국은 어뢰 강국으로 거듭나기 위해 막강한 화력의 어뢰를 목표로 개발을 추진하고 있다. 최근에는 어뢰의 고성능화와 더불어 수상함과 잠수함도 고도화되었다. 아울러 배수량도 훨씬 증대되고 있다.

이에 따라 수상함 및 이중선체를 갖는 원자력 잠수함과 같은 대형 표적에 대해서는 기존의 어뢰 탄두로서 제대로 손상 효과를 보기가 쉽지 않게 됐다. 이런 대형 표적을 파괴하기 위해서 폭발력을 키우고 정밀 요도로 표적을 정확히 명중시켜야 한다. 때문에 유도, 조종 성능 향상을 위한 새로운 기술이 접목되고 있다.

또한 제한된 탄두 용량으로도 수상함 및 잠수함 대상표적에 최대한 큰 피해를 줄 수 있는 탄두도 개발하고 있다. 이를 위해 대상표적 특성에 맞는 버블에너지와 충격에너지의 조성, 표적의 파괴 손상을 증대시키는 이중기포에너지 탄두, 지향성에너지로서 잠수함 이중선체를 관통하는 성형장약 탄두 그리고 둔감화약과 같은 안정화된 폭약과 안전장전장치 적용 등 다양한 분야에서 끊임없이 연구와 개발을 진행하고 있다.

반면 풀어야 할 숙제도 남아 있다. 어뢰의 추진 속력 증대를 위해서는 소음 증가가 필연적이다. 이는 어뢰 탐지 성능 향상에 큰 걸림돌이다. 따라서 '정숙 주행하면서 어떻게 자체 추진 소음을 최소화하고 어뢰 속력을 높일 수 있을 것인가?' 하는 것이 향후 주요 과제다.

2

초음속·극초음속 대함미사일

한국의 초음속 대함미사일

요새 군사 무기 분야에서 죽창무기라는 유행어가 있다. 죽창무기를 간단하게 풀면, 내가 힘이 부족해 상대의 공격을 버틸 능력이 없더라도 상대를 한방에 끝장 낼 수 있는 무기를 말한다. 한 마디로 '나도 한방, 너도 한방'인 것이다.

한국이 해전에서 쓸 수 있는 죽창무기를 개발하는데 성공했다는 소식이 들려왔다. 상대 함대가 아무리 많다 할지라도 해군이 필사의 각오로 전투를 펼친다면 상대 역시 전멸을 피할 수 없는 궁극의 무기를 개발한 것이다. 그 무기의 이름은 바로 초음속 대함미사일이다.

그전까지 초음속 대함미사일에 대해서는 많은 정보가 여러 매체에 널려 있었다. 하지만 한국의 개발 소식은 사뭇 다르다. 통상적으로 초음속 미사일은 음속을 겨우 넘는 아음속 미사일과 달리 최소 음속의 2배에서 최대 음속의 5배 사이를 오가는 막강한 무기다. 그런데 한국이 개발한 초음속 미사일은 공개된 자료에 따르면 거의 극초음속 미사일에 버금가는 음속의 4배 정도로 비행할 수 있다. 이는 최

한국이 참고한 러시아제 P-800 야혼트

신형 요격미사일과 탐지레이더를 장비한 군함들도 방어가 어려운 엄청난 속도다.

이에 따라 주변국들 역시 대응 전력을 확충하고 있다. 또한 새로운 이지스함과 요격미사일을 배치하며 한국의 초음속 무기에 맞불을 놓은 상황이다. 얼마 전 한국이 초음속 미사일을 만든다고 선언할 때까지만 해도 초음속 무기체계는 그리 쉽게 되는 것이 아니라며 주변국인 중국, 일본이 한국을 무시했었다. 그런데 지금은 자신들은 상상도 못할 속도로 한국이 초음속 무기에 성공했다는 발표로 인해 굉장히 당황한 상태다. 한국보다 군사력이 강한 국가들이 많은데 한국이 다른 나라보다 빠르게 초음속 대함미사일을 개발했기 때문이다. 오래전부터 한국이 차근차근 쌓아둔 성과들이 드디어 빛을 보기 시작한 것이다.

한국이 개발한 초음속 미사일의 숨겨진 비화를 소개하는 데에는 '죽창'이라는 단어만큼 설명하기 좋은 단어는 없다. 이 단어를 통해 국제정치의 핵심요소인 공포의 균형을 보다 이해하기 쉽다. 공포의 균형은 전쟁이 일어나면 상호 공멸할 것이라는 공포 때문에 전쟁이 억지된다는 국제정치 용어다. 이 공포의 균형을 유지해 주는 대표적인 무기는 핵무기다.

NPT가 인정하는 핵보유국들이자 유엔 안보리 상임이사국인 미국, 중국, 러시

SS-18 Satan

아, 영국, 프랑스는 각기 적게는 수백 발에서 수천 발의 핵탄두를 보유하고 있다. 가장 적은 수의 핵무기를 보유한 나라조차 한 대륙을 멸망시킬 수 있는 수의 핵탄두를 가지고 있다. 설령 핵 공격에 자국이 멸망하더라도 먼저 핵 공격을 한 국가 정도는 확실히 멸망시킬 수 있는 무기가 바로 핵무기다. 그래서 이를 상호확증파괴라고 한다. 이 때문에 상호 공멸이 가능한 나라들끼리는 서로를 공격하지 않는다. 상대를 공격하면 내가 죽을 것이 확실한데 전쟁을 할 나라는 없기 때문이다.

하지만 핵무기를 가질 수 없는 한국은 핵 같은 완전무결한 공포의 균형을 만들 수 없다. 이 때문에 적대시하는 중국은 물론, 동맹인 미국까지 한국을 무시하기 일쑤였다. 핵 한두 방이면 사라질 테니 아무리 육군이 강력하고 포가 많아 봐야 자신들보다 한 수 아래라 본 것이다. 이를 증명하는 이야기가 하나 있다.

소련 붕괴 이후 한국군은 소련군 장성 몇몇을 초빙해 소련 등 공산권 국가의 전략에 대한 설명을 들었다. 이 강연에서 소련군 장성은 한국에 SS-18 사탄 미사일 한 발이 배당되었다고 주장했다. SS-18 사탄 미사일은 10기의 핵탄두를 탑재한 대륙간탄도미사일이다. 그러니까 사탄미사일의 탄두가 분리되기 전까지 사탄미사일을 잡을 능력도, 분리된 탄두를 요격할 능력도 없는 한국은 그저 미사일 한 방짜리 국가라는 말이다. 이 뜻은 과거 한국의 자주국방역량이 얼마나 부족했는지를 잘 알려주는 사례다. 그래서 우리 군 당국은 이런 문제를 해결하기 위해 핵보유국과의 전력 격차를 줄일 수 있는 강력한 독침 무기들을 개발하기 시작했다.

그 대표주자가 현무미사일을 중심으로 한 미사일 전력이다. 그래서 한국은 오래전부터 미사일 사거리 지침이 폐기되자마자 새로운 미사일을 개발해 발표했다. 이뿐만 아니라 한미원자력 협정이 사라질 날을 대비해 미사일 전력을 더욱 육성하고 있다. 더 정밀하고 무거운 탄두를 실을 수 있는 고성능 미사일을 개발하는데 국가 생존의 사활을 걸었다는 뜻이다. 하지만 아무리 노력해도 격차가 잘 메워지지 않는 분야가 있었다. 바로 바다에서 사용하는 대함미사일이다.

이에 앞서 미사일의 여러 분류법을 알아야 한다. 사거리에 따른 분류, 유도방식에 따른 분류, 탄두의 종류에 따른 분류, 발사 플랫폼에 따른 분류 등이 있다. 그중 함대함 미사일(SSM, Ship to Ship Missile)과 함대공 미사일(SAM, Ship to Air Missile)은 발사 플랫폼에 따라 미사일을 분류한 것으로 해전에서 군함이 사용하는 미사일들을 말한다.

해룡 함대지미사일

이 미사일들은 지상에서 발사하는 미사일보다 훨씬 제작하기 어렵고 다루기도 까다롭다. 그 이유는 주 전장인 바다에서 무기를 유도하는 것이 매우 어렵기 때문이다. 이는 바로 클러터 때문이다. 클러터는 레이더에서 지면, 해면, 빗방울 등으로 인해 발생하는 불필요한 반향을 말한다. 간단하게 말하면 자연환경의 변화에 따라 보이지 않아야 할 물체가 보이는 신기루 같은 현상이다.

이중 해면 클러터는 구분하기가 아주 까다롭고, 쉼 없이 파도가 몰아치는 바다에서 실제 물체와 클러터를 구분하기는 매우 어렵다. 특히, 해면에 가깝게 붙은 반잠수정, 고속정 등의 소형 물체나 바다를 훑듯이 비행하는 시스키밍 기능을 갖춘 미사일을 클러터와 명확히 구분해서 요격하는 것은 굉장히 어려운 일이다.

반대의 경우도 마찬가지다. 발사 후 상승하던 미사일의 고도를 억지로 낮춰 파도치는 해면을 낮게 비행하는 시스키밍을 구현하는 것은 매우 높은 기술력을 요구한다. 그래서 이런 함정용 미사일을 만들 수 있는 나라는 극히 소수의 군사강국들뿐이었다. 자체적으로 핵무기를 개발하고 운영할 수 있는 상임 이사 5개국이나 일본 그리고 러시아로부터 도움을 받은 인도 정도가 거의 전부라고 해도 과언이 아니다.

그런데 한국이 이런 세계 열강구도에 구멍을 뚫었다. 바로 한국형 대함미사일 개발에 성공한 것이다. 한국은 상당히 예전부터 함대함 미사일 개발에 많은 노력을 기울였다. 1970년대 북한 해군에 대응하고자 엑조세, 하푼 미사일을 도입해 대함 미사일의 유용성을 깨닫고 1981년 해룡 단거리함대함 미사일을 개발했다. 또한 참수리 고속정에서도 발사할 수 있는 소형 미사일로 개발됐다. 그러나 해무가 끼면 유도가 어려웠기에 제대로 쓸 수 없었다. 결국 시제품만 만들고 개발을 포기해야 했지만 우리 군은 포기하지 않았다. 국가의 발전과 더불어 무기개발역량이 크게 늘어나자 본격적으로 국산 함대함 미사일 개발을 시작했다.

1993년 군이 소요제기해 1996년 탐색개발을 시작했다. 이후 1999년 본격적인 체계 개발이 이뤄져 2003년 마침내 한국형 함대함 미사일 해성을 개발하는데 성공했다. 이는 최초 소요제기 이후 개발 성공까지 10년이 걸린 장대한 프로젝트였다. 러시아로부터 소형 터보팬 제트엔진 기술협력을 받아 마침내 완성할 수 있었다.

해성은 사거리 180km이며 최대 8번 변침이 가능해 적을 기만할 수 있다. 또한

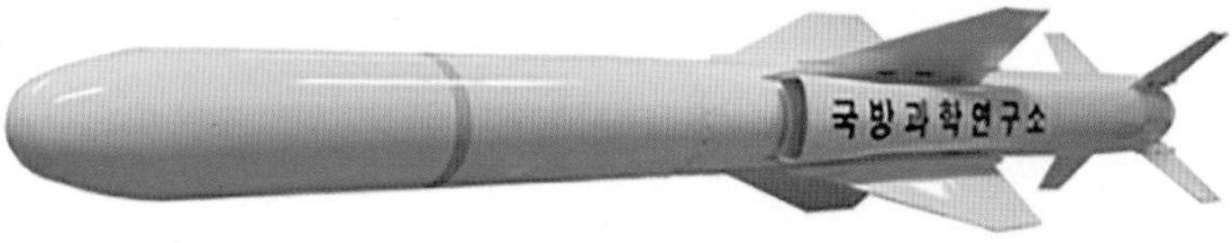

해성 대함미사일

해면에 바짝 붙는 시스키밍 공격은 물론 공격 직전 수직으로 상승해 적에게 내리꽂는 팝업기동이 가능하다. 그리고 콜롬비아에 수출되는 등의 성과를 내기도 했다. 이렇게 성과가 쌓이기 시작하자 기술진들은 더 큰 욕심을 내기로 했다. 그것이 바로 해전의 판세를 단박에 뒤집을 수 있는 죽창무기 또는 게임체인저로 초음속 대함 미사일을 만들기로 결정한 것이다.

지난 21년 9월 15일, 우리 군은 SLBM 보유를 선언함과 동시에 여러 독침 무기의 개발 성공 소식을 전했다. 그중 하나가 바로 초음속 대함미사일이었다. 사실 이번에 공개된 초음속 대함미사일의 정확한 스펙은 아직 공개되지 않았다. 그러나 공개된 영상을 통해 형상과 크기를 유추하는 것은 얼마든지 가능하다.

예를 들어 초음속 미사일이 관통한 표적의 크기나, 표적을 세워둔 바지선 컨테이너의 크기를 알아본다면 미사일의 길이와 폭을 유추하는 것은 그리 어렵지 않다. 또 공개된 영상을 통해 확인할 수 있는 형상과 유사한 무기를 찾아보면 성능 역시 대략적이나마 확인할 수 있다. 이를 통해 분석해 초음속 대함 미사일의 성능을 분석하면 다음과 같은 결론을 내릴 수 있다.

한국이 개발한 초음속 대함미사일은 전장 6m, 직경 533mm 정도이며 무게는 1.5톤으로 예상된다. 이는 인도군이 사용하는 브라모스-M 초음속 미사일과 유사한 스펙이다. 브라모스-M은 러시아의 야혼트 초음속 대함 미사일을 라이선스 생산한 인도의 브라모스 미사일을 소형화한 인도군의 주력 미사일이다. 또한 브라

국산 초음속 순항미사일의 표적 명중 장면

모스-M은 마하 2.5~4 정도의 속도로 비행할 수 있으며 사거리는 하픈의 두 배가 넘는다. 따라서 한국이 이번 개발에 성공한 초음속 대함미사일 역시 브라모스-M과 비슷한 스펙일 것으로 예상된다.

유도체계는 해궁 함대공 미사일을 개발한 LIG 넥스원이 맡았으며 탄두, 신관, 엔진은 한화에서 개발했다. 탄두는 초음속 비행으로 발생하는 막대한 운동에너지에도 쉽게 터지지 않도록 둔감장약을 채택했다. 이를 통해 막대한 속도에너지로 적함 내부로 파고들어 폭발할 수 있어 이 미사일 한방으로 구축함 정도는 쉽게 두 동강 낼 수 있다. 탄두의 폭발력도 있지만 거의 시속 마하 5에 육박하는 운동에너지는 가히 상상을 초월한다.

시속 6,000km로 날아드는 1.5톤의 쇳덩이를 맞고 건재한 함선은 세상 어디에도 없을 것이다. 이 때문에 구축함보다 더 대형함인 강습상륙함이나 항모 같은 초대형 함도 미사일 단 한 방으로 전투 능력을 상실할 수밖에 없다. 그래서 초음속 대함미사일은 항모나 초계함을 사이좋게 한방에 보내버릴 수 있는 궁극의 죽창이라 하는 것이다.

브라모스

한국이 개발한 이 미사일은 사거리까지 어마 무시하다. 기존까지 최대 사거리가 300km 정도로 알려져 있었지만 공개된 군의 요구 성능 자료에 의하면 초음속 대함미사일의 최대 사거리는 무려 550km에 달한다. 이는 정말 엄청난 수치이다. 제주도 앞바다에서 중국 상하이 일대 중국 해군이나 규슈 사세보에 주둔한 일본 해상자위대의 주력 함대를 노릴 수 있다. 아직 실감이 나시지 않는다면 다른 무기와 비교해 보면 된다.

본격적으로 양산된 국내 최초 함대함 미사일인 해성의 사거리가 180km이며 이 해성의 팬 블레이드를 개량해 2025년 배치할 해성 개량형의 사거리가 250km이다. 초음속 대함미사일은 기존 해성 미사일을 기준으로 할 때 최소 3배 이상 빠르면서 동시에 3배 이상 멀리 날아간다는 사실을 알 수 있다.

이런 미사일을 막을 수 있는 요격 체계는 이지스함이나 그에 준하는 대형 군함에만 장비된다. 그마저도 이 요격장비가 워낙 고가라서 그리 많지도 않다. 만약 우리 해군이 주력 미사일을 초음속 미사일로 대체하게 된다면 그동안 대한민국을 무시했던 콧대 높은 일본 해상 자위대나 동북아 깡패를 자처하고 있는 중국 해군이 우리 해군에 덤빌 일은 없게 될 것이다. 이로써 한국은 이 초음속 대함미사일

극초음속 미사일 발사체 엔진 테스트

로 인해 진정한 대양해군의 첫 단추를 꿰게 됐다.

한국의 극초음속 대함미사일

현재 한국은 서방권 국가들의 키맨으로 등장하면서 한국에 대한 관심은 그 어느 때보다 높은 상황이다. 또한 군사기술 발전에 집중하고 있는 한국에 세계의 이목이 쏠리고 있다. 특히, 한국이 개발하는 신무기에 중국, 일본 등 주변국들이 주목하고 있다. 한국이 어떤 신무기를 만들고 배치하느냐에 따라 동북아 역학관계가 급변할 수 있기 때문이다. 이 중 가장 주목받는 무기가 바로 극초음속 무기다.

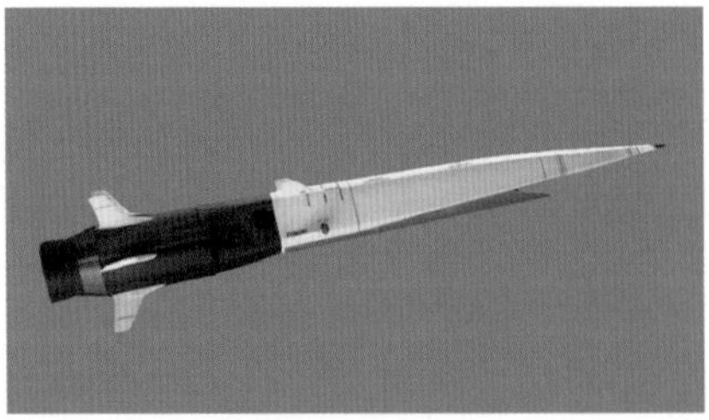

3M22 지르콘 미사일

현재 세계 각국은 극초음속 활공체 HGV(Hypersonic Glide Vehicle) 등 각종 극초음속 무기 개발에 몰두하고 있다. 러시아의 지르콘, 중국의 둥펑-17, 미국의 애로우 등 세계 최강을 다투는 패권국들은 모두 극초음속 무기에 집중하는 중이다. 그런데 세계에서 내로라하는 열강들 속에서 한국도 경쟁하고 있어 주변국을 놀라게 하고 있다. 한국군은 이미 지난 2020년 12월 16일 극초음속 무기의 소요를 결정했다. 한국이 이렇게 자신감을 내비치는 데는 다 이유가 있다. 연구진은 이미 2018년부터 마하 5 이상의 지상발사형 극초음속 비행체를 개발하고 있었다. 2023년까지 비행 시험을 완료할 예정으로 알려지면서 그 성공이 눈앞에 다가온 것이다.

현재 극초음속 무기 분야에서 선두를 달리는 나라는 러시아와 중국이다. 특히, 러시아의 약진이 두드러진다. 러시아는 주적인 미국을 정상적인 방법으로 극복할 수 없게 되자 게임 체인저로 극초음속 무기 개발에 사활을 걸었다. 그래서 개발된 것이 Kh-47 킨잘 공대지 극초음속 미사일, 3M22 지르콘 극초음속 순항미사일, 아방가르드 미사일 등 여러 극초음속 무기의 실물을 공개하기도 했다.

지르콘 잠수함 발사

킨잘 미사일은 러시아의 이스칸데르 전술 탄도 미사일을 공대지 미사일로 개조한 것으로 최고 속도가 마하 10에 이르며 최대 사거리는 2,000km에 달한다. 반면 지르콘 미사일은 좀 더 다목적성을 두고 개발된 본격적인 극초음속 무기다. 탄도미사일이기에 유도가 제한된 킨잘과 달리 스크램제트 엔진을 사용한 순항미사일로 여러 플랫폼에 장착이 가능하다.

2017년에는 마하 7의 속도를 달성했고, 2020년 10월에는 수상함 탑재형 발사에 성공했다. 올해 2021년 7월 19일, 10월 4일에는 각각 구축함과 야센급 핵 추진 잠수함 '세베로드빈스크'에서 지르콘을 발사하는 데 성공했다. 그리고 러시아 국방부는 올해 말까지 모든 테스트를 종료하고 야센급-M 핵잠수함인 카잔함에 이

세베로드빈스크 핵추진 잠수함

를 탑재해 운영할 것이라고 밝혔다.

그런데 이보다 더 강한 미사일도 있다. 러시아는 지난 2018년 3월, 아방가르드 미사일을 공개했다. 이 미사일은 대륙 간 탄도탄 ICBM의 탄두를 극초음속 활강체로 바꾼 것이다. 테스트에서 무려 마하 27이라는 엄청난 속도를 기록했다. 이는 미국조차도 요격을 장담하지 못하는 수준이다. 러시아는 이 아방가르드 미사일을 이미 2019년 12월 말에 실전 배치한 상태다.

세계 최강국인 미국은 극초음속 무기 분야에서 그리 좋은 성적을 거두지 못하고 있다. 게임 체인저로 개발했던 레일건은 성능 부족과 고비용으로 인해 취소되었고, 함께 추진하던 극초음속 탄약 HVP 역시 사업이 전면 백지화 됐다. 미국은 이 사업이 취소되기 전인 작년 9월 3일, 155mm HVP를 이용해 아음속으로 비행하는 BQM-167 무인 표적기를 격추하는 데 성공했다. BQM-167은 토마호크 미사일이나 하푼 미사일 같은 순항미사일과 비슷한 구조와 속도를 갖는 표적기다. 그래서 HVP는 미사일도 격추하는 포탄이라며 극찬을 받아왔다.

하지만 개발에 투입되는 예산이 너무 크고 HVP 한발의 가격이 예상보다 높다는 부정적인 평가를 받았다. 이번에 레일건 사업과 함께 취소된 것이다. 이 결정

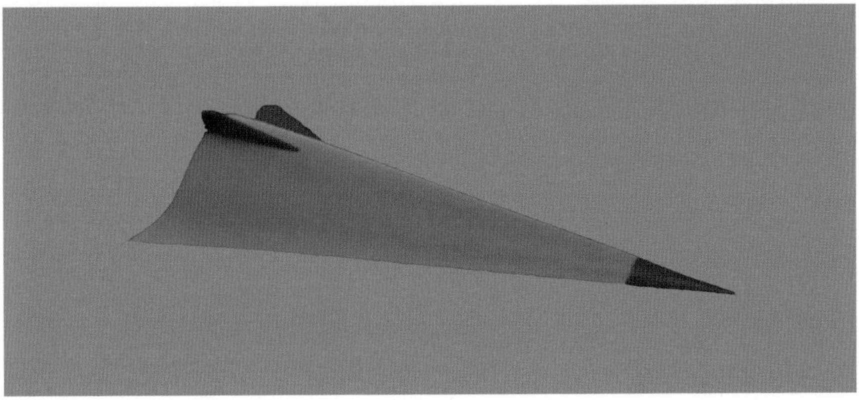

아방가르드 미사일

은 미국의 안보에 심각한 구멍이 되고 있다. HVP까지 취소되면서 미국이 개발하던 3대 극초음속 무기인 레일건, HVP, 극초음속 미사일 중 오로지 극초음속 미사일만 살아남은 상황이 된 것이다.

현재 미국이 개발하고 있는 극초음속 미사일의 이름은 AGM-183A ARRW이며, 애로우 미사일이라고도 부른다. 이는 무게 약 2.3톤, 길이 5.8m, 폭 66cm의 공대지 미사일이다. B-1B, B-52, B-2 등 기존 폭격기는 물론 신형 B-21 폭격기에 장착할 수 있는 이 미사일의 가장 큰 장점은 엄청난 속도다. 무려 마하 20까지 가능해 시속 24,700km까지 가속하여 적에게 내려꽂힌다. 게다가 탄도미사일처럼 사전에 발사 징후를 탐색할 수도 없다. 심지어 사거리 역시 1,600km에 달한다. 이 때문에 적의 대공미사일이 닿지 않는 곳에서 스텔스 포격기에 탑재해 공격할 경우 방어할 방법이 없는 현대 최강의 미사일로 알려졌다. 그래서 많은 군사 전문가들은 애로우 미사일을 '미사일 방어 체계를 무너트릴 수 있는 게임 체인저'라고 평가한다.

이 애로우 미사일도 문제가 없는 것은 아니다. 이미 여러 차례 발사 시험이 실패하며 체면을 구겼다. 21년 4월과 7월에 있었던 두 차례의 발사 시험을 모두 실패한 것이다. 중국과 러시아에 대적하겠다고 너무 급하게 개발한 것이 화근이었다. 미 공군은 지난 2018년 8월에 록히드마틴과 4억 8,000만 달러, 한화 약 5,400억 원에 달하는 ARRW 개발 계약을 체결했다. 이후 불과 8개월 만인 2019년 6월에 시제품이 나와 시험비행을 시작했으니 문제가 없을 리가 없는 것이다.

이는 아무리 졸속으로 개발했다지만 극초음속 무기를 만드는 것이 얼마나 어려운 일인지 보여주는 사례라 할 수 있다. 그래서 일각에서는 '한국이 극초음속 무기 개발을 과연 성공할 수 있을까'라는 의문이 생겼다. 그런데 놀랍게도 한국은 성공을 눈앞에 두고 있다.

애로우 미사일

한국군 관계자들은 오래전부터 더 빠른 미사일이 있어야 미래 전장에서 승리할 수 있다는 사실을 잘 알고 있었다. 그래서 관련 기술을 꾸준히 개발해 왔다. 군 관계자의 말에 따르면 "상부 또는 지휘부의 결심만 떨어지면 이른 시일 내 개발할 수 있는 핵심 기술력을 ADD가 이미 보유하고 있다"라고 밝혔다. 즉, 극초음속 유도탄 정도는 우리 기술력이면 금세 만들 수 있다는 것이다. 이뿐만 아니라 ADD 역시 극초음속 발사체 개발을 자신하고 있다. 21년 6월 국회 입법조사처가 내놓은 '극초음속 무기체계 국제개발동향'이란 자료에 따르면 ADD는 거의 20년 전인 2007년까지 램제트(Ram Jet) 추진기관을 개발해왔다.

램제트 엔진은 고속으로 불어 넣은 공기를 원통 안에서 압축하고 연료를 분사·점화·연소해 추진력을 얻는 제트 엔진이다. 이는 별도의 압축기나 터빈을 쓰지 않아 초음속 비행체에 적합하다. 이 방식에는 덕티드 램제트, 스크램제트 등 방식이 있는데 한국은 이미 관련 기술을 확보한 상태다. 이뿐만이 아니라 ADD는 2010에

렘제트 미사일

서 2012년 사이에 극초음속 핵심기술 응용연구를 했으며, 2011년부터 초고속 공기 흡입 엔진 특화연구실을 설치해 관련 연구를 2017년에 끝마쳤다. 그리고 2018년부터 개발된 마하 5 수준의 지상발사형 극초음속 활강체의 테스트를 2023년까지 마치겠다는 계획을 세워뒀다.

마하 5는 시속 6,000km가 넘는데 이는 경기도 일대에서 발사해 평양 지휘부에 닿기까지 불과 2분밖에 걸리지 않는 엄청난 속도다. 한편, 군 상층부의 이에 대한 개발의지도 상당히 높은 것으로 알려져 있다. 지난 2020년 6월, 국방부는 극초음속 무기 개발을 공식 선언했다. 그리고 정경두 국방장관은 ADD 창설 50주년 행사에서 극초음속 무기 개발이 가속될 것이라 확언했다. 따라서 2024년이면 한국 역시 극초음속 무기 보유국이 될 것으로 보인다.

하지만 아직 과제는 남아 있다. 극초음속 무기를 만드는 것이 쉽지만은 않기 때문이다. 극초음속은 통상 마하 5 이상의 속도 영역을 말한다. 극초음속 무기는 초음속과 뚜렷한 경계가 없다. 발사 시 미사일 주변 공기는 강한 충격파를 통해 고압, 고온으로 압축되어 물리적인 성질이 변하는 특징이 있다. 이때 높은 온

중국이 시험중인 극초음속 '풍동'

도 때문에 공기를 구성하는 산소와 질소 기체의 에너지가 높아져 분자가 원자로 분해되는 해리 현상(dissociation)과 원자와 전자가 서로 떨어지는 이온화 현상(ionization)이 발생한다. 또한 전자기파의 에너지 이동인 복사현상(radiation)으로 인한 가열과 고온 플라즈마가 발생하게 된다. 따라서 극초음속 유동에서는 물리·화학적 현상까지 고려해야 하므로 단순히 발사체 하나만으로 극초음속 무기체계는 완성할 수 없다. 즉, 발사체 개발도 중요하지만 부가적인 첨단 소재, 재료기술이 뒷받침이 되지 않으면 극초음속 무기체계는 개발하기가 어렵다는 것이다.

현재 극초음속 비행이 가장 많이 이용되는 곳은 우주선의 대기권 재진입이다. 한 예로 아폴로 우주선이 대기권에 진입할 당시의 속도는 마하 35로 시속 41,000km의 엄청나게 빠른 속도였다. 극초음속 기술은 극한의 유동에서 우주선에 노출되는 열 유량과 공기역학적 힘을 정확하게 예측하고 이를 견딜 수 있도록 설계해야 군사용도로 사용할 수 있다.

또한 발사체인 로켓은 연소 효율이 제트 엔진에 비해 매우 낮아 수백 킬로미터 이상 극초음속의 속도로 순항하는 것은 한계가 있다. 이를 극복하기 위해 충격파의 압축 효과를 이용한 램·스크램제트 엔진이라는 새로운 극초음속 추진기관이 등장하게 됐다.

램·스크램제트 엔진 기술은 한국도 군사 선진국들과 큰 차이가 없을 정도로 많은 기술력을 확보한 것으로 알려져 있다. 스크램제트 엔진 연구의 선두 주자는 미국, 호주, 독일, 프랑스, 중국, 일본 등이다. 그러나 항공산업 분야가 취약한 우리나라도 최근 다양한 연구결과를 내놓으며 선진국을 바짝 뒤쫓고 있는 상황이다.

한국형 발사체 누리호

한편 중국과 일본도 한국처럼 극초음속 무기 개발에 열을 올리고 있다. 중국은 이미 극초음속 무기를 개발했다고 주장하고 있다. 지난 2017년 건국 70주년 열병식에서 사드로도 막을 수 없는 극초음속 미사일 둥펑-17을 공개했고 2019년부터 전력화를 시작했다. 아방가르드처럼 핵탄두에 탑재할 수 있는 극초음속 활강체 HGV로 개발됐다. 미 국제전략문제연구소 CSIS에 따르면 이 미사일의 사거리는 1,800~2,500km 정도라고 밝혀졌다. 일본 역시 극초음속 순항미사일 HCM과 초고속 활공탄을 개발하고 있다. 심지어 북한조차 올해 1월, 당 대회에서 극초음속 활강체 개발을 선언했다. 이러한 주변국 상황에 한시라도 빨리 극초음속 무기를 완성하지 않으면 대한민국만 뒤처질 수도 있다.

다행히도 개발은 상당히 순조롭게 진행되고 있다. 한국이 개발 중인 차세대 극초음속 엔진은 램제트 엔진과 스크램제트 엔진을 결합한 이중 램제트 기술의 일종이며, 초음속에서 극초음속 영역까지 광범위한 비행 영역에서 작동 가능한 복

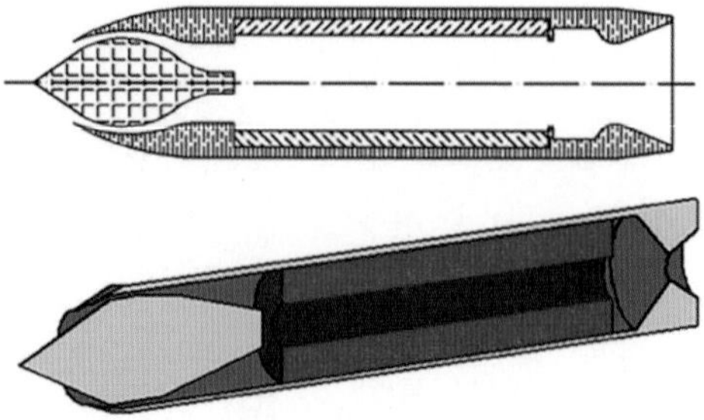

렘제트 엔진

합 사이클 엔진이나. 이중 보느 램제트 엔진과 유사하지만 이중 연소 램제트는 램제트, 스크램제트가 각각 분리된 연소실을 가진 엔진이다. 그리고 이중 모드 램제트는 하나의 연소기에서 램제트, 스크램제트 연소가 이루어지는 엔진이다. 즉, 연소실의 분리 유무에 따라 구분된다고 할 수 있다.

이는 다양한 플랫폼으로 활용할 수 있다는 장점이 있다. 현재 ADD는 이러한 핵심기술 개발을 토대로 최종적으로는 2024년에 핵심기술 개발을 완료하고, 최대 순항속도 마하 6 이상의 장거리 극초음속 순항미사일 개발을 목표로 진행하고 있다. 이처럼 극초음속 무기를 개발할 수 있는 나라들은 세계 최고를 다투는 기술 강국들뿐이며, 완벽히 실전 배치에 성공했다고 평가받는 나라는 러시아뿐이다. 그만큼 어려운 무기 개발에서 한국이 그런 열강들과 어깨를 나란히 하고 있는 것이다.

3

CIWS

한국의 CIWS 개발 역사

세상의 모든 물건에는 정해진 값어치가 있다. 그 물건의 가치가 시세보다 저렴하면 잘 팔리는 것이고, 비싸면 안 팔리고 도태되는 게 세상의 이치이자 잔인한 현실이다. 하물며 작은 구멍가게의 사탕 하나라도 그 물건에 맞는 값이 매겨지기 마련이다. 하지만 방산무기 시장에는 이런 통념들이 조금 다르게 적용된다.

대부분 전력 무기는 주문에 의하여 제작하는 방식으로 생산한다. 그래서 제작사는 단가를 일반에게 공개하지 않는다. 판매국은 구입하려는 국가가 원하는 형상과 장착할 장비에 따라 제작방법과 가격을 검토하고, 원하는 국가는 수량과 인도 시기, 인도 방법 등 적정한 가격을 판단하여 발주하는 방식이다.

통상 국가의 예산은 1년 단위로 결정한다. 따라서 국가와 제작사의 구입 계약도 1년마다 이루어지는데, 그 해에 몇 대를 발주하는지에 따라 단가는 달라진다. 가까운 예로 한국이 들여오는 아파치는 최신의 기종인 AH-64E형 아파치 가디언으로, 순수 기체의 한 대당 가격은 약 350억 원이 들어간다.

CIWS 중 골키퍼의 모습

한국은 총 60대의 아파치 가디언을 운영할 예정인 반면, 일본은 2001년 8월을 기준으로 이전까지 운용하던 AH-1S 휴이코브라 대전차 헬리콥터의 후속으로 AH-64D 버전의 아파치를 도입하기로 결정했다. 이는 2002년도 예산에서 처음으로 2대를 도입하는 것을 시작으로 2006년 3월에 인수하였다.

이후에는 일본 국내에서 부품을 조달하는 비율을 서서히 늘려 후지중공업이 최종 조립을 하는 방향으로 추진했다. 하지만 당시 일본에겐 라이선스 제작으로 변경하는 방식은 최악의 수로 작용했다. 처음에는 총 60대 정도를 배치할 계획이었지만 단가가 점점 올라가는 악재를 만난 것이다. 이로 인해 후지중공업과 일본 국가 간의 소송까지 일이 커졌으며, 마지막에는 1대당 216억 엔, 환화 약 2천억 원이라는 금액으로 아파치를 구입했다. 참고로 이 금액은 F-35보다 두 배 비싼 금액이며, 애초에 생각했던 가격의 4배이다. 이처럼 모든 방산무기가 그러하듯 정해진 가격이 없다.

한국은 이런 방산무기 시장에서 줄다리기를 매우 잘하는 편이다. 첨단 무기부터 재래식 무기까지 개발 기술도 점점 고도화되고, 세계에서 인정받는 방산무기

팔마

도 늘어나고 있는데도 말이다. 한 사례로 한국이 무기의 값어치보다 터무니없는 가격을 제시한 방산무기에 화끈하게 대응했던 게 있다. 그것은 바로 근접방어무기체계, CIWS이다.

이는 함정의 개함 방공에 사용하는 무기체계로 다른 방공시스템이 요격에 실패했을 때를 대비한 최후의 근거리 방어수단이다. 이 근접 방어 체계는 'Close-In-Weapon System'으로 통칭 씨위즈(CIWS)라고 부른다. 현대 해군 수상함이 직면한 주요 위협 중 하나가 대함 유도탄인데, 이에 대한 대항 수단으로 다른 모든 방어 수단들이 실패했을 때 함정의 최후 방어 수단이 중요하다. 아울러 이 최후 방어 수단은 함포의 화망을 돌파한 고속정이나 테러용 단정 같은 소형 수상 목표물의 대처에도 효과적으로 활용된다. 주로 기관포를 써서 날아오는 미사일을 요격하는 형식인데 현재는 러시아의 카쉬탄이나 팔마와 같이 30mm 개틀링과 함대공미사일을 혼합한 시스템도 등장하고 있다.

과거 옛날 전함들이 다수의 대공포를 활용했던 전술과 비슷하게 전투함 주위에 화망을 형성해 보호할 때도 있었다. 하지만 현대 CIWS는 컴퓨터 및 레이더 조

팰렁스의 모습

준으로 무기를 관제해서 미사일의 예상 궤도를 좇아 사격하기 때문에 방어 성공률이 기존의 탄막을 치던 방식보다 훨씬 높다. 게다가 적성 물체에 대해선 독립적이고 자동으로 반응하게 할 수도 있다. 그렇기 때문에 종말 단계의 방어 시스템은 매우 중요하다.

씨위즈가 바로 그런 종말 단계의 최후의 마지막 보루인 것이다. 대한민국 해군은 서방제 CIWS 중 하나인 네덜란드 시그널 사의 SGE-30 골키퍼와 미국 레이시온이 개발한 CIWS 팰렁스를 주로 사용하고 있다. 골키퍼와 팰렁스는 대표적인 근접방어 무기체계로 많은 국가가 운영하고 있다.

우선, 골키퍼는 말 그대로 축구의 골키퍼처럼 잘 막으라는 뜻을 가졌다. 골키퍼는 30mm 개틀링을 장착하고 있어 팰렁스 대비 위력 면에서 확실한 우위를 점하고 있다. 그런데 사실 이 물건은 소위 말해, 냉전 당시 미국에서 구소련 전차들의 뚜껑을 여는 용도로 사용했던 것이다. 즉, A-10 공격기에 탑재되어 있던 GAU-8 어벤저 기관포이다.

30mm 개틀링건을 탑재한 A-10 공격기

GAU-8 어벤저 기관포는 30mm 구경, 7총열 개틀링 포에 높이 6.2m, 중량 9,902kg의 육중한 몸체를 가지고 있고, 발사 속도는 초당 70발로 분당 4,200발을 발사한다. 탄환수는 1,190발이며, 최대유효 사거리는 2,000m이다. 이처럼 거대한 30mm 개틀링건을 채택한 만큼 골키퍼의 크기 자체가 어마어마하게 큰 관계로 이를 아무리 함정에서 운용한다 해도 요구하는 용적 자체가 크다. 따라서 장착에 따른 제약조건이 발생한다.

쉽게 말해, 골키퍼를 장착하려면 76mm 함포를 달 공간만큼 추가적인 공간이 더 필요한 것이다. 이러한 이유로 골키퍼는 운용 쪽에서 팰렁스보다 확실히 열세이며, 개발국인 네덜란드와 일부 유럽, 아시아 국가들만 운용하고 있는 상황이다. 하지만 그에 반해 화력은 확실하다는 평가가 있다. 골키퍼는 17개의 목표를 동시에 추적해 가장 위험한 목표부터 우선적으로 처리하는 데 5초 간격으로 발사된 두 발의 엑조세 대함미사일을 연속 요격한다. 또한 골키퍼는 팰렁스보다 가격이 2배 더 비싼 대당 100억 원이며, 팰렁스는 50억 원 정도 한다.

반면, 미국이 개발한 CIWS 팰렁스(Phalanx)는 그리스의 보병 방진인 팔랑크

팰렁스의 사격모습

스를 뜻하고 방어 체계인 만큼 이 진형에서 이름을 따 왔다. 미국에서 개발한 만큼 미국식으로 보통 팰렁스라 부르게 된 것이다. 팰렁스는 최대 유효사정거리 1,490m, 발사 속도는 분당 4,500발, 탄환 수는 1,550발이며, 골키퍼보다 작은 6,120kg이다.

팰렁스는 F-4 팬텀 이후 미국제 전투기에 거의 고정무장처럼 장착되었던 M61A1 20mm 발칸포와 자체 레이더, 관제 시스템으로 구성된 근접 방어 체계를 가져온 것이다. 사실상 근접 방어 체계의 표준이라고 해도 과언이 아니다. 이에 걸맞게 운용하는 국가와 함정 또한 많다.

일단 개발국인 미국은 물론이고 서방권에서 근접 방어 체계를 장착할 정도로 대형함을 보유한 해군에서는 대부분 팰렁스를 도입했다. 그렇기 때문에 운용 과정에서 발생하는 다양한 문제점을 식별하기 용이하고, 이러한 데이터를 바탕으로 업그레이드가 지속해서 이루어졌다.

팰렁스 최신형의 경우, 개량된 광학식 추적장비와 30cm 가량 연장된 포신 덕택에 골키퍼와 요격 능력 차이는 크게 줄어들었다. 그러나 탄환의 구경으로 인해 파괴력은 낮다. 팰렁스는 단일 목표물을 대상으로 격추될 때까지 발사하는 방식

RIM-116

이다. 또한 탄약통이 일체화되어 있어 갑판 위에 올려놓고 나사만 조이면 설치가 끝나지만 골키퍼는 갑판의 내부를 따로 탄약고 공간을 만들어야 설치할 수 있다. 앞서 설명한 골키퍼의 단점이 공간을 차지해도 너무 많이 차지하지만 이 단점을 강력한 화력이 덮고 있는 것이다.

과거 서방 국가들은 기존의 기관포형 CIWS만으로는 러시아의 대함 미사일을 쉽게 방어할 수 없다고 생각했다. 이 때문에 대함 미사일에 대응되는 체계로 소형 유도미사일 개발이 시작되었고, 이 신무기 체계는 1987년에야 생산이 결정됐다. 그리고 1992년에 들어서 RIM-116A를 완성하게 됐다. 2000년대부터는 개량된 21 연장의 RIM-116B block 1이 나왔는데 적외선 유도를 채용하여 레이더 전파를 발산하지 않는 물체에 대해서도 대응이 가능하다고 알려졌다. 이는 독일, 대한민국, 미국, 터키, 그리스 해군 등에서 채용되고 있다.

하지만 RIM-116A의 단점도 존재한다. 21발을 쏘고 나면 다음 요격 방어까지 시간적인 GAP이 발생하고 CIWS보다 상대적으로 운영비가 비싸다. 그래서 현재는 종말 방어 체계로 쓰이는 CIWS와 RIM-116A/B가 동시에 운영하는 것이 함선에선 가장 효과적이고 최적화된 무기로 알려져 있다. 그래서인지 그만큼 수요도 높다. 한국은 이런 시스템들을 전량 수입해 오고 있기 때문에 많은 비용을 들여 사용해오고 있다. 문제는 그다음 발생하게 된 것이다.

미국과 미국의 동맹국 전투함들에 탑재된 팰렁스에 비해 수요자가 유럽과 남미, 중동 일부 국가와 한국뿐인 골키퍼는 규모의 경제를 실현하지 못해 결국 추가적인 개량은 먼 미래의 일이 되어버렸다. 반면 경쟁자인 팰렁스는 지속적인 개량을 거듭해 약점이었던 대전자전과 위력 면에서 골키퍼에 상당히 근접했다. 초음속 대함미사일에 대한 대응능력은 골키퍼를 넘어서는 수준까지 도달한 상태다. 이로 인해 골키퍼는 섬섬 노태되기 시삭해서 단산에 이르기까지 했다. 문제는 CIWS 시장이 미국의 독점 체계로 변하자, 미국이 돌연 펠렁스의 가격을 점점 올리는 것이었다. 그 때문에 한국은 팰렁스 구입에 많이 고민하기 시작했다. 그런데 하늘이 도와서일까? 이런 한국의 난처한 정보를 입수한 골키퍼 개발국인 네덜란드는 한국에게 골키퍼에 대한 기술이전을 제시하였다.

골키퍼는 팰렁스에 비해 구경만 클 뿐이지 계속해서 발전하는 대함 미사일의 회피 기동과 기만 등에 매우 취약했다. 그렇기에 골키퍼는 이대로 단종되는가 싶었는데 탈레스 네덜란스사에서 골키퍼의 개량사업을 진행하는 것으로 방향을 틀었다. 이로 인해 주요 기술과 장비를 개량하면서 I-밴드 탐색레이더 TV Optical System에서 EO/IR 센서 교체와 구동부 성능을 개량하고 파괴력을 높인 신형 탄약을 적용하는 등 업그레이드를 진

'골키퍼'를 정비하는 모습

행하게 된 것이다. 이를 갖추게 되면 골키퍼가 팰렁스보다 요격 능력에서 훨씬 앞서게 된다.

이후 한국에서는 LIG 넥스원이 지난 2016년에 방사청과 창정비 계약을 체결했으며, 지난해에는 원제작사인 네덜란드 탈레스에 기술 인력을 파견해 정비 경험과 기술을 이전 받아 2019년에는 LIG 넥스원이 해군의 골키퍼 창정비 설비를 구축 완료했다. 한국형 CIWS의 독자 개발이 마무리되고 양산까지 들어간다면 또다시 한국은 최신의 근접방어 무기를 개발하여 보유하게 되는 것이다. 하늘이 무너져도 솟아날 구멍이 있고 하늘은 스스로 돕는 자를 돕는다. 이 말은 실패해도 좌절하지 않는다면 또 실패해도 포기하지 않는다면 또 다른 기회가 온다는 것이다.

한국의 CIWS 국산화

이제 한국산 근접방어무기 CIWS를 곧 만나게 될 것 같다. 현재 국내 연구개발로 한국형 차기 구축함 KDDX를 비롯해 해군의 최신 함정에 CIWS-II를 장착하는 사업을 추진하고 있다. 방산업계에서는 전투함의 전력화 일정을 고려해 최단기간 내 연구개발을 수행하게 될 것으로 보고 있다. 또한 레이더, 광학장비, 사격통제장치, 기타 함포 구성품은 국내 자체 개발과 양산을 동시에 수행할 예정이다. 이 때문에 주요 핵심장비 모두 순수 국산품으로 개발하는 만큼 그 의미는 남다르다고 할 수 있다. 다시 말해, 한국이 CIWS를 독자 개발한다는 것이다.

LIG 넥스원은 국내 유일의 30mm 골키퍼 창정비사업 경험을 통해 확보한 전문 인력과 전용 정비시설을 최대한 활용해 향후 CIWS-II 사업 국내 개발에 기여해 나간다는 방침을 내세웠다. 특히, 군은 근접방어무기체계의 함정 설치, 시스템체계 통합, 시험평가 경험을 기반으로 안정적인 장비 개발과 양산 및 후속 군수지원 등을 통해 향후 해군 함정의 전투력 향상에 크게 기여할 것으로 기대하고 있다.

LIG 넥스원 관계자 말에 따르면 "해상이나 수중환경에서 운용 중인 다양한 무기체계의 국내 개발은 물론 해군이 도입·운용 중인 해외 무기체계의 유지보수 및 협력정비 등과 관련해서도 사업관리 경험을 축적해 왔다"라며 "그동안 쌓아온 기술력과 노하우를 최대한 활용해 해군 전투력 향상을 위한 신규 장비 개발에 기여할 수 있도록 최선을 다할 것이다"라고 밝혔다.

한편 무기체계가 첨단화·고도화 됨에 따라 안정적인 정비기술 역량 확보가 중요한 과제로 대두되고 있다. 이에 우리 군도 현재 운용 중인 골키퍼의 금번 초도창정비의 성공적 수행으로 국내 정비능력을 확보했다는 것이다. 그동안 한국 해군은 기존 운용장비 대비 성능개량 등의 지속적 후속 군수 지원 확대의 어려움을 겪었다. 그로 인해 대체 무기체계 확보의 필요성을 제기하면서 CIWS-II 사업을 추진했다. 그 결과 내년부터 2030년까지 업체 주관하에 국내 개발 추진을 결정했다. CIWS는 대함미사일, 항공기, 고속 침투정 등의 위협으로부터 함정을 최종 단계에서 방어하는 무기체계로 LIG 넥스원은 지난 6월 30일에 30mm 골키퍼의 국내 초도 정비품에 대한 공장수락검사를 완료한 바 있다.

과거 한국은 해군 함정의 근접방어무기 체계는 모두 해외에 의존해왔다. 하지만 이번 일을 계기로 골키퍼 정비를 국내에서 독자적으로 수행할 수 있는 역량을 확보했으며, 장비의 안정적인 운용 유지와 후속 군수 지원이 적시에 가능하게 된 것이다. 2018년에 원제작사인 네덜란드 탈레스에 기술 인력을 파견하는 등 정비기술과 경험을 이전 받으면서 CIWS 국내 개발이 급물살을 타게 됐다. 그 첫 발걸음이 MADEX 2019에서 한국형 근접방어무기(CIWS) 체계개발이 확정되면서 시작됐다.

본 사업은 방위사업청 홈페이지에서 근접방어무기체계-II(CIWS-II)로 호칭되고 있으며, 그 근황과 개발에 대한 내용을 공시하기도 했다. 한국형 CIWS는 지난 2017년 10월에 장기 신규 소요로 결정된 이후, 2018년 6월부터 2019년 2월까지 국방기술품질원을 활용해 선행연구가 진행되었다. 이를 통해 얻어진 연구 내용을 기반으로 2019년 5월에는 중기 전환 소요결정이 이루어졌으며 2019년 12월까지 군의 소요검증 작업이 이루어졌다.

한국형 CIWS가 국내 개발 사업으로 확정된 주된 이유는 팰렁스 블록 1B를 공급하고 있는 미국 레이시온사가 그 도입가격을 터무니없을 정도로 폭등시켰기 때문이다. 한국 해군은 지난 2008년 5월 말, 울산 호위함의 근접방어 무기체계 입찰에서 미국의 레이시온(Raytheon)이 제안한 팰렁스 블록1B 체계를 네덜란드 탈레스사의 골키퍼 CIWS를 제치고 최종 선정하였다. 당시 한국은 무려 19세트의 골키퍼 CIWS를 도입하여 전 세계 골키퍼 도입량의 1/4를 사용하고 있던 상황이었기 때문에 이것은 엄청난 물량이었다. 그전까지 한국은 팰렁스와 골키퍼를 모두 수입해 사용해왔다. 또한 한국이 전투함을 개발하는 초기 물량에는 골키퍼를 장착했다. 그 이유는 골키퍼가 팰렁스대비 파괴력이나 효과는 더 뛰어났기 때문이다.

LIG 넥스원의 CIWS-II

보통 미국에서 이지스 시스템을 수입하면 팰렁스를 세트로 붙여서 판매했다. 그만큼 팰렁스는 옵션으로 판매할 정도로 골키퍼와는 확연한 성능 차이를 보이는 무기체계였다. 하지만 팰렁스도 지속적인 업그레이드 버전을 통해 골기퍼와의 격차가 많이 줄어든 상태였다. 이 때문에 이후 나오는 한국산 전투함들은 골키퍼보다 팰렁스의 사용 비중이 높아져갔다. 2010년 전후부터는 한국산 전투함 개발 시

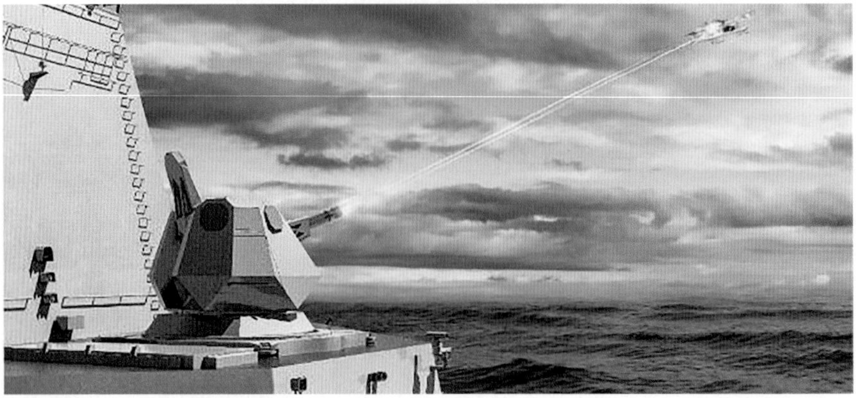

근접방어무기체계-II

에는 팰렁스 도입이 급격히 늘어나는 추세였다. 그런데 이 사건에 대한 시작의 발단은 지난 2008년 5월 말 시작됐다.

울산급 호위함의 근접방어 무기체계 입찰에서 미국의 레이시온(Raytheon)이 제안한 팰렁스 블록1B 체계가 선정되었다. 한국 방위사업청이 팰렁스 블록1B를 도입한 이유는 경쟁자인 골키퍼 CIWS의 가격이 2배 정도 높았기 때문이다. 골키퍼의 체계가격은 2005년 당시 약 1,000만 유로였다. 그런데 당시 EU가 통합되어 유로화가 급등하는 시기였기 때문에 원-유로 환율이 1유로당 1,200원 전후에서 무려 1,700원대까지 급상승하였다.

그 결과, 골키퍼 CIWS 도입가격이 약 170억 원 이상으로 급등한 것과 비교해 미국은 팰렁스 블록1B 체계의 한국 판매를 위해 그 가격을 80~90억 원 수준으로 억제하였다. 당연히 방위사업청은 가격 면에서 경쟁이 안 되는 것은 물론, 지속적으로 성능이 개량되고 있는 팰렁스 블록1B를 선정할 수밖에 없었다.

그러나 곧 문제가 생겼다. 2005년에 계약된 울산급과 기타 해군 함정을 위한 팰렁스 CIWS 1차 계약수량 이외에 2015년에 KD-3 Batch II 급과 같은 신형 함정

팰렁스

을 위한 추가 도입 계약을 검토하는 과정에서 미국 레이시온사가 가격을 급등시킨 것이다. 레이시온사가 독과점 지위를 이용해 물가 상승률을 고려한다고 해도 과거와 비교해 터무니없는 가격으로 2배나 높은 금액을 부름에 따라 한국 방위사업청 협상팀을 크게 놀라게 했다. 이와 더불어 골키퍼 제작 업체는 경영악화로 CIWS의 생산이 중단된 결과, 서방에서 생산되는 거의 유일한 CIWS이기에 레이시온은 얼마든지 배짱을 부릴 수 있게 된 것이다.

여기서 미국 레이시온이 전혀 예상하지 못했던 반전이 시작됐다. CIWS 정도는 얼마든지 국산화할 수 있는 한국이 가격이 폭등한 팰렁스를 버리고 자체개발을 선언한 것이다. 우리 연구진은 수명주기 비용까지 고려하면 충분히 개발비를 상쇄할 수 있다는 결론을 내렸다. 뿐만 아니라 한국형 모델을 개발해 미국이 독과점했던 해외시장을 한국이 충분히 개척할 수 있다는 계산도 했다.

현재 동남아시아 국가들이 해군력을 증강시키는 상황에서, 다른 것은 몰라도 CIWS는 기본적으로 장착하고 있기 때문에 그 수요처도 충분할 것으로 판단되고 있는 상황이었던 것이다. 이런 결론에 도달한 한국의 이후 행보는 거침이 없었다. 2019년 4월, LIG 넥스원은 골키퍼의 제작사인 탈레스사와 협력해 골키퍼 CIWS

를 국내에서 창정비 할 수 있는 정비창을 공동으로 개소하였다.

그동안 한국 해군은 골키퍼 CIWS를 운용하면서 부품 수급에 곤란을 겪음은 물론, 부품 가격이 지속적으로 상승해서 상당한 어려움을 겪어야만 했다. 또한 CIWS가 배치된 지 20년이 넘어감에 따라 창정비가 필요했다. 이런 이유로 LIG 넥스원이 골키퍼 CIWS를 국내에서 창정비 할 수 있는 체계를 마련했다. 그래서 국내에서 한국형 CIWS를 개발하는데 필요한 약 1,000억 원의 개발비를 투입하더라도 전체 도입 비용과 중장기적인 수명주기 비용을 고려하면 충분히 타당성이 있다는 결론을 내린 것이다.

현재 한국이 개발하고 있는 한국형 CIWS는 현존하는 CIWS 중 가장 진보된 무기체계로 개발을 추진하고 있다. 한국형 CIWS는 세계적인 흐름에 발맞추어 Ku 밴드 추적레이더와 함께 적외선 추적장비를 함께 갖출 예정이다. 이는 시스키밍(Sea-Skimming) 고도로 접근하는 대함미사일을 추적할 수 있는 레이더가 장착된다는 것이다. 이뿐만 아니라 고속표적 탐지용 EOTS도 장착될 예정이다. 한국산 CIWS는 2026년까지 개발을 완료해 울산함 BatchⅢ급부터 한국형 CIWS를 탑재하는 것을 목표로 추진하고 있다.

하지만 일각에서는 짧은 개발 기간으로 인해 기존의 CIWS와 동급의 무기체계로 개발될 수 있다고 조심스럽게 내다보고 있다. 현재 한국형 CIWS 사업은 2021년부터 개발사업을 시작해 5~7년 안에 체계개발까지 끝내야 하기 때문이다. 이는 다른 의미로 완전히 새롭게 혁신적인 기술을 도입하긴 어렵다는 것이다. 그래서 실제 관련 기업은 현재 확보된 골키퍼와 팰렁스 블록1의 체계기술을 기반으로, 탐지센서와 스텔스 능력보다 향상된 한국형 모델을 개발해야 한다. 하지만 현재의 골키퍼와 동일한 성능이라고 해도 가격 면에서 한국산이 충분한 가격경쟁력이 있기 때문에 한국산으로 개발된다면 이마저도 나쁘지 않은 선택이다.

한편 한국은 CIWS의 탄약체계도 새롭게 개발 중이다. 얼마 전 탄약제조 전문업체인 풍산이 팰렁스 블록1B에서 사용할 수 있는 20mm 탄약을 국산화에 성공했다. 특히, 복합재 이탈피 내부에는 골키퍼 체계를 위하여 풍산이 양산했던 30mm K165 FMPDS라고 하는 미사일 파괴용 이탈피식 파편 관통자와 동일한 기술을 사용하는 취성 관통자의 기술을 확보한 것이다.

기존의 CIWS 탄약은 철갑탄이 그냥 목표물을 관통만 하는 것에 비해 FMPDS 관통자는 장갑을 관통함과 동시에 쪼개지면서 세열파편을 발생시킨다. 그리고 세열파편은 표적을 파괴함은 물론, 화재를 일으키는 소이효과를 가지고 있는 것이 특징이다. 한국형 CIWS-II 개발사업은 윤영하급에 장착된 노봉 CIWS에 이어서 두 번째로 국산화될 예정인 CIWS이기에 CIWS-II라는 명칭을 사용하고 있다.

사실 노봉 CIWS도 현재의 CIWS-II 사업과 비슷한 개발 단계를 밟았다. 1980년대 한국 해군은 울산급과 포항급에서 제한된 CIWS 기능을 가진 이탈리아 브레다사의 40mm 쌍열 기관포 체계를 대량으로 운용하고 있었다. 이렇게 운용 수량이 많음에 따라, 해군과 대우종합기계는 브레다 체계를 국산화하는 사업을 시작해 동급 성능을 가진 현재의 노봉 체계가 개발될 수 있었다.

한국형 CIWS 개발도 비슷한 행보를 밟아나갈 계획이다. 물론 세계적인 흐름에 발맞추어 신뢰성이 향상된 Ku밴드 추적 레이더와 함께 고해상도 적외선 추적장비 사용과 스텔스 커버를 통해 스텔스 능력을 보다 향상시킬 계획이다. 그리고 한국형 CIWS는 우선적으로 울산함 BatchⅢ급과 KDDX급 구축함에 장착될 계획이며, 한국형 전투함의 해외수출이 점차로 증가함에 따라 세계 각국으로 수출될 가능성도 높을 것으로 기대하고 있다.

미국 팰렁스 블록1B 가격 상승에도 자신들의 무기를 아무 말 없이 사줄 것이라 생각했던 미국이 한국을 호구로 본 것이 얼마나 큰 실수였는지 한국의 기술력으로 뼈저리게 일깨워줄 좋은 기회인 것이다. 과거와 달리 지금의 한국은 이미 다른 나라라고 할 정도로 남다른 기술력을 보유한 국가로 변했다.

4

Korean military weapon

경항모와 국산 함재기

함재형 보라매

한국의 KF-21 보라매가 성공적으로 개발되면서 뜻하지 않게 F-35를 둘러싸고 효용성과 성능에 대한 신뢰성 논란이 커지고 있다. F-35는 지금까지 개발된 5세대 스텔스 전투기 중 가장 우수하다는 평가를 받고 있지만, 기술적 결함과 높은 유지 비용에 따른 불만의 목소리도 점차 확산하는 상황이다. 특히 지난 22년 1월 초, 랜딩기어가 접히지 않아 동체로 착륙하는 엄청난 사건이 발생하기도 했다. 조종사의 실력이 대단하지 않았다면 1,000억이 넘는 전투기와 귀중한 조종사의 목숨이 사라졌을 것이다. 이에 따라 그동안 한국이 진행해오던 경항모 사업을 변경해 중형항모를 도입하고 KF-21 네이비 개발해 배치하자는 의견이 힘을 얻었다.

지난 21년, 3월 미국 뉴욕타임스는 록히드마틴의 F-35는 기술적인 문제가 여전히 해결되지 않고 있다며, 미 의회와 국방부조차 F-35 작전 운용성에 대한 논란이 확산하고 있다고 보도했다. 앞서 블룸버그 통신도 21년 1월 F-35의 결함이 여전히 871건에 달하고 심각한 문제도 남아있다고 지적한 바 있다. 또 스텔스 성

F-15EX

능만으로는 변화한 공중 작전 개념을 충족할 수 없다는 최근의 항공전 전술 교리 변화도 소개하고 있다. 이같은 논란이 만연하자 세계 각국들이 F-35의 문제점을 보완하기 위해 대체 기종을 찾아 나섰다.

먼저 F-35의 본고장인 미국은 스텔스 성능을 낮추는 대신 레이더와 전자전 능력을 업그레이드하여 무장 탑재량이 높은 기존 전투기로 눈을 돌리고 있다. 보다 저렴한 기종을 단기간 내 실전 배치해 F-35의 작전 투입 비중을 낮추겠다는 것이다. 최근 미 공군이 보잉으로부터 1호기를 인수한 F-15EX는 이 같은 기류가 반영된 기종이다. 또한 미 공군은 228억 달러인 약 26조 원을 투입해 F-15EX 144대를 도입한다는 계획이다.

F-15EX는 무장 탑재량이 F-35A보다 50%나 많은 13.4t에 달한다. 이로 인해 미사일이나 폭탄은 최대 24발까지 장착할 수 있다. 또한 다기능위상배열 AESA 레이더를 비롯한 각종 첨단 전자장비도 갖췄다. 그리고 스텔스 성능은 없지만 F-35보다 운영유지비가 저렴하다는 장점이 크다. 실제로 F-15는 한번 출격할 때마다 운영유지비가 2만 2,000달러(약 2,490만 원)이지만, F-35는 3만 6,000달러(약

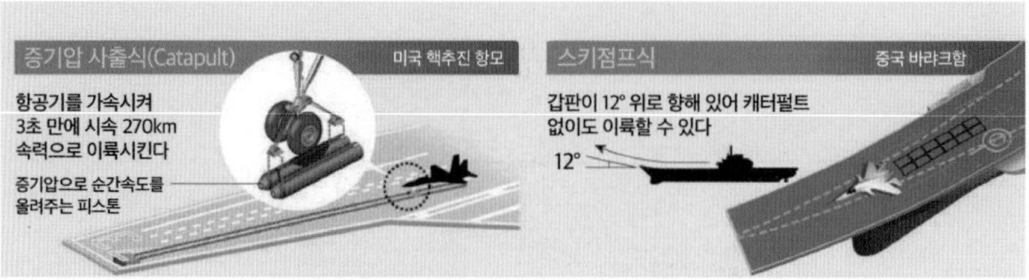

미국과 중국의 함재기 이륙 방식

4,071만 원)이 소요된다. 또한 비용 부담이 적은 F-16 대체 기종 논의도 본격화할 조짐을 보인다.

하지만 이렇게 대체기종을 도입하더라도 F-35의 가격 대비 성능에 대한 회의론이 잦아들 기미는 없다. 오히려 F-35B를 중심으로 더욱 거세지고 있다. 영국이 당장 퀸 엘리자베스급 항모 2척에 탑재되는 F-35B 수직이착륙 스텔스 전투기를 당초 계획보다 1/3로 축소할 전망으로 알려지면서 F-35는 때아닌 수난시대에 접어들고 있다. 현재 F-35를 도입한 국가들은 F-35의 문제점을 보완하기 위한 자국 실정에 부합하는 대안을 찾기 위해 열을 올리고 있다.

한 세대 전 경항모 함재전투기의 세계 표준은 영국이 개발한 수직이착륙 전투기 해리어(Harrier)였다. 한편 세월이 지난 지금 경항모에서 운용할 수 있는 사실상 유일한 함재기는 미국의 F-35B뿐이다. 반면 중형 이상 항모의 전투기 출격 방식은 두 가지다.

먼저 증기나 전기를 동력으로 함선에서 항공기를 발진시키는 사출기 이함 방식인 CATOBAR다. 이 방식을 사용하는 전투기는 미국 F-35C 나 F/A-18 계열, 프랑스 라팔-M 등 세 종류가 있다. 또 다른 방식은 스키점프대 형태의 구조물을 이용하는 것이다. 현재 중항모의 함재기로 쓸 수 있는 기종은 F/A-18E/F STOBAR(Short Take Off But Arrested Recovery·스키점프 이륙), 러시아 Su-33이나 MIG-29K, 인도 테자스, 스웨덴이 브라질에 제안한 그리펜 네이비 등 네 종류를 꼽을 수 있다. 이처럼 사출기나 스키점프대 형태의 구조물을 이용한 함재기 종류는 다양하다. 하지만 경항모에서 운용할 수 있는 함재기의 선택 폭은 매우 좁다. 보통 전투기는 경항모의 짧은 갑판 길이 때문에 이함·착함을 할 수 없다.

따라서 경항모용 전투기를 따로 개발해야 한다. 이마저도 엔진 노즐 분사 방향을 바꿔 수직으로 이착륙하기 때문에 구조가 복잡하고 가격은 비싸지며 폭장량과 운용성은 떨어진다. 또 개발이 어려움과 더불어, 용도는 제한돼 다양한 기종이 나오기도 힘든 상황이다.

이런 이유로 1980년대부터 2000년대 초반까지 유행한 경항모 함재기는 모두 해리어였다. 영국, 스페인, 이탈리아, 태국, 인도의 경항모는 모두 해리어 계열 기체를 운용해왔다. 미 해군의 강습상륙함도 상황은 마찬가지다. 그래서 선택의 폭을 넓히고자 만든 전투기가 F-35B다.

F-35B는 F-35라는 이름을 따르지만 공군용 A형이나 해군용 C형과는 크기·중량·구조·엔진 등 설계 자체가 다르다. 사실상 별개 기종으로 봐도 무방하다. 당초 F-35B 도입을 결정한 나라는 미국 (353대), 영국(138대), 일본(42대), 이탈리아(30대), 싱가포르(12대) 총 5개국이었다. 하지만 터키는 아나돌루급 항모용으로 40대 이상 도입을 추진했으나 금수조치로 계획이 좌초됐다. 여기서 문제는 각국이 F-35B 도입 물량을 대폭 줄일 전망이라는 것이다. 최대 구매자인 미 해병대는 지난해 군 개혁 일환으로 대규모 편제 개편을 발표했다.

비행대 1개당 전투기 16대가 배속된 편제를 10대로 줄이겠다는 것이다. 당초 미 해병대는 2032년 회계연도까지 22개 비행대의 F-35B 기종 전환을 완료할 계획이었다. 그런데 각 비행대 소속 전투기 편제가 10대로 감축되면서 F-35B 도입 물량도 최대 130여 대 가량 줄어들 전망이다. 138대를 구매해 세계 2위 F-35B 도입국이 될 예정이던 영국도 2025년까지 F-35B 48대 도입만 확정한 상황이다. 나머지 90대는 취소하는 방안을 검토 중이다. 또한 영국 정부는 F-35B의 구입예산을 6세대 전투기 템페스트와 무인전투기 개발·획득에 투입할 전망이다. 이런 예산 전

F-35B

용안은 자국 의회의 지지도 받고 있는 상황이다. 영국은 이처럼 함재기 부족현상을 영국 항모에서 미 해병대 F-35B를 함께 운용하는 연합전단을 구성해 해결한다는 계획이다.

실제 미국과 영국은 지난해부터 연합 전단을 시범 운용하기 시작했다. 6개 나라가 600대 이상 주문할 예정이던 F-35B는 발주 취소로 실제 생산 물량은 220대 이상 감소할 것으로 보인다. 이 말을 다시 풀이하면, F-35 계열 기체 중 가장 비싼 F-35B의 획득·유지 비용이 더 상승할 수밖에 없게 된 것이다. 전투기 양산 수량이 줄면 대당 제작 단가와 후속 군수 지원 비용도 함께 높아지기 마련이다.

그렇다면 이 시점에서 한국이 F-35B를 도입하려면 어느 정도 비용이 들어갈까? 2019년 록히드마틴 측은 F-35B 전투기의 기체 단가(Flyaway cost)가 대당 1억 130만 달러(약 1,120억 원)라고 밝혔다. 그런데 이는 제 14차 저율초도생산(LRIP) 물량 기준이고 가격은 순수 전투기 납품가격만 따진 것이다. 다른 성능 옵션 등을 추가한 프로그램 가격(Program cost)은 훨씬 높아진다. 무기체계 구입 가격은 도입 시기와 물량, 옵션에 따라 천차만별로 변한다.

한국군이 소요를 제기한 F-35B 전투기 물량은 20대다. 대당 가격을 2,500억 원으로 잡아도 5조 원이 필요하다. 2020년 8월, 군은 F-35B 20대 도입에 4조 7,000억 원 대당 2,350억 원이 필요하다고 밝혔다. 최근 실제 F-35B 판매 사례를 살펴보면 눈덩이 가격 폭등은 좀 더 확연히 드러났다.

지난해 1월 싱가포르는 미 국방부로부터 F-35B 12대 구매 승인을 받았다. 당시 미 국방부 산하 국방안보협력국(DSCA)이 통보한 F-35B 12대 판매 가격은 27억 5,000만 달러로 약 3조 398억 원이었으며, 이는 전투기 기체와 운송 및 훈련 비용만 포함한 가격이다. 또 무장과 예비부품 등은 포함되지 않은 가격이다. 옵션을 제외한 F-35B 기체의 대당 가격은 2억 2,900만 달러로 약 2,530억 원으로 추산할 수 있다. 문제는 이 가격이 미 해병대의 대규모 편제 개편과 영국의 구매 물량 축소 전 가격이라는 것이다.

양산 물량이 줄면 F-35B 대당 가격은 높아질 수밖에 없다. 그래서 이런 상황을 감안하면 한국이 F-35B를 도입할 2020년대 중반 이후 실제 가격은 세계 최고가 전투기 F-22에 근접한 3,000억 원 수준까지도 예상된다. 그런데 이마저도 계속 올라가고 있는 실정이다. F-35B는 한국군이 이미 도입한 공군용 F-35A와 기체의 구조·부품이 다르다. 또한 이와 별개로 별도의 정비·훈련·지원 인프라가 필요하다. 이렇게 되면 획득 후 유지 비용도 더 올라가게 되는데, 영국이 F-35B 대량 도입 포기를 검토한 것도 효용성은 떨어지고 가격은 천정부지로 오르는 돈 문제 때문이다.

한국 공군은 F-35B 외에도 굵직한 무기 도입·개량 사업을 앞두고 있다. F-35A 20대 추가 도입에 3조 3,000억 원 이상, 조기경보기 2대 추가 도입에 1조 3,000억 원 이상, KF-16 성능 개량에 2조 1,000억 원 이상, F-15K 성능 개량에 3조 원 이상, 한국형 전투기 KF-21 양산에 8조 원 이상이다. 이런 상황이라면 최소 5조 원, 최악의 경우 7조 원 이상 들여 F-35B를 도입해야 한다. 그동안 KF-X사업을 반대해 오던 일부 국내 언론들조차도 이런 의문을 제기하고 나서기 시작했다.

따라서 F-35B의 가격 상승으로 한국 해군의 경항모 도입 사업에 큰 변화가 있을 전망이다. 원래 해군은 약 5조 원대 7만t급 정규 항모 도입이 부담스럽다며, 2조 원대 경항모를 도입하기로 결정했다. 이로써 예산 3조 원을 절감한 셈이다. 하지만 함재기 가격이 폭등하면서 경항모에 대한 회의론이 급부상하고 있다. 아무리 함정의 가격이 싸도 함재기가 너무 비싸고 적으면 항모를 만드는 의미가 없다는 것이다. 쉽게 말해 항모 규모를 줄이면서까지 아낀 예산을 엉뚱한 미국에 바치지 말자는 여론이 힘을 얻게 됐다. 그래서 최근 중형항모를 건조하자는 주장에 힘이 실리고 있다. 이렇게 되면 국내 관련 업계로 돌아갈 경기 부양 효과도 덩달아 생기게 된다. 상황이 이렇다 보니 그동안 F-35를 찬양하던 일각에서도 한국에서 도입할 함재기가 한국 안보 환경에는 맞지 않는다는 지적이 끊이질 않게 됐다. 폭장량과 작전반경은 감소하고 가격은 천정부지로 치솟는, 이른바 가성비 나쁜 기종이란 지적이다.

한국 해군이 고집하는 4만t급 경항모의 도입 가격 자체는 정규 항모 대비 저렴하다. 반면 운용 가능한 함재기는 F-35B 한 기종으로 제한되면서 배보다 배꼽이 더 크게 됐다. 또한 경항모용 함재기는 획득·유지 비용이 정규 항모에서 운용 가능한 함재기보다 월등히 비싸다. 그런데 이를 통해 구현할 수 있는 작전 능력은 정규 항모에 비해 크게 미치지 못한다. 즉, F-35B의 가격폭등은 단점이란 단점은 다 끌어 모은 모양새이다. 그래서 KF-21을 개량해 함재기로 활용하자는 주장이 나왔다.

그렇다면 지금 전문가들이 주장하는 7만t급 정규 항모를 도입하면 어떤 이점이 있을까? F-35B보다 저렴하고 성능은 더 우수한 F-35C를 운용할 수 있다. 또 사출기에서 발진하는 무인 전투기도 도입할 수 있다. 이와는 별개로 KF-21의 동체와 랜딩기어(landing gear, 착륙 장치)를 개량해 함재기로 전용하는 선택지도 있다. 즉, 우리에게는 다양한 선택지가 생긴다는 것이고, 그만큼 많은 변화에 유연하게 대응할 수 있다는 강점이 생긴 것이다. 또 항모 및 함재기 도입은 국익과 안보에 기여해야 한다.

한편 적의 표적으로 전락할지도 모르는 경항모와 가성비 떨어지는 함재기를 혈세로 떠안아선 안 된다는 전문가들의 분석이 줄을 잇고 있다. 대한민국은 당당히 국산 KF-21 시제기 1호기를 성공적으로 개발해 출고한 반면, 경항모 함재기 F-35B의 효용성이 끊임없이 제기되고 있다.

KF-21

얼마 전까지만 하더라도 F-35B를 도입해야 한다던 주장도 부정적인 시각으로 바뀌었다. 그야말로 그 힘들다는 여론의 결집이 이뤄진 것이다. 지금 한국은 정규 중형 항모 건조와 KF-21 네이비 개발을 위한 탐색개발에 착수할 수 있는 절호의 기회를 눈앞에 두고 있다. 이제 남은 건 해군이 결단할 일만 남았다.

5

해군의 국방중기계획

한국의 차세대 호위함

호위함(Escort Ship)은 함대를 호위하기 위한 함선이다. 이를 프리깃이라 부르는데, 호위용 함선이라는 뜻이지만 보통 임무보다는 함선의 크기를 따지는 급수를 가리킨다. 그래서 한국 해군은 프리깃급 함선을 호위함으로 칭하고 있다. 원래 'Frigate'은 전면에서 싸우는 전열함에 비해 상대적으로 작고 빠른 함선을 말한다. 주력함선보다 빨랐기에 정찰이나 본 함대의 끄트머리 부분에 대한 방어 등을 맡아 '호위함'이라는 뜻이 붙었다. 그런데 현대의 호위함과는 달리 과거의 프리깃은 지금같이 구축함의 하위함급이 아니었다. 사실 구축함도 19세기 어뢰정의 출현 이후 생긴 함급이다. 이렇게 호위함 의미가 달랐던 이유는 시대별로, 나라별로 프리깃함에 대한 정의가 달랐기 때문이다.

처음 프리깃함 정의는 함선의 크기에 큰 영향을 받지 않았다. 초기 프리깃함은 덩치도 어느 정도 있어 원양 항해도 문제없이 수행할 수 있었다. 또한 속도도 빠른 데다 전열함보다 출동 비용이 덜 드는 특징으로 인해 원양 초계 등에도 많이 쓰였다. 근대에 들어 커다란 함선을 만들기 시작하며 크기를 가리지 않고 호위함을 제작했다. 이로 인해 중-근세의 비슷한 역할을 맡은 '프리깃'이라는 함급의 호위 순양함이 그 시초가 된 것이다.

21세기 현대에는 구축함보다 작고, 초계함보다 큰 함선을 가리키는 용어로 쓰이고 있다. 대략 2,000톤에서 5,000톤 정도이며, 일부 유럽 국가에서는 5,000톤 이상의 함정에도 호위함이라는 명칭을 사용하기 시작했다. 특히, 영국의 31형 호위함은 배수량이 7,000톤이 넘어가지만 호위함으로 명명하고 있다.

한편, 한자문화권에서는 Frigate(프리깃)의 번역어가 나라마다 각각 다르기 때문에 한국어로 번역하면 호위함(護衛艦)이 되고, 일본어로 번역하면 Frigate을 음차한 '프리게이트(フリゲート)'가 된다. 즉, 오늘날 일본에서 해상자위대의 수상전투함을 호위함이라고 칭하는 것은 함급으로서의 프리깃과는 다른 개념인 것이다. 중국에서는 호위함(護衛艦)이라는 단어로 프리깃과 코르벳(초계함)을 합쳐서 총칭하며, 코르벳을 제외하고 프리깃만을 따로 말할 때에는 순방함(巡防艦)이라는 단어를 사용한다. 이처럼 호위함의 가리키는 뜻은 제각각이다.

오늘날 한국의 호위함의 개발은 어떻게 진행되고 있을까? 현재 한국은 차세대 호위함 개발에 박차를 가하고 있는 상황이다. 이 소식이 이웃나라 중국에도 알려졌는데, 타국 칭찬에 대해 항상 인색한 중국이 한국의 차세대 호위함에 대해 극찬을 했다. 심지어 중국은 한국의 기술을 따라가지 못한다고 보도하기까지 했는데, 그 이유는 바로 한국의 조선기술과 첨단 장비가 탑재됐기 때문이다.

지난 3월 13일, 방위사업청은 현대중공업과 4,000억 원 규모의 울산급 배치(Batch)-Ⅲ 선도함 체계 개발 계약을 체결했다. 선도함이란 함정 획득 사업 추진 시 처음으로 건조하는 함정을 뜻한다. 방사청은 "울산급 Batch-Ⅲ 선도함 체계개발은 노후화된 호위함 및 초계함을 대체하기 위해 대공, 대잠 탐지능력이 향상된 함정을 국내 기술로 건조하는 것"이며, "2024년 체계 개발 완료 후 해군에 인도할

울산급 Batch-III 조감도

예정"이라고 전했다.

우선 밀리터리 마니아가 아니라면 잘 모르는 단어가 있다. 바로 배치(Batch)라는 단어다. Batch는 같은 종류로 건조되는 함정들의 묶음으로, 뒤에 붙는 숫자는 성능 개량 순서를 뜻한다. 배치(Batch)는 장기간 개발하는 동안 함정 자체의 성능을 향상하는 개념으로, 배치-I, 배치-Ⅱ, 배치-Ⅲ로 갈수록 성능 개선이 이뤄진다. 3,000톤 급인 울산급 배치-3(FFX Batch-III) 함정은 5인치 함포, 함대함유도탄, 근접방어무기체계 등이 장착될 예정이다. 길이는 129m, 너비 15m이며, 최대 55㎞/h로 운항할 수 있다. 또한 승조원은 120명이다. 이뿐만이 아니다. 울산함이 강력한 이유가 하나 더 있다. 360도 전방위 탐지·추적·대응이 가능한 4면 고정형 다기능 위상배열레이더가 탑재되기 때문이다.

또한 이 신형 호위함은 하이브리드 추진체계 방식을 적용해 소음이 적게 발생하는 전기 추진 방식을 사용한다. 하이브리드식 엔진은 잠수함의 탐지 위협에서 벗어날 수 있고, 유사시 가스터빈 추진을 이용한 고속 운항이 가능하다. 레이더 및 적외선 추적장비를 4면 고정형으로 설치한 복합센서마스트를 적용해 탐지장비의 음영 구역을 최소화했다. 게다가 수중폭발 시 함정 손상 최소화 및 피격 시

생존성 향상을 위한 박스거더를 적용했으며, 항해 시 발생하는 파도의 저항을 줄일 수 있는 선형으로 건조할 예정되는 등 작전 수행 능력이 향상되는 장점이 있다.

현대중공업은 1975년 대한민국 최초의 전투함인 울산함을 시작으로 대한민국 최초의 이지스함인 세종대왕함, 차세대 호위함인 인천함 등 현재까지 80여 척의 전투함과 잠수함을 설계·건조한 경험이 있다. 울산급 배치-Ⅲ는 다양한 기술을 적용한 함정으로 배치가 완료된다면, 해상에서의 탐지능력, 생존성이 크게 향상될 것으로 보인다. 또한 한국은 세계적으로도 성능이 우수한 함정 건조기술을 보유함으로써 방산수출에도 기여할 것으로 기대된다.

중국 군사 전문 매체 '지나 밀리터리'는 20년 3월 18일 '동아시아 최강의 호위함이 출연하는가'라는 기사 제목에서 한국 최신형 호위함의 듀얼 밴드 레이더가 세계를 선도하는 기술이라고 극찬하며 평가했다. 지나 밀리터리는 중국의 054B 호위함 프로젝트는 안개 속인 반면 이웃 국가인 한국은 차세대 호위함 개발에서 새로운 진전을 이뤘다고 보도를 했다. 또한 한국의 FFX-3는(울산급 배치-3) FFX-1 '인천급'과 FFX-2 '대구급'에 이어 FFX 시리즈 마지막 함정으로 선행 두 모델을 키우고 개량한 것이라고 소개했다. 중국은 여기서 더 나아가 한국의 조선기술에 대해서도 아낌없는 찬사를 보냈다.

지나밀리터리는 울산급 신형 호위함의 배수량이 4,000t을 초과할 것이며, 이는 중국 054A형에 해당하는 것이라고 평가했다. 이어서 중국은 울산급 배치-3 호위함의 레이더에 대해서 많은 관심을 보였다. 이 레이더는 한화가 자체 개발한 것으로 360도 전방위 탐지와 추적 대응이 가능한 4면 고정형 다기능 위상배열레이더다. 이는 중국의 레이더와 기술적으로 차이가 나는데, 다중임무 수행이 가능한 것과 기존 한국의 울산급 호위함에 비해 대공 방어능력을 크게 강화한 게 특징이라고 보도했다.

또한 "한국은 3차원 위상배열레이더에 S밴드와 X밴드를 통합했다"며 유사한

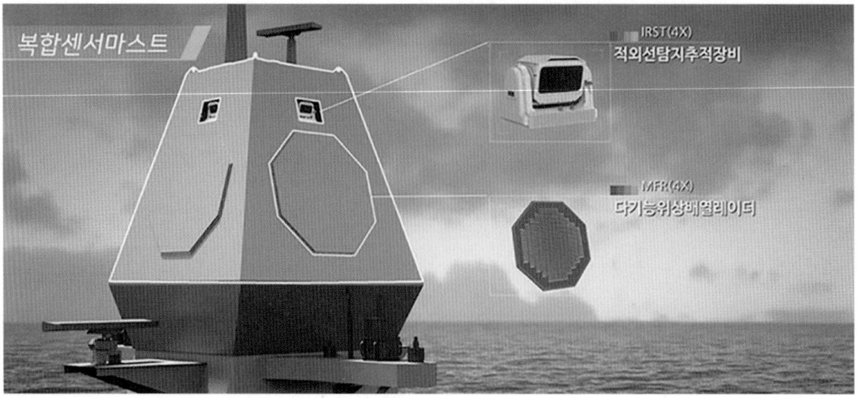

MFR과 IRST를 통합한 복한센서마스트

개념은 중국과 미국 같은 나라도 실용화하지 못했는데 한국이 개발한 것에 대해 호평했다. 여기서 S밴드는 2~4기가 헤르츠의 UHF와 SHF 주파수 대역으로 중장거리 대공감시 레이더 등에 쓰인다. 그리고 X밴드는 8~12기가 헤르츠 주파수 대역으로 파장이 2.5cm 가량으로 탄도미사일 등을 추적하는 데 쓰이고 있다.

울산급 Batch-III 호위함이 해궁 함대공 미사일과 장거리 대잠 어뢰 홍상어, 함대지 미사일 등으로 무장한다고 소개했다. 또한 "전체로는 이 함정은 대공, 대함, 대잠전과 대지공격 등 다양한 임무를 수행할 수 있는 함정"이라고 결론지었다. 또 중국이 극찬하는 것은 하나 더 있다. 바로 복합 센서 마스트다. 한국이 개발한 복합 센서 마스트는 다기능 레이더 MFR과 IRST가 하나의 마스트 안에 통합된 것이다. 이는 한국형 이지스 구축함으로 건조될 것으로 예상되는 KDDX 구축함에 탑재될 통합 마스트에서 소나를 제외한 모든 센서와 통신장비가 통합된 마스트 전 단계의 모델이다.

이처럼 한국의 전자 기술과 조선 기술이 결합되면 군사 강국인 미국과 중국조차 개발하지 못한 신개념의 무기체계를 만들 수 있다. 어떻게 보면 한국의 차기호위함 FFX-3사업은 여태까지 존재하지 않았던 새로운 개념의 호위함이라고 할 수 있다.

'신의 방패'라고 하는 이지스 시스템에는 다소 부족하지만 이지스함의 1/3에도 못 미치는 금액으로 이지스에 버금가는 탐지능력을 갖춘 차세대 호위함을 한국이 건조하고 있는 것이다. 현대의 해상전투력은 누가 먼저 보고 먼저 쏘는 전장으로 바뀌고 있다. 그 첫걸음을 한국이 세계 최초로 발걸음을 내딛고 있다.

한국의 해군력이 막강해지며 해외로 그 위상을 떨치는 만큼, 국방부는 새롭게 건조될 신형 호위함의 이름을 선정하는 것에도 신경을 쓰고 있다. 그 이유는 이미 오래 전 퇴역한 천안함을 이번 호위함의 이름으로 고려하고 있기 때문이다. 군 당국에 따르면 올해 천안함 피격 사건 10주기를 계기로 천안함 함명 제정을 적극적으로 검토하기로 했다. 또한 군 관계자는 해군이 앞으로 건조될 신형 호위함을 천안함으로 명명하는 방안을 구상 중에 있었다고 전했다.

그동안 군 일각에선 '신천안함', '뉴천안함' 등으로 천안함 이름을 다시 살려야 한다는 의견이 적지 않았다. 군 안팎에서도 "차기 한국형 호위함 중 1척을 천안함으로 명명하는 것을 검토하고 있다"라고 설명했을 정도였다. 천안함 명칭이 부활한다면 그 대상으로는 2024년쯤 해군에 인도 예정인 차기 호위함 3차(Batch-3·3500t급) 사업의 1번함 등이 유력하게 거론됐다. 또한 군 당국은 Batch-2의 5·6번함에 천안함 명칭을 부여하는 방안도 들여다보고 있는 것으로 밝혔다. 하지만 결국 Batch-2인 대구급 7번함이 '천안함'의 이름이 되면서 FFX-3은 다른 이름을 갖게 됐다. 어쨌든 FFX-3에 천안함의 이름을 붙이려 했다는 것은 해군이 그만큼 FFX-3에 신경을 쓰고 있다는 것이다. 천안함의 이름을 물려받은 배는 절대 침몰해서는 안 되는 배, 항상 이기는 배가 돼야 하기 때문이다.

이와 별개로 다시는 한국에서 이런 비극적인 사건이 벌어지지 않도록 우리 해군이 더욱 강해져야만 하겠다.

국방중기계획 - 해군

사실 알고 보면 우리나라는 아주 무서운 나라다. 한국은 세계에서 가장 무서운 군사 국가 중 하나인 북한을 대상으로 70년간 전쟁을 준비해 오고 있기 때문이다. 또한 한국은 지난 반 만년 동안 1,500회가 넘게 외세로부터 침략을 받았으며 모든 침략을 막아온 저력이 있는 나라다. 그리고 주변국의 정세가 위태로워지면 본능적으로 위협을 감지하고 있다. 그런 위협을 감지해서인지 한국은 더욱 강력한 국방력을 갖기 위해 많은 노력을 하고 있다.

한국은 북한뿐만 아니라 중국, 러시아, 일본 등 무서운 나라들 속에 살아왔다. 2018년 한국이 발간한 국방백서에 명시돼있는 것처럼 잠재 도발국인 중국, 일본 등 모두 전교에서 한 손에 드는 친구들과 지내다 보니 어느덧 우리 한국도 그들과 같이 군사 강대국 반열에 오르려 하고 있다. 그도 그럴 것이 한국은 육·해·공 어느 하나 부족함 없이 전력을 무서울 정도로 늘려가고 있는데 그 속도가 심상치 않은 상황이다. 이로 인해 현재 세계 많은 국가들이 한국을 경계 대상으로 보고 있다. 따라서 우리 국방부는 군사력에 취약한 부분부터 점검하여 대외적으로 군사 안보에 위협하는 것에 능동적으로 대응할 수 있도록 준비하고 있다.

한편, 세계 군사전문가들은 동북아에서 세계대전이 일어날 수 있다고 우려하고 있다. 과거 트럼프 정부 때 미국의 선제공격을 확신한 중국이 동북아의 주둔 미군과 그 동맹 세력들을 공격하려 했다는 사실이 언론에 공개됐기 때문이다. 밝혀진 사실에 따르면, 전쟁 위기는 간신히 수습되었으나 아직 불씨가 남아있는 상황이다. 더욱 염려가 되는 것은 미국과 중국이 한국, 일본 등 동북아의 다른 국가들이 전쟁에 휩쓸릴 것을 전혀 고려하지 않았다는 사실이다. 미군 지도부는 핵 전쟁을 막으려 했을 뿐 중국의 공격으로 아시아의 우방국들이 입을 피해에 대해서 일언반구조차 하지 않았다.

이에 따라 일각에서는 미국을 함부로 신뢰해서는 안되며, 자주국방을 추구해야 한다는 목소리가 높아지고 있다. 나름의 근거도 있다. 한때 프랑스가 독자노선을 추구하기도 했으나 미국과 함께 보조를 맞추다 어느새 프랑스의 뒤통수를 후려친 국가가 바로 미국이기 때문이다. 그래서 미국을 절대적으로 신뢰하는 것이 아닌 자주국방을 해야 한다는 것이다.

하지만 자주국방은 그냥 하자고 해서 되는 것이 아니라 철저한 준비가 필요하다. 만약 제대로 준비하지 못한 채 '자주'를 주장한다면 힘없이 자주독립을 외치다가 멸망한 대한 제국처럼 될 것이다. 또는 자주 타령만 할 뿐, 스스로 할 수 있는 것이 아무것도 없는 북한처럼 국제사회에서 무시당할 수밖에 없다. 그러므로 진정한 자주국방을 달성하기 위해서는 그 주장에 걸맞은 강력한 군사력이 필수다.

특히 해군력 강화가 매우 중요하다. 한국이 주변국 대비 가장 약세인 부분이 바로 해군력이다. 삼면이 바다이며 일본과 중국에 둘러싸여 있는 대한민국은 주변국의 해군력과 맞상대할 해군이 없다면 국가의 생존을 보장하기 어렵기 때문이다.

현재 이러한 상황에 직면한 한국은 자주국방의 첫걸음으로 안보위협에 능동적으로 대응할 수 있도록 해군력 증강에 가장 심혈을 기울였으며, 2022~2026 국방중기계획을 발표했다. 이 계획대로라면 부족했던 해군력이 주변국 대비 가장 눈에 띄게 늘어날 전력이 될 것이다. 이는 그동안 한국이 이룩했던 해군력과는 비교가 안 될 정도이며, 이 모든 것이 마무리되는 2020년대 후반에는 한국의 해군력도 여타 나라와 비교했을 때 크게 뒤처지지 않을 전투력을 보유하게 된다.

그런데 한국이 군사력을 증강하는 방법이 좀 남다르다. 일반적으로 다른 나라들은 군 전력을 증강할 때 기존 장비를 최신화하는 것과 보유수량을 늘려 양적 확대를 하고 있다. 여기서 더 어려운 것은 이 둘을 동시에 추진하는 것이므로 일반적으로 둘 중 하나를 먼저 추진한다. 이러한 이유는 막대한 국방예산 확보도 어렵지만 무기를 만들 수 있는 자체 기술이 부족해서 실행하지 못하는 것이 대부분이기 때문이다. 그런데 한국은 군사력 증강에 어렵다는 첨단화와 양적 증대를 동시에 진행하고 있다.

해군은 두 방법을 모두 진행하기 위해서 더욱 철저히 2022~2026 국방중기계획을 세웠다. 2026년까지 동해, 서해, 남해를 책임지는 3개 해역함대와 잠수함 사령부로 구성된 기존 조직구조를 수상, 수중, 항공 전력이 입체적으로 운영될 수 있도록 개편한다. 7기동전단을 7기동함대로 개편하여 전략기동부대로 삼는 한편, 이를 보조할 잠수함 사령부에 다수의 중형 잠수함을 추가 배치하고 6항공전단을 해군 항공사령부로 개편한다. 이를 통해 수상 함대와 수중의 잠수함대, 공중의 해군 항공전력이 상호 소통하며, 동시에 움직이는 입체 전력을 구성하려는 것이다. 이뿐만 아니라 바뀐 조직에 맞는 첨단 무기들을 확보한다는 전략이다.

아래부터는 2022~2026 국방중기계획의 해군 부분인데, 해당 내용은 현재 진행중인 2020~2024 국방중기계획의 내용을 겸하고 있어 함께 다루겠다.

1. FFX BATCH-3, BATCH-4 사업 추진

배치4 함정은 배수량 4,500~5,000톤 급 신형 호위함으로 해역함대의 울산급 호위함이나 포항급 초계함 등의 노후함을 대체할 예정이다. 한국은 앞서 2020~2024 국방중기계획에서 FFX 배치2, 3를 2026년까지 10척 추가 도입할 것을 계획했다. 배치4 개발은 바로 이 사업의 후속 사업인 것이다. 배치3 함정은 배수량 3,000~4,000톤 급 최신형 인천급 호위함으로 동남아시아나 필리핀 같은 국가에서는 하이엔드급 수상 전투함 정도로 여겨진다. 따져보면 중소국가의 최상위 주력함급 호위함 10척을 건조하는 사업인 것이다.

배치3의 전체적인 외형은 지금까지 공개된 배치2의 모양새와 흡사하다. 다만, 배치1, 2로 향상되면서 조금씩 달라진 부분이 있다. 배치1과 비교했을 때 스텔스성이 강화된 외형이나 B포지션에 심어진 한국형 수직발사대인 KVLS가 있어 다르다. 또 배치2와는 다기능 레이더가 통합된 마스트를 설치한 점이 다르다. 이 때

KDX3 BATCH-I(세종대왕함 실물)

KDX3 BATCH-II 조감도

문에 각 배치별로 조금씩 다른 외형을 보인다.

이 통합형 마스트는 전 세계적인 추세로, 유럽이나 미국의 신형 전투함들은 물론이거니와 호주의 안작(Anzac)급 같은 기존 함정들 역시 개량사업을 통해 통합형 마스트를 탑재하고 있다. 한국은 통합마스트를 국내 기술로 개발했으며 세계 정상급의 성능을 자랑한다. 또한 한국이 개발한 AESA레이더가 장착될 것으로 기대를 모으고 있다. 공격 무기로는 천마 지대공 미사일 체계를 시작으로 천궁, 철매II, L-SAM 등을 탑재한다. BATCH-3 사업비는 약 3조 2,000억 원이 들어갈 예정이다. 한편, 배치2의 사업비가 약 2조 7,000억 원으로 배치2 ,배치3의 총 사업비는 약 6조 원에 달하는 막대한 금액이다.

2. KDX3 BATCH-2 세종대왕함급 3척 추가도입

해당 사업은 2028년까지 기동함대의 주력인 이지스함 3척을 전력화한다는 계획이다. 동시에 기존 배치1형 3척도 탄도탄 요격능력과 대잠능력을 업그레이드한다. 함수부에 가장 큰 변경점이었던 VLS와 CIWS용 갑판이 추가된 부분은 BATCH-1과 동일한 설계로 진행될 예정이다.

세종대왕함급의 최고 강점은 128셀의 VLS와 16발의 대함미사일에 달하는 무장능력을 갖춘 것이다. 또한 멀티스택틱 소나체계를 탑재하여 강화된 대잠능력의 보강과 가장 최신 이지스 시스템인 베이스라인 9.0 및 SM-6/3등의 장거리 미사일을 탑재하여 탄도미사일 요격체계 능력을 적용시켰다. 세종대왕함급 이지스함은 한국뿐만 아니라 세계에서도 알아주는 이지스함으로 이번 개량된 점이 반영된다면 상당한 전투 능력을 기대할 수 있다.

세종대왕함이 세계에 이름을 떨친 계기는 2010년 7월 태평양 연안에서 여러 나라 해군들이 참여한 2010 RIMPAC 훈련 때였다. 당시 함포사격 훈련에서 최고 성적을 거둬 탑건함에 선정되기도 했다. 이때 실시된 해상화력지원 훈련은 7.2km 떨어진 표직에 대해 각국의 함징이 5인치 함포를 쏘아 표직으로부터의 오차 거리의 합이 제일 작은 함정이 우승하는 방식으로 치러졌다. 세종대왕함은 참가함정 중 유일하게 오차 합계가 100m 이내인 75m를 기록하여 우리 해군의 우수한 능력을 입증하기도 했다. 이렇게 우수한 성능의 이지스구축함을 3척이나 건조한다면 우리 해군은 총 6척을 보유하게 된다.

3. KDDX 6척 실전배치

KDDX는 기존 기동전단의 주축이던 KD-2 구축함을 대신할 차기 주력 구축함으로 경하 6,000톤, 만재 8,000톤 규모의 한국형 차기 구축함이다. 또한 KDDX는 사실상 KDX3 이지스함과 비슷하거나 더 우수한 성능을 지닐 것으로 예상하고 있다. KDDX는 한국이 갖고 있는 모든 전투기술이 집약시킨 한국형 이지스 시스템이 들어가기 때문이다. 그래서 한국형 차기 구축함 KDDX 사업은 2020년 대한민국 방위산업계 최고의 핫이슈가 됐다.

이 사업은 2030년대 중반까지 국내 독자 기술로 고성능 구축함 6척을 건조해 2000년대 초반부터 KDX-2 사업을 통해 배치된 충무공 이순신급 구축함을 대체하는 사업이다. KDDX 초도함은 2028년 실전 배치 후 총 6척을 배치할 예정이다.

한국형 구축함 KDDX 모형

KDDX의 핵심 임무는 대공·대함·대지·대잠 능력은 물론 탄도탄 탐지·추적을 하는 것이다. 방공 전투함에 기본적으로 요구되는 모든 능력을 갖추면서 북한의 탄도미사일 위협 강화에 대비하기 위한 미사일 방어 능력을 추가한 것이 특징이다. 이 모든 것을 한국의 기술로 개발한다. 그래서 KDDX 사업이 많은 관심을 끌고 있는 것이다. 이 사업이 성공적으로 마무리된다면 한국은 독자 기술로 이지스 시스템을 개발할 수 있는 나라가 된다. KDDX 역시 사실상 이지스급이라고 봐도 무방하기 때문에 2035년 정도에 한국 해군의 이지스함 및 이지스급 구축함 전력은 총 12척이 된다.

4. 합동화력함 최대 3척 건조

현재 해군이 개념 설계한 기준 배수량 5,000톤 급 합동화력함은 척당 150발 정도의 탄도미사일이나 순항미사일을 운반할 수 있다. 가장 큰 장점은 해상에서 작전하므로 북한군의 선제타격을 벗어날 수 있으며, 킬 체인에서 가장 큰 문제가 되고 있는 이동식 발사대 부족 문제도 손쉽게 해결할 수 있다.

또한 가격 경쟁력도 상당한 편이기 때문에 합동화력함은 무장이나 센서를 장착하지 않으므로 건조비용과 유지 운용비용을 크게 줄일 수 있다. 현재 척당 건조비는 공개되지 않았지만, 육군이 보유한 현무-2 이동식 발사대의 가격이 약 20억 원이므로 척당 150발을 탑재한다면 3,000억 원의 건조비가 소요되어도 충분한 가격 경쟁력이 있는 것으로 전하고 있다. 또 현재 사거리가 800km로 연장된 현무-2C를 위하여 기존 현무-2A/B보다 훨씬 대형화된 중량 20톤 급의 대형 발사대를 설치할 것으로 보인다. 탑재 무기로는 확정되지 않았으나 한국이 개발한 현무 시리즈 미사일과 곧 실전배치 예정인 초음속 대함미사일을 탑재한다.

한편, 합동화력함은 선소를 계획하면서 많은 지적을 받았다. 그중 가장 큰 문제로 지적 받은 것은 합동화력함이 공격당하면 한꺼번에 너무 많은 전력을 손실할 수 있다는 것이다. 그래서 해군은 이에 대한 개선책으로 합동화력함에 북한 잠수함이 탐지하기 어려운 추진 시스템을 탑재한다. 이는 조용하기로 소문난 전기추진 시스템으로 KDDX급에 장착 예정이다.

또한 적용될 탐지 기술 역시 뛰어나다. 한국이 보유한 최고의 기술이 접목된 AESA레이더와 스텔스 선체, 음향 스텔스 기술이 합동화력함에 적용될 것이며, 적의 공격으로부터 최대한 보호받도록 설계됐다. 이뿐만 아니라 합동화력함은 북한의 선제타격에 대응하고자 시작되었지만, 향후 장거리 대함 무기를 대량으로 탑재함으로써 주변국에 대한 전략적 대응수단으로 활용할 예정이다. 합동화력함은 향후 2020년대 후반기에 실전 배치될 것으로 예상된다.

5. 국산 항모 1척 전력화

우리나라의 첫 경항모는 경하 3만 톤 급으로 건조할 예정이며, 한국이 진행하는 사업 중 가장 논란이 되고 있는 사업이다. 현재 경항모 1척으로는 삼면이 바다인 한국 지형 특성상 실용성이 떨어질 뿐만 아니라 한국 해군의 모든 함선은 3직제로 운영하고 있기 때문이다. 따라서 효율을 극대화하기 위해선 최소 1척 이상을 더 건조해야 한다는 의견이 있다. 하지만 현재까지 밝혀진 내용으로는 2030년대 초까지 한국 해군은 최소 4만 톤 급 항모 1척과 독도급 강습상륙함 2척 체제를 유지하게 된다.

6. 장보고 3급 중형잠수함 9척 이상 전력화

현재 해당 계획은 2030년까지 3,000톤 급 장보고3 잠수함 9척을 배치한다는 것이다. 그중 마지막 배치3는 원자력 추진 잠수함인 SSN으로 가닥을 잡았다. 이는 한국 정부가 강력한 의지로 진행하는 사업으로 현재 비닉 사업으로 분류되었다. 한국은 미국의 원잠을 살 계획이었다. 하지만 미국으로부터 '핵잠은 전략 물자라 해외 판매가 불가하다'는 답변을 받은 상태다. 이러한 문제로 한국은 일부 해외 기술을 들여와 자체 건조하는 방향으로 진행할 것으로 계획을 수정했다. 또한 한국형 원잠은 재래식 탄두를 사용하는 잠수함발사탄도미사일인 SLBM을 탑재할 계획이다. 이것으로 중국이나 일본의 가까운 바닷속에서 대기하다 유사시 명령을 받으면 미사일로 한 방을 날린다는 계획이다.

한국이 철저히 준비한 국방중기계획을 발표하는 한편, 일각에서 이 정도 전력으로는 부족하지 않냐는 의견이 있다. 구축함만 30척 이상을 추가로 건조하는 중국 해군을 상대로 기존 호위함을 신형으로 대체하고 고작 9척의 구축함을 증강하는 것으로 한국이 상대가 되겠냐는 것이다. 그런데 줄어든 병역자원을 생각할 때 이 이상의 전력증강은 사실상 불가능하다. 무인화와 민간인력 확충 등 각고의 노력 끝에 9척의 구축함과 항모에 필요한 인력 소요를 겨우 맞추는 데 성공했지만, 현재 해군 정원인 4만 명을 맞추는 것조차 쉽지 않은 실정이다. 따라서 추가적인 건함으로 중국에 맞서는 것은 아무리 돈이 많다고 하더라도 아직은 불가능한 상황이다. 그렇다고 해답이 없는 것은 아니다. 한국군은 중국과의 수적 격차로 인한 군사력 차이가 더 이상 벌어지지 않도록 함정의 성능을 향상하는 데에 조금 더 초

장보고-III 배치-I, 3번함 '신채호함'

점을 맞췄다. 예를 들어 KDDX를 중국의 주력 구축함인 052D와 비교해 보면 우리 해군이 추구하는 질적 우위를 잘 이해할 수 있다.

두 함정의 총톤수는 비슷하나 성능 수준은 차원이 다르다. 통합마스트를 사용해 RCS 값을 크게 떨어트린 KDDX와 달리 052D형 구축함은 여러 레이더를 함정 곳곳에 운영하는 구식 설계로 건조되어 스텔스 성능이 크게 떨어진다. 그뿐만 아니라 하이브리드 추진이나 완전전기추진을 추구하는 KDDX에 비한다면 각종 전자 장비를 운영할 전력 생산량 역시 크게 떨어진다. 하지만 함정의 성능만으로는 중국과의 군사력 차이를 극복하지 못한다. 그래서 함정의 무장을 강화하는 것으로도 중국과의 격차를 개선하려 하고 있다. 이런 노력이 잘 드러난 것은 21년 9월 15일에 이뤄진 발사 테스트이다.

이 시험에서 우리 군은 SLBM뿐 아니라 초음속 대함 미사일과 공대지 미사일을 공개했다. 초음속 대함미사일은 수적으로 부족한 국내 함대의 전투력을 배가시켜

줄 것이며, 공대지 미사일이 개발됐다는 것은 조만간 공대함 미사일 역시 개발될 수 있음을 보여준다. 직접 공개는 안 됐으나 순조롭게 개발 중이라는 극초음속 무기 역시 중국 함대가 감히 항구 밖을 벗어날 수 없게 위협할 수 있는 강력한 억제력이 될 수 있다. 이 무기들은 한국형 수직발사관 KVLS, KVLS-2로 무장한 우리 구축함에서 운영되며 문제가 있으면 바로 수리 또는 개량이 가능하다.

이를 위한 준비 역시 차근차근 진행 중이다. 우리 군은 국방중기계획을 통해 전략적 부품 국산화를 추진하고 있음을 밝혔다. 무인항공기의 제트엔진, 함정의 하이브리드 추진체계 등 무기의 핵심부품들을 국산화해 무기의 가동률과 생산성을 크게 높이겠다는 의도이다.

이렇게 한국은 이번 국방중기계획을 통해서 자주국방에 한걸음 나아갈 것으로 보인다. 그런데 우리나라가 자주국방을 추구해야 하는 이유는 무엇일까?

그것은 앞서 말씀드린 프랑스와 미국의 관계에서 찾아볼 수 있다. 1960년대 당시 프랑스의 대통령 드골은 미국과 동맹국임에도 독자적인 핵전략을 펼쳤다. 그는 '핵무장이 주권 국가 안보의 선봉'이라 말하며, 미국의 핵우산에 불신을 갖고 있었다. 이 때문에 양국이 정상회담을 할 때가 되면, 미국의 케네디 대통령은 프랑스에 독자적 핵전략을 포기할 것을 강력히 요구했다.

하지만 드골은 이를 거부하며 다음 한마디로 상황을 정리하였고 독자 외교의 기반을 확장했다. "만약 파리에 핵무기가 떨어졌을 때, 미국이 파리를 위해 뉴욕을 희생할 수 있는가." 이 질문은 미국의 케네디 대통령의 얼굴을 붉게 만들었다. 이후 프랑스는 독자적인 핵 개발과 자주노선을 펼쳤고, 아직도 세계에서 손꼽히는 열강의 자리를 굳건히 지키고 있다.

한편, 이 같은 논리는 우리나라에도 적용할 수 있다. 미국 트럼프 대통령 정권이었을 때 수십 개의 핵무기를 갖고 있는 북한이 유엔 안전보장이사회 결의를 위반하고 탄도미사일을 발사했던 적이 있다. 그런데 트럼프 대통령은 미국을 겨냥한 것도 아니라며 별거 아닌 것 마냥 이를 무시했다. 이것에 대해 우리 한국도 미국 핵우산의 신뢰성에 의구심을 갖게 됐다.

또한 2000년대 이후 미국은 전면전을 우려해 러시아에 침략당한 조지아와 우크라이나 등 자신들의 동국을 돕지 않았다. 따라서 한국은 자주국방 체제에 들어서야 하는 것이다. 미국과의 동맹은 우리 안보를 지키는 데 필수 불가결한 핵심요소이지만 우리 손으로 만든 우리 무기가 없다면 스스로 주권을 지킬 수 없다. 즉, 미국의 도움과는 별개로 대한민국이 군의 계획대로 강력한 힘을 보유하고 있어야 한다는 것이다.

6

함대함 유도미사일

함대함 유도미사일, 해성

해성은 한국이 개발한 최초의 함대함 유도 미사일이다. 하지만 해성은 국내에서도 인정받기가 순조롭지 않았다. 한국의 첫 유도 미사일이었지만 당시 상륙기동헬기 '마린온'사고 등으로 인해 국산 무기에 대한 결함 의혹이 만연해 있었다. 이로 인해 이미 여론의 신뢰를 잃었던 상태였던 것이다. 또한 허술한 무기체계 개발 시스템이라며 한국의 기술력이 부족하다는 지적이 있었고, "정상 무기가 나오는 게 기적"이라는 평가까지 있었다. 그리고 10년이 걸렸던 사업이었음에도 번번이 실패하는 시험발사도 이에 한몫했다. 그렇게 한국의 기술은 무시당하기만 했다.

하지만 한국의 기술력은 언제까지나 외면당하고 있진 않았다. 한국의 기술력이 빛을 발하는 사건이 발생한 것이다. 우리 나라가 해성에 적용할 새로운 시스템체계를 독자개발 해냈다. 이것으로 해성은 시험 사격을 성공할 수 있었으며, 마침내 양산까지 결정하게 됐다. 뿐만 아니라 해성은 해외로 수출하기도 했다. 그렇게 수출한 무기는 사거리를 늘리고, 주파수를 현지에 맞게 맞춰서 보낸다. 그런데 하나의 충격적인 사건이 발생했다.

해성이 해외에서 말썽을 일으킨 것이다. 수출한 해성의 명중률이 '0%'라며 해성에 대한 맹비난이 쏟아졌다. 무기에는 아주 치욕적인 순간을 맞이하게 된 것이다. 다행히도 그것은 악의적인 시기였고 미숙한 기기 운용에 따른 것으로 밝혀졌다. 그만큼 해싱의 개발을 싫어하는 사람들이 존재했던 것이었다.

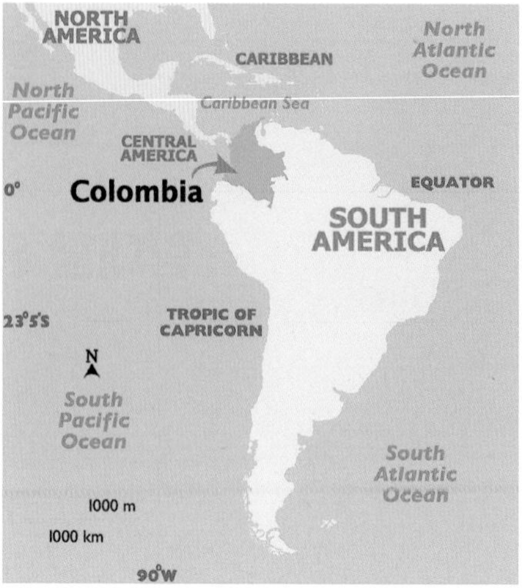

적도 인근에 위치한 콜롬비아

콜롬비아가 수입한 해성 미사일의 시험 발사가 모두 명중 실패했다. 해성 개량형 10여 발이 이곳에 수출됐는데, 현지 대통령이 지켜보는 자리에서 2발의 시험발사를 진행하였지만 모두 표적을 명중시키는 데 실패했다. 그래서 일각에서는 해성의 성능이 너무 떨어진다는 지적이 많았다. 콜롬비아 현지에서도 "불량품을 판 거 아니냐"라며 비난의 소리도 적지 않았다.

결국 국내 기술진이 콜롬비아에 파견되어 문제를 해결했다. 그런데 원인은 해성의 표적 센서를 북반구 센서로 설정해놓고 정작 남반구 근처인 콜롬비아에서 쏴 일어난 해프닝이었다. 이후 제대로 된 세팅을 하고 쏜 훈련에서는 모두 표적을 명중시켰을 뿐만 아니라 거의 포항급 초계함과 맞먹는 크기의 군함을 한방에 둘로 쪼개서 침몰시키는 위력을 과시했다. 해성은 이처럼 정확하고 파괴력이 있는 유도 미사일로 거듭나기까지 개발과정에 많은 비화가 숨어있다.

미사일 비행시험의 절정은 역시 명중에 있다. 이 시험에서 해성은 가상의 적으로 모사한 바지선 표적을 명중시켰다. 명중은 명중이긴 했는데 발전기 컨테이너

상단에 조금 스쳤을 뿐이었다. 불과 수십 센티만 빗겨 나갔으면 실패를 면치 못했을 만큼 간발의 차이로 명중한 것이다.

이로 인해 연구진은 명중률 판정을 위한 묘안을 세웠다. 몰래카메라 같은 소형의 영상 송·수신 장치를 만들어 유도탄에 장치해 2002년 12월 비행시험에 적용하는 것이었다. 그 결과 유도탄이 목표물에 호밍해(homing) 가는 장면을 대형 화면으로 실시간으로 모니터링할 수 있었다. 그러나 잘못되는 경우에는 유도탄이 바닷물로 곤두박질치며 들어가는 장면까지 보여준다. 미사일 개발 점검을 위해 참관한 군 관계자에게 실패 사례를 실시간으로 보여주어 불상사를 연출하는 경우도 있었다.

그럼에도 불구하고 모든 시험에 소형 카메라가 사용되었고, 매번 명중 장면을 보여 주어 군 관계자에게 해성 개발에 대한 확신을 심어주게 되었다. 국방과학연구소(ADD)는 함대함 순항유도탄 해성을 자체 개발하는 비행시험에서 성공과 실패의 롤러코스터를 타야 했다. 2003년 말 사업 종료 시까지 여러 무기체계에도 활용할 수 있는 다양한 핵심 기술들을 확보하였다.

ADD가 해성 개발 과정에서 확보하게 된 핵심 기술은 몇 가지가 있다. 우선 미사일의 핵심이라고 할 수 있는 소형 제트엔진 개발은 순항 유도탄을 개발하는 데 필수적인 핵심기술이다. 외국에서 제트엔진을 도입하려면 우리가 개발하고자 하는 유도탄의 성능을 제작회사에 모두 공개해야 하고, 양산 과정에서 제작회사가 가격을 올리면 울며 겨자 먹기로 따르는 수밖에 없다.

이런 제트엔진을 ADD 연구원과 업체의 기술진들이 힘을 모아 개발한 것이다. 이것은 향후 순항 유도탄을 마음대로 개발할 수 있는 열쇠를 우리 손에 거머쥔 것과 다름이 없는 것이다.

ADD는 1990년대 중반까지 수많은 시행착오를 거쳤다. 처음에는 기술 부족으로 해성의 제트엔진을 가동하는 과정에서 RPM을 상승시킬 때 엔진의 고속 회전

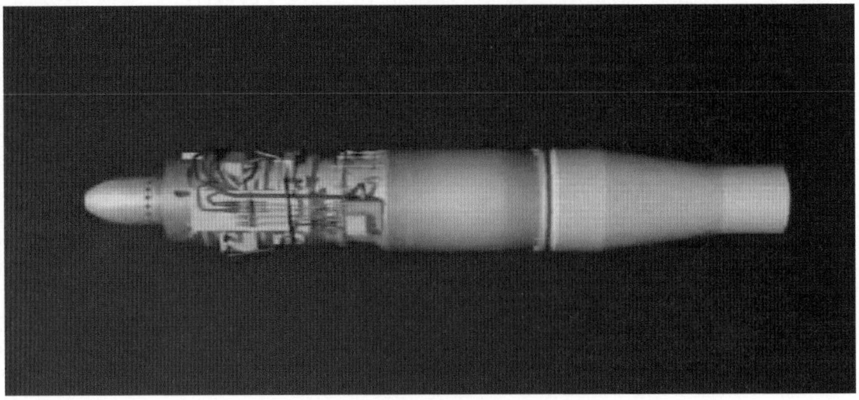

해성에 탑재된 SS-760K 소형 제트엔진

을 감당하지 못해 소재가 깨지기도 했다. 또 외부 물질이 들어가 압축기 블레이드가 망가지는 경우도 있었으며, 강우 시험에서는 실수로 많은 물을 제트엔진에 넣어 엔진 프레임이 수축하는 바람에 파손되기도 했다.

1996년부터 해성 탐색개발을 진행하면서 이러한 문제들을 적극적으로 해결했다. 그럼에도 불구하고 국내 기술이 부족할 때 외국에서 구매하면 된다고 여기는 사람들이 있었다. 그러나 소위 말하는 핵심기술이라고 하는 것은 대부분 구매 불가능한 부류에 속했다. 해당국에서 수출허가 품목으로 묶어서 관련 기술이 외국으로 나가는 길을 막아버리기 일쑤이기 때문이다. 그런데 때맞춰 이스라엘이 함대함 유도무기를 개발하는 데 필요한 기술을 제공하겠다고 나섰다. 동시에 로비활동을 펼쳐서 독자개발 의지를 막으려는 행동도 같이 진행했었다.

일부 국내 인사는 "이스라엘이 탐색기 기술을 모두 다 준다는데 경험도 없는 ADD가 왜 개발하려 하느냐"라며 "함께 협력하면 실패의 위험도 줄일 수 있고 기술도 배우는 계기가 돼서 더 좋다"라고 말하기도 했다. 또한 책임론을 거론하며 개발에 대한 의지를 꺾으려는 사람들도 있었다. "만약 독자 개발하다가 안 되면 누가 책임을 지겠느냐"라며 지속적인 압박을 가했다. 나중에 확인한 사실이지만 이스라엘로부터 탐색기 몇 개를 개발해 제공받는 데 엄청난 비용을 지불해야 하고 또 관련된 자세한 기술은 알려고도 하지 말라는 단서가 있었던 것으로 알려졌다.

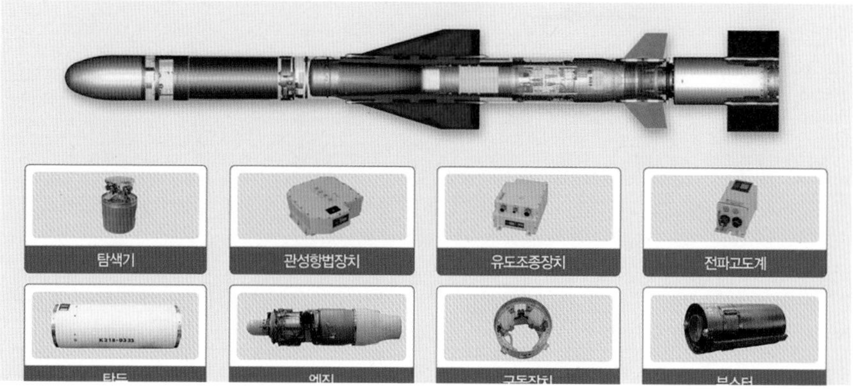

해성 미사일의 구성

이렇게 한국의 함대함유도탄의 독자 개발 상황이 불리한 가운데 ADD 연구원들은 자체 개발을 추진하기로 결정했다. 또한 해성의 탐색개발과는 별도로 1996년 4월부터 마이크로파 탐색기 개발 응용연구 사업을 국방부의 승인을 받아 진행했다. 개발팀은 자체 기술로 탐색기를 설계했으나 처음으로 개발한 것이었기 때문에 성능이 제대로 나올지 자신할 수 없었다. 그래서 개발팀은 해외 기술협력 연구를 추진해 1차로 설계에 대한 검증을 받고 기초를 다지기 시작했다.

1998년 말에 이르러서야 각고의 노력 끝에 완성도가 다소 떨어지는 국산 마이크로파 탐색기의 윤곽이 드러났다. 1990년대 중반 ADD 개발팀은 기초연구를 충실히 해 외국산 자이로를 수입하고, 스트랩다운 관성항법장치를 만들었다. 또한 항법 컴퓨터로는 마이크로컴퓨터를 개발하고 소프트웨어(S/W) 알고리즘 개발에 공들였다. 하지만 해성 관성항법장치에는 당시 ADD에서 개발하고 있던 기계식 자이로의 성능을 기대하기 어려워 외국산 자이로를 수입해 사용하기로 했다.

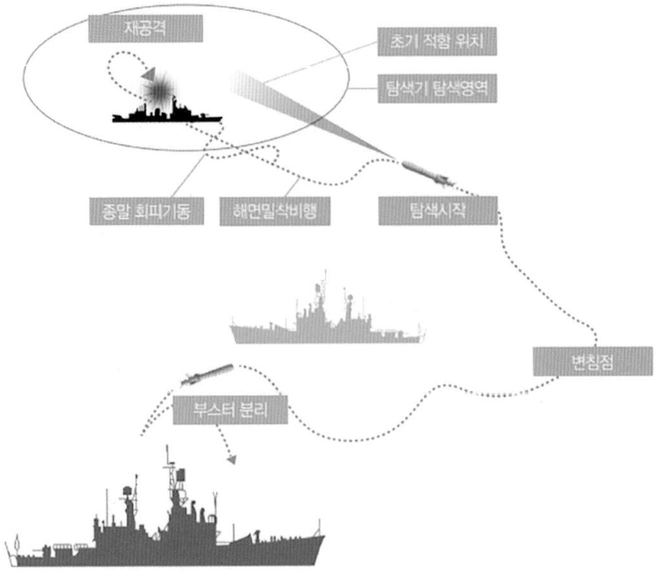

해성 유도 미사일의 궤도

그런데 막상 구매하려고 하니 당사국에서 수출 허가가 나오지 않는 등 개발에 난항을 겪기도 했다. 이대로 국산 유도 미사일 개발에 필요한 소재 수입을 마냥 기다릴 수도 없어 국산 기계식 자이로 사용을 결정 후 이를 지속적인 개량했다. 이후에는 자이로 만드는 기술이 개선돼 성능이 만족할 만큼 도달하게 됐다.

가속도계도 처음에는 진자(Pendrum)가 수시로 깨지는 등 불량이 잦았다. 함정에 유도탄을 적재한 후 고장 발생으로 곧바로 하역하는 불상사도 발생했다. 개발사업이 끝나갈 무렵일 때 비로소 안심할 수 있는 좋은 품질이 됐다. 이런 일련의 개발 과정을 통해, 최초로 국산 관성센서를 사용한 스트랩다운 관성항법장치가 개발됐다. 한편으론 오히려 위기가 기회가 된 좋은 사례이기도 했다. 외국의 수출 규제가 오히려 우리의 국산화를 촉진하는 계기가 되었다. 이후 이 기술은 성능이 더욱 우수한 관성항법장치를 개발하는 밑거름이 됐다.

해성은 항공기처럼 비행하는 특성을 가진 순항 미사일(Cruise Missile)이다. 순항 미사일은 탄도 미사일과 비행경로가 다르다. 탄도 미사일(Ballistic Missile)은 로켓을 이용해 상승한 후 최종 순간에는 자유낙하해 표적에 도달하며, 사거리가 길 경우 비행 중간 단계에서 대기권 밖으로 나가는 경우가 일반적이다. 이에 비해 순항미사일은 터보팬, 터보제트, 램제트 엔진을 사용하기 때문에 대기권 내부에서만 비행한다.

순항 미사일은 탄도미사일에 비해 다양한 공격 방법을 구사할 수 있는 특징이 있다. 사거리 내 임의 거리에 있는 표적을 용이하게 공격할 수 있고, 다양한 종말 공격 비행경로를 가지므로 공격 형태에 따라 여러 종류의 탄두를 활용할 수 있다. 또한 동시공격, 장애물 우회공격 등 다양한 공격전술로 운용이 가능하다는 장점이 있다.

해성은 목표에 명중하지 못했거나 회피기동 등으로 인해 목표를 스쳐 지나간 경우, 다시 명중할 때까지 재공격을 시도하는 재공격 기능이 부여되어 있다. 또한 표적을 맞힌 후에는 충돌과 동시 폭발하기도 하지만, 지연신관 기능을 살려 관통 후 함정 내부에서 폭발시킬 수 있도록 설계됐다. 게다가 해성의 개발 성공으로 절약된 외화는 약 1조 원 이상이다. 양산단가 자체는 하푼보다 해성이 2배나 더 비싸기도 했다. 하지만 현재는 외산 무기 도입에 들어가는 외화를 절약한 것이다.

하픈 미사일

이뿐만 아니라 국산 유도무기에 필요한 핵심기술을 독자개발함으로써 지속적으로 유출되는 국고를 줄인 것이 큰 의미라고 볼 수 있다. 그렇기 때문에 국산 무기를 개발하여 사용한다면 외화의 불필요한 사용을 줄일 수 있다. 또한 생산

해성 유도 미사일 발사모습

배치 비용이 해외가 아닌 내수로 돌기 때문에 훨씬 이득까진 아니더라도 최소한 손해 보는 것은 아니다.

예를 들어, 무기 구입에 1조 원이 똑같이 들어간다고 가정해보자. 국내로 풀리는 것과 해외로 유출되는 것을 비교하면 어느 것이 더 현명한 결정인지 생각하지 않아도 알 수 있다. 거기다 추후 성능 개량 등을 통해 독자적으로 진행할 수 있어 좀 더 멀리 내다본다면, 외화로 빠져나갈 업그레이드 비용까지 절약할 수 있다. 이로 인해 당장의 가성비보다 앞으로의 가능성을 염두에 두면 한국이 기존 수입 장비보다 열등하더라도 어떻게든 무기체계를 국산화하는 것이 매우 중요한 요소인 것이다.

반면 해결할 문제도 남아 있다. 해성의 구경은 하푼과 비슷해도, 해성이 하푼보다 크고 무거워 문제가 된다. 또한 해성은 하푼과 달리 고정식 공기흡입구가 동체 옆으로 튀어나와 있기 때문에 잠수함 발사 대함미사일과 같은 일부 영역에서는 하푼을 대체하지 못한다. 이러한 이유로 공군 역시 F-15용으로 하푼 블록 2를 새로 도입했는데 공군은 당분간 해성을 쓰지 않을 것으로 보인다.

문제는 이뿐만이 아니다. 해성 운영 중 작전 반경이 달라졌기 때문이다. 작전반경의 중요도가 크게 올라가는 해상 소티에서 하푼과 큰 성능 차이가 없으면서도 작전반경이 짧아지는 것은 공군으로서는 받아들이기 힘들었을 것이다. 또한 현재 한국의 공격기에는 해성의 공대함 버전으로 장착 가능한 기체가 없다. 항공기 소프트웨어가 적용되지 않기 때문에 항공기에는 사실상 국산 유도 미사일을 쓰기는 어려워 보인다.

해성은 한국이 독자 기술로 만든 최초의 유도미사일이다. 해성의 개발로 인해 한국의 미사일 전력은 비약적으로 상승하였다. 처음 해성을 개발할 때부터 한국의 미사일 개발을 저지하는 세력도 있었지만 많은 역경을 이겨냈다. 이로 인해 현재는 해외에도 수출할 수 있는 성능을 자랑한다. 한국이 독자 개발한 방산무기 기술은 돈으로만 값어치를 매길 수 없는 위대한 것이다.

7

고속정

신형 참수리 고속정

한국이 또 강해지고 있다. 포방부 일원인 해군이 중무장 고속정을 배치하고 있기 때문이다. 사실 한국 해군은 강력한 화력을 사랑하는 군대로 유명하다. 그래서 거주 공간을 줄여서라도 과무장을 하기 일쑤다. 함대의 최강 함정인 세종대왕급 이지스함이 만재 1만 톤임에도 불구하고 무려 128셀의 미사일을 장착하고 있는 것이 대표적인 사례다. 한국 해군의 고속정 역시 이런 흐름에 맞춰 괴물 고속정으로 대체되고 있다. 이에 따라 연안을 책임지는 고속정단이 엄청난 변화를 맞고 있는 것이다. 그 고속정은 신형 참수리 고속정 PKMR이다.

신형 참수리는 이전까지 해군의 주력을 책임지던 참수리(PKM)와 이름만 같을 뿐, 배수량부터 무장까지 완전히 차원이 다른 함정이다. 그래서 현재 배치되고 있는 함정은 70~80년도에 건조된 구형 참수리를 대체할 예정이다. 특이한 것은 그 무장이 엄청나다는 것이다. 구형 참수리의 40mm와 비교할 수 없는 76mm 속사포와 130mm 비룡 유도로켓을 핵심무장으로 탑재해 동급대비 최상의 공격력을 자랑한다. 그중 비룡 유도로켓은 LOGIR 사업의 목적으로 개발된 비궁의 상위호

항해 중인 신형 참수리(PKMR 211)

환 유도 로켓으로 아주 훌륭한 무기다.

비룡은 이전과는 사뭇 다른 한층 강한 위력과 사거리를 가진 대함 무기다. 이 비룡 유도로켓을 탑재한 신형 참수리가 기존 참수리 고속정을 완전히 대체하면 북한은 지금까지 자랑하던 반잠수정과 공기 부양정 등 각종 비대칭 전력은 완전히 무력화된다.

2002년 6월 29일은 월드컵 준결승전이 이뤄지던 날이었다. 이날 한국 선수들은 아쉽게 결승전에 진출하지 못했지만, 마지막 경기를 보기 위해 온 국민의 시선이 월드컵 3, 4위전에 쏠려 있었다. 이때를 노린 북한의 도발이 시작되며 엄청난 비극을 만들었다. 한국 함정을 공격할 목적을 갖고 북한 경비정이 NLL 북방한계선을 침범한 것이다. 이에 평화적으로 해결하기 위해 대한민국 해군의 참수리 고속정 357함이 긴급 출동하여 접근했다.

하지만 북한 경비정은 속도를 멈추지 않았고 이내 해군의 참수리 357호를 기습 공격을 가했다. 이로 인해 357함의 지휘관이었던 윤영하 대위가 교전 4분 만에 전사하면서 엄청난 인명피해가 발생했다. 그럼에도 해군은 패닉에 빠지지 않고 분전했다. 조타를 책임 지던 한상국 상사는 죽음의 순간에도 키를 놓지 않기 위해

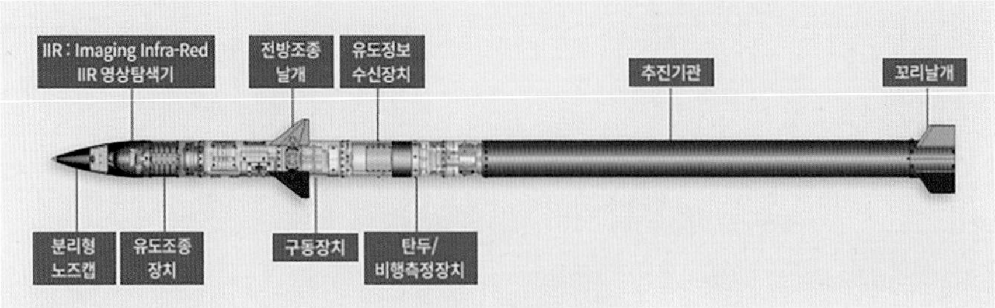

130mm 비룡 유도로켓

조타키에 손을 묶있고, 황도형 중사와 조천형 중사 역시 죽음 이후에도 방아쇠를 손에서 놓지 않았다. 그 결과 사실상 영거리에서 기습적인 선제공격을 당했음에도 적에게 엄청난 피해를 줄 수 있었다. 이후 밝혀진 바에 따르면 북한군은 13명이 전사하고 25명이 부상을 입었다.

하지만 우리의 357함이 침몰하여 이 사건은 해군에게 여러모로 큰 충격을 안겨주었다. 또한 가장 먼저 소규모 교전에 필요한 적절한 화력이 부족하다는 사실을 깨닫게 됐다. 교전 당시 인근에 여러 척의 초계함이 있었지만 357함을 도울 수 없던 상황이었다. 해당 함정들은 오로지 포에 의존하는 구형 초계함들이었기 때문이다. 이들 초계함으로는 교전 수역에 접근하다가 북한의 대함미사일과 해안포 사격에 당해 피해를 키울 우려가 있어서 해군은 눈물을 머금고 초계함의 뱃머리를 돌려야 했다.

또한 참수리 고속정 자체의 화력도 문제였다. 잘 훈련된 장병들이 기습당했음에도 불구하고 순식간에 반격했지만 적함을 격침하는 데 실패한 것은 고속정의 화력이 부족했기 때문이었다. 참수리급 고속정의 주포인 40mm 보포스 기관포는 노후화되어 잔고장이 나는 것은 물론이며, 비슷한 수준의 경비정을 격침하는 것도 어렵다. 다만, 원거리에서는 북한 경비정에 대적할 만한 화력을 발휘할 수 있었다. 하지만 당시 지침에 따라 근접한 상황에서 교전을 치러 상대를 압도할 전

전쟁기념관에 전시된 참수리 357호(모형)

력이 되지 못했다.

이는 시급히 해결해야 할 심각한 문제였다. 당시 국내 여론은 교전 수칙과 정치적 책임을 두고 공방을 벌이기 바빴다. 그래서 지금도 이 문제를 가지고 따지는 이들이 많다. 그러나 분명한 건 잘못은 공격한 북한에 있다. 다시 말해, 한국 해군이 무능해서가 아니다. 그렇기에 이를 두고 국내에서 책임소재를 따지는 것만큼 무의미한 일은 없다. 잘잘못을 따지기보다, 어떻게 하면 다시는 이런 일을 당하지 않을지를 고민하는 것이 더 중요하다.

그러한 고민은 신형 참수리 고속정 도입에 앞서 진행된 윤영하급 유도탄 고속함에 녹아들어 있다. 윤영하급은 검독수리 사업으로 명명된 사업으로 개발되었다. 이 사업은 북한의 경비정을 완전히 압도할 수 있는 강력한 최신 연안 전투함을 개발하는 것이 목적이었다. 이러한 명확한 목적을 갖고 만들었던 만큼 윤영하급은 아주 강력한 함정이다. 먼저 함정의 길이와 배수량이 기존 참수리급 고속정의 2배가 넘는다. 심지어 해성 대함미사일 두 발과 62구경장 76mm 함포 등을 비롯한 각종 화기로 중무장했다. 만약 북한이 다시 한번 해상도발을 해온다면 미사일로 적을 단숨에 격침해버리거나 강화된 포로 두 동강을 내버릴 수 있는 것이다.

76mm 함포

또 다양한 전장 환경에 맞게 디젤 엔진과 가스터빈을 조합한 추진 방식과 워터제트를 채용해 고속으로 항해가 가능하다. 게다가 워터제트 방식은 스크류 프로펠러를 선체 내부로 수납했기 때문에 낮은 연안에서 프로펠러가 망가지는 걱정을 하지 않아도 된다.

이전까지 고속정들은 항상 어망에 프로펠러가 걸리는 것을 걱정해야 했다. NLL 인근은 우리 어선은 물론 중국어선과 북한어선까지 모이는 어장이다. 그래서 버려진 그물이나 설치된 그물이 너무 많아 고속정이 제 속도를 내다가는 어망에 걸려 프로펠러를 망가트리는 일이 잦았다. 하지만 이번에 개발된 윤영하함은 물을 분사해 추진력을 내는 워터제트로 추진방식을 바꿔 이런 문제점을 근본적으로 해결했다.

하지만 신형함정이라고 장점만 있는 것은 아니다. 처음 개발하는 방식이다 보니 생각하지 못한 문제도 많았다. 윤영하급 1번 함인 윤영하함은 그만큼 시험적인 기술이 많이 사용된 불안한 함정이었다. 직진을 해도 배가 지그재그로 항해하거나 함포가 불발되고 엔진 공기 흡입구와 발전기에 해수가 유입되는 등 문제가 끊이지 않았다. 일각에서는 비리 사업이라는 비아냥까지 들어야 했다. 그러나 이런

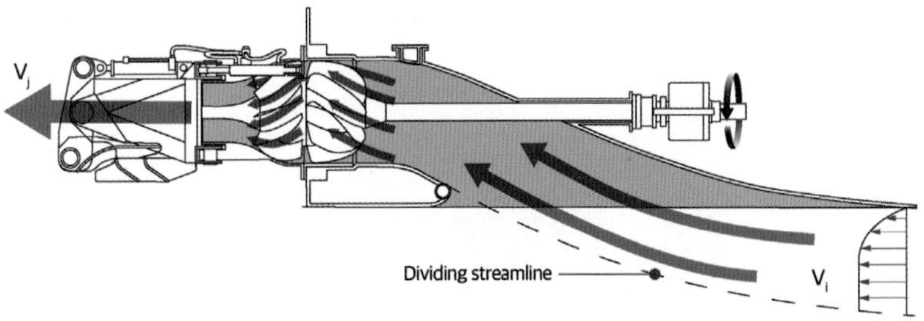

워터제트 내 물의 흐름도

시행착오는 현재 대부분 해결됐으며 이 과정에서 방산기술은 비약적으로 상승했다. 그 결과물이 바로 검독수리-B 사업으로 개발된 신형 참수리 고속정이다.

북한이 일으킨 무력도발은 2000년대 이후를 기준으로도 정말 많다. 제2연평해전, 박왕자 씨 피살사건, 연평도 포격전, 지뢰도발, 무인기 침투, 공무원 피살까지 정말 여러 사건이 있었다. 그중 해군의 가장 큰 문제가 지적된 것은 2010년 11월 23일 시작된 북한의 기습적인 포격으로 2명의 전사자와 2명의 민간인 사망자를 비롯한 다수의 부상자를 발생시킨 사건이었다. 이때 밝혀진 해군의 문제로 인해 국민들은 공격한 북한보다 한국 해군에 더 화를 냈다. 그 이유로는 제대로 작동하지 않은 포병 레이더, 부족한 도서 방어 전력 등 주목받지 못해 등한시되던 여러 문제가 쏟아져 나왔다.

이에 당시 정부는 빠른 해법을 요구했고 군은 부랴부랴 번개 사업을 내놨다. 구룡 다연장포에도 쓰이는 130mm 로켓을 유도로켓으로 개조하고 북한군에 대응할 지대지 미사일을 개발하겠다는 구상을 내놓은 것이다. 그런데 이 사업은 보기 좋게 실패했다. 사업 이름처럼 번개같이 빠르게 사업을 추진하다 보니 졸속이 이어졌고 급하게 만든 장비들도 제대로 작동하지 않았다.

130mm 유도 로켓 역시 마찬가지였다. 구룡 다연장로켓에도 사용할 수 있는 유도 로켓으로 만들어 군단 포병의 주력인 구룡을 개량하겠다는 포부와 달리 구룡

고속정에 탑재된 비룡

에는 쓸 수 없는 유도 로켓이 만들어진 것이다. 이는 목적과 완전히 동떨어진 무기가 나온 것이다. 이로 인해 일각에서는 이 사업이 계속될 리가 없다는 의견이 나왔다.

결함투성이라 지탄받던 윤영하함과 130mm 유도 로켓이 만나자 완전히 새로운 차원의 신무기가 탄생했다. 이것이 바로 신형 참수리 고속정이다. 수척의 윤영하함을 건조하며 워터제트 기술은 안정화 됐고, 우수한 미사일 기만체계와 전자전 장비를 탑재해 적이 대함미사일 공격을 하더라도 수발을 회피할 수 있게된 것이다. 그뿐만 아니라 2개소의 12.7mm 기관총은 원격무인으로 운영된다. 다른 기능 역시 무인화가 상당히 이루어져 기존 참수리보다 대형화되었음에도 승무원은 오히려 30% 줄이는 데 성공했다.

이런 모든 변화보다 주목할 만한 것은 화력의 변화다. 기존 40mm 단장포에 의존해야 했던 참수리와 달리 신형 고속정은 국산 76mm 함포를 장비했다. 기존 구형 참수리의 40mm 포는 노후화가 심각한 상황이었다. 이에 따라 몇 발만 발사해도 위험한 문제가 발생해서 훈련 시에도 주의하여 사용해야 하는 함정들이 늘어나고 있었다. 반면 신형 참수리는 분당 100발을 발사할 수 있으며 그 화력 역시 막강하다. 이 함정의 놀라운 점은 이뿐만이 아니다. 신형 참수리에는 함포보다 더 위력적인 130mm 비룡 유도로켓이 있다.

이는 앞서 말씀드린 실패한 사업의 무기다. 원래는 육군의 구룡이라 불리던 K-136 다연장로켓이었다. 본래 무유도로켓이었던 구룡에 유도 기능을 부여하여 성능을 개량하였다. 하지만 그 개발로 인해 규격이 달라져 발사대에 장착이 불가능해졌다. 그래서 구룡에 탑재할 수 없는 구룡용 유도로켓이라 비아냥을 들어왔다. 개량된 구룡을 바다라는 의외에 장소에서 용도를 찾았다. 개량된 구룡은 함정에서 쓸만한 무기였기에 그 이름을 '비룡 유도로켓'이라 명명하여 신형 참수리에 탑재한 것이다.

K-136 구룡 다연장로켓

한편, 현재 우리 군은 비룡 유도로켓과 유사한 70mm 비궁 유도로켓을 실전 배치한 상태이다. 비궁은 저가형 로켓으로 자살보트 등 미사일로 격침하기에는 위협도가 낮고 포로 격침하기 어려운 함정들을 격파하기 위해 개발된 미국 LOGIR 사업의 결과물이다. 이는 공동 개발을 하던 미군이 사업을 포기하며 한국이 독자 개발에 성공한 무기이다. 그러나 원체 구경이 작다 보니 해안에 접근한 적을 제압할 수는 있었지만 윤영하급이나 신형 참수리가 장비한 76mm포보다도 사거리가 짧아 용도가 많이 제

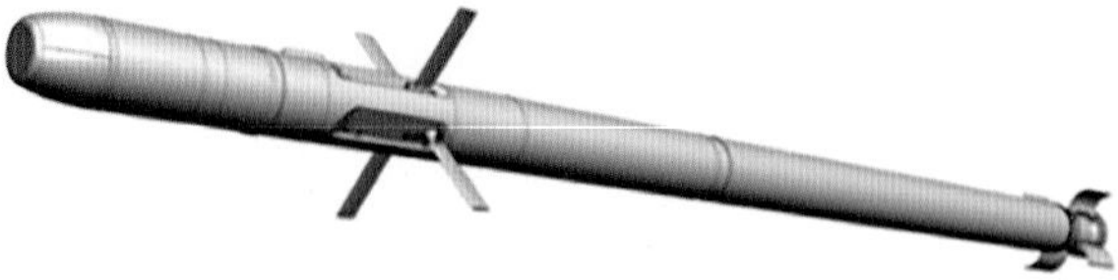

70mm 비궁 유도로켓(LOGIR)

한됐다.

지금까지는 이스라엘제 스파이크 대전차 미사일을 바다에서도 사용할 수 있도록 개량한 스파이크 NLOS가 서북도 서를 지키는 해병대의 핵심무장이었다. 하지만 너무 비싼 가격으로 인해 각 함정이 충분히 사용하기는 어려웠다. 이를 대체할 무기가 절실했는데 그것이 바로 130mm 비룡 유도로켓이었다. 비룡은 76mm 함포보다 사거리가 길면서 동시에 스파이크 NLOS를 대체할 수 있다.

만약 북한의 경비정이 과거처럼 한국 함정을 공격한다면 북한의 경비정은 쏟아지는 76mm 포탄과 비룡 로켓 세례를 맞아 살아 돌아가기는 불가능할 것이다. 이 사실은 이제 누구보다 북한이 잘 알고 있다. 북한은 최근 경비정이나 잠수함을 이용한 도발을 삼가고 있다. 강화된 우리 군의 전력을 함부로 건드렸다가는 더 큰 피해를 볼 수 있다는 두려움을 가지고 있기 때문이다.

현재까지 이렇게 든든한 신형 참수리는 총 16척이 건조됐다. 신형 참수리의 우수한 성능에 만족한 한국군은 추가로 18척의 신형 참수리를 건조하는 PKX-B Batch-2 사업을 이미 시작한 상태다. 하지만 그럼에도 이를 운영할 사람이 부족하다는 문제가 있다. 신형 참수리가 승무원을 크게 줄였음에도 인구감소로 인한 병력 부족이 너무 심각해지고 있기 때문이다.

이에 해군은 무인고속정을 군에 도입하기 위해 여러 사업을 추진하고 있다. 국방과학연구소는 지난 6월 해양방위사업전에서 이와 관련한 여러 자료를 공개했다. 그래서 전문가들 사이에서는 조만간 한국군이 군집 드론 기술을 이용한 무인 고속정단을 다수 운용할 것이라 예측하기도 한다. 해군의 새로운 전력이 장병들의 피로를 덜어주고 또 조국을 안전하게 지켜주길 기원한다.

8

잠수함 소나

한국이 개발한 가상화 메타물질

최근 세계가 깜짝 놀랄만한 기술을 한국이 개발했다. 바로 모든 소나를 그대로 통과시키는 메타물질을 개발한 것이다. 이에 따라 한국이 개발하는 잠수함은 적의 소나 탐지시스템에 탐지되지 않는 진정한 스텔스 기능의 잠수함으로 개발된 것이다. 바다의 왕자라고 할 수 있는 잠수함은 탐지부터 요격까지 정말 처리하기 힘들어 여간 까다로운 무기체계가 아닐 수 없다. 기동하지 않고 해면 깊숙이 자리 잡고 있으면 탐지가 어렵다. 뿐만 아니라 적성국 전투함들이 다니는 길목 앞에서 사전에 은밀히 숨어있다가 갑자기 공격하면 대처하기란 불가능에 가깝다. 그렇기 때문에 각 나라들은 잠수함 탐지를 위한 여러 탐지 방법들을 개발하고 있다. 그중 대표적인 탐지 기법 중 하나가 공중 레이저 음향기기를 이용한 잠수함 탐지기법이 있다.

공중 레이저 음향기기(airborne laser-acoustic system)는 공중에서 레이저를 사용하여 수중에 음파를 발생시키는 장치다. 이 장치를 수중에서 소나의 잠수함 탐지를 위한 음원으로 사용한다면, 음파 송신기의 사용 시간 및 공간 제한이 없어지는 장점을 가지게 된다. 하지만 잠수함 탐지를 위한 적당한 주파수와 충분한 송신압 구현이 가능한 제한적인 조건에서만 가능하다.

P-3 오라이온 초계기. 꼬리부분의 쇠막대기가 자기장 탐지기다.

또 다른 방법으로 자기장으로 잠수함을 찾는 방법이 있다. 잠수함은 거대한 쇠막대기이며 지구자기장에 반응하므로 주변 자기장이 다른 모양을 보이게 된다. 이 자기장 변화 탐지 방법은 수면 밖에서도 찾을 수 있다는 장점이 있다. 대잠 초계기인 P-3 오라이언 초계기 꼬리 부분에 기다랗게 빠져나와 있는 쇠막대기가 이 자기장 탐지기다. 그러나 이 방법은 적 잠수함이 수면 근처에 있을 때 항공기를 저공비행시켜서 찾을 수 있다. 그래서 탐색용보다는 최종적으로 적 잠수함이 근처에 있는지 확인할 때 사용된다. 이런 탐지 기법들은 환경에 따른 제한사항이 많기 때문에 과거부터 써오던 방법인 소나를 많이 사용한다.

잠수함은 종류에 따라 운항 시 나는 소리가 다르므로 적국의 잠수함 소리를 녹음해 두었다가 발견되면 그것이 적성국의 잠수함 소리인지 파악한다. 또 어떠한 기종인지를 비교해서 판단할 수도 있다. 그래서 이 방법은 적인지 아군인지 등을 판단하는 주요 수단 중 하나로 쓰인다.

한편, 일반적인 잠수함 영화를 보면 잠수함의 소나병들이 헤드폰을 끼고 소리

구리로 만든 '제로 굴절률 메타물질'

를 탐지하는 장면을 많이 보셨을 듯이 소리를 레이더에서 보면 사람의 손가락의 지문 같다고 해서 "음문"이라고 한다.

하지만 현대의 잠수함은 운항 시 소리를 줄일 뿐만 아니라 흡음 장치나 방음장치 등을 설치하여 잠수함 안에서 난 소리가 쉽게 밖으로 새어 나가지 않게 한다. 그렇기 때문에 소나 탐지도 점점 어려워지고 있는 추세다. 과거 2차대전 영화들처럼 적 함정이 근처에 다가오면 모든 승무원이 땀방울을 흘리며 기침 소리마저 내지 않고 숨죽이는 일은 말 그대로 영화에서나 나올 법한 일이 된 것이다. 그렇기 때문에 현재는 더욱 진보된 잠수함 자체가 소리를 내는 것만으로 찾기 힘들어지자 능동적으로 음파탐지기를 이용하게 됐다.

음파탐지기의 원리는 한 곳에서 일종의 음파를 발산한다. 만약 그곳에 잠수함이 있다면 이 음파는 반사되어 돌아오고, 반사되어 돌아온 음파를 분석하여 잠수함의 위치나 크기 유무 등을 파악하는 것이다. 쉽게 설명한다면 돌고래가 초음파로 먹이를 찾는 것과 근본적으로 같은 원리다. 이러한 모든 소나체계를 무력화할 기술을 한국이 개발했다. 바로 한국이 세계 최초로 수중에서 소나를 무력화시키는 물질을 만들어낸 것이다. 이것이 가능한 것은 어떤 주파수에도 맞춤형으로 대응할 수 있는 가상 메타물질 구현 기술 덕분이다.

메타물질은 전파나 음파의 파동을 왜곡하는 투명망토 등 스텔스 기능에 사용되는 인공 물질이다. 과학기술정보통신부는 서울대학교와 해외 연구진과 공동으로 음향 파동 물성을 자유자재로 구현할 수 있는 '가상화 음향 메타물질' 기술을 개발했다고 밝혔다. 가상화 메타물질의 원리는 마이크로프로세서와 마이크로폰을 통해 입사되는 신호 'M'을 실시간으로 감지해 미리 설계된 특성 'Y'에 따라 산란파 'S'를 발생시키는 것이다.

이번 연구팀이 개발한 가상화 메타물질 프로그램은 디지털회로와 신호처리 기술로 여러 개의 메타물질을 대체할 수 있는 것이 특징이다. 또한 메타물질은 물렁물렁한 성질을 가진 돌을 마치 없는 것처럼 만들어주며, 자연 물질에는 없는 물성을 구현한 인공 구조물이다.

앞에서 설명드린 것과 같이 현재 메타물질이 대표적으로 이용되는 사례로는 투명망토 스텔스 기술이다. 그래서 영국 임피리얼대 물리학과 존 펜드리 교수는 2006년에 과학 저널 '사이언스'에 게재한 투명망토 재료가 되는 '메타물질' 논문을 시작으로 미국 국방부 산하기관인 방위고등연구계획국(DARPA)에서 연구비를 지원할 정도로 미국도 메타물질에 대해서는 지대한 관심을 두고 있었다. 메타물질이 개발되고 처음 선보인 지 10년째가 되는 해에는 진정한 전투에 사용가능한 투명망토를 만들기도 했다.

메타물질은 실리콘과 금속 등을 섞어 만드는데 빛을 반사하지 않고 뒤로 돌려보내는 성질을 가지고 있다. 처음 펜드리 교수가 개발한 메타물질은 뒤로 돌려보낼 수 있는 빛의 파장 영역이 가시광선인 400~700㎚보다 큰 마이크로파에 불과했다. 이는 메타물질로 덮었다 하더라도 사람 눈에는 보인다는 것이다. 이후 일부 가시광선 영역에서 작은 물질을 가릴 수 있는 투명망토가 개발됐지만 대부분 얇은 판 모양의 물질 위에 덮는 것에 불과했다. 이로 인해 물체가 형상을 갖고 있으면 사용할 수 없었다. 최근 미국은 수 나노미터(㎚·1㎚는 10억분의 1m) 두께의 가

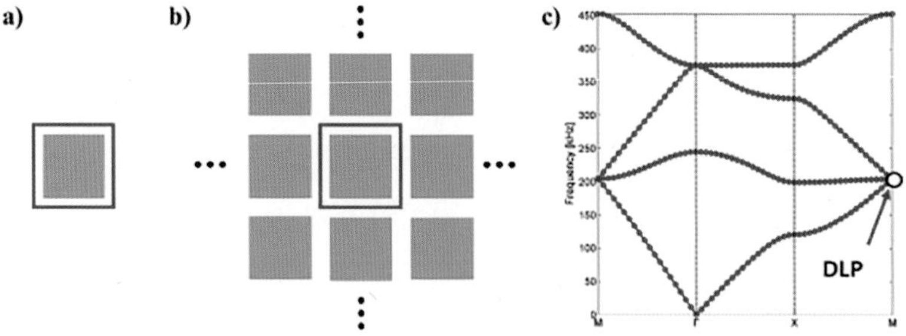

제로 굴절률 메타물질의 구조

느다란 투명망토를 활용해 입체형태 물체를 눈에서 사라지게 하는 데 성공했다. 이런 결과는 2016년 전 세계 주목을 받기 시작하면서 메타물질이 각광을 받는 계기가 되었다.

메타물질은 80mm 두께의 가느다란 형태다. 마치 카펫처럼 물체를 덮을 수 있다. 2016년 미국 연구진이 사라지게 한 물체는 1,300μm^2(제곱마이크로미터) 넓이에 굴곡이 있는 물질이었다. 따라서 현미경을 통해서 사라진 것을 확인할 수 있을 정도였다. 이것은 당시 놀라운 성공이었다. 3D 구조 형태 체를 가시광선 영역에서 사라지게 한 것은 역사상 처음이었다. 말 그대로 눈에도 적외선 장비로도 안 보이는 메타물질로 만든 진정한 투명망토였던 것이다.

하지만 가장 큰 단점이 존재했다. 바로 크기와 가격이다. 1,300μm^2 물체를 가릴 수 있는 투명망토를 만드는 데만 해도 꼬박 하루가 걸렸고, 가격도 수천만 원대에 달했기 때문이다. 1,300μm^2의 크기는 사람의 눈에도 안 보이는 초미세먼지 수준이다. 그래서 가로세로 1cm 크기의 투명망토만 해도 만드는데 수개월에서 수년이 걸리고, 비용은 수십억 원이 들어가기 때문에 상용화는 거의 불가능하다는 점이다. 하지만 만약 이를 개선한다면 단번에 막강한 전투력을 급상승시킬 수 있는 획기적인 기술이 될 것이다. 그래서 각 나라들은 메타물질 제작 방법을 혁신시키기 위한 연구에 몰두하고 있었다.

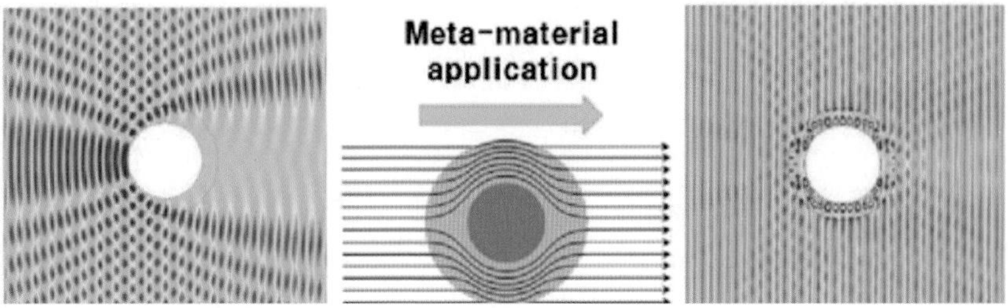

메타물질 원리를 설명하는 자료

이번에 우리 연구진이 개발한 가상 메타물질은 비용도 저렴하고 잠수함에 장치하는데도 많은 시간이 소요되지 않는 시스템이다. 이는 특정 주파수를 흘려보내거나 왜곡하는 메타물질을 제작해 비행기나 잠수함 등 표면에 탑재하면 반사되는 음파로 적을 탐지하는 소나(Sonar·수중음파탐지기)를 속이는 시스템이다. 또한 이번에 개발된 프로그램은 메타물질을 인위적으로 만들지 않아도 원하는 파동과 주파수 분산을 자유자재로 구현하고 변경할 수 있다. 그리고 환경에 맞게 설계된 마이크로프로세서가 담긴 직사각형 모양의 칩을 탑재한 장비는 넓은 대역의 주파수에 대응한다. 원하는 매질의 특성이 갖는 수식을 이 프로그램에 집어넣으면 기존의 개별 메타물질이 갖고 있었던 모든 특성을 제공한다.

우리 연구팀은 물체의 고유 진동수를 뜻하는 공진 강도나 공진 주파수 대역폭과 같은 주파수 분산 특성의 완전한 제어를 실험적으로 검증했다고 밝혔다. 또한 한국 개발 연구진에 따르면 가상화 메타물질이 대부분의 음향 물성을 구현할 수 있을 것으로 보이며, 이는 최종적으로 광대역 동작이 가능한 음향 투명 망토 스텔스 기술을 실험적으로 구현한다고 밝혔다.

물체의 존재를 숨기는 데 개발한 가상화 메타물질은 그 원리가 음향 파동을 자유자재로 제어하는 '가상화 음향 메타물질'이 기술의 원칙이기 때문이다. 그리고 이번 연구 결과는 국제 학술지 '네이처 커뮤니케이션즈'에 게재됐다.

10여 년 전부터 개발돼 일부 기술에선 상용화 단계에 이른 메타물질은 자연에 존재하는 원자를 흉내 낸 인공 구조물이다. 그래서 기존에 있는 자연계 물질과는 완전히 다른 물리적인 성질을 개발자의 의도대로 만들 수 있다는 장점이 존재했다. 하지만 종전까지 나온 메타물질로 소리를 흡수하려면 다양한 주파수를 가진 음향에 대응하는 성질을 일일이 만들어야 했다. 그렇기 때문에 비용 상승과 장기간 제작 기간으로 상용화가 불가능했다. 또한 다각도로 메타물질을 설치해야만 군사적으로 사용할 수 있을 정도였다.

한국이 개발한 메디물질은 다르다. 이 물질은 특수한 디지털 신호와 컴퓨터 프로그램으로 주파수가 달라져도 능동적으로 대처해 물체의 모습을 숨길 수 있도록 했다. 이는 어떠한 각도에도 모두 대응할 수 있다는 뜻이다. 그리하여 이번에 개발한 메타물질은 군수와 민수 용도로 폭넓게 이용될 것으로 보인다. 민간용으로는 콘서트홀이나 음악회장 안에서 음악 감상을 방해하는 장애물을 없애는 데에도 활용할 수 있다. 소리의 진행을 훼손시키는 기둥에 메타물질을 붙이면 소리가 막힘없이 뻗어 나가기 때문이다.

한국이 개발한 가상화 메타물질은 어떤 주파수가 날아와도 대처할 수 있다는 게 중요한 특징이다. 그래서 메타물질을 한국 잠수함 동체에 붙이면 음파로 상대의 위치를 잡아내는 탐지 장비인 '소나'의 감시망에서 벗어날 수 있다. 이는 소나의 음파를 모두 흡수하기 때문이다. 만약 이것이 상용화되면 적은 아군 잠수함이 코앞까지 접근해도 알 도리가 없어지는 지구 최강의 잠수함을 한국이 만드는 것이 가능해진다.

한국 음탐 기술의 발전

흔히 한 나라의 국방력이 얼마나 상승했는지를 확인할 때 장비의 숫자와 질을 본다. 병력의 숫자도 중요하지만 현대전에서는 최신예 장비로 전략과 전술이 바뀌기 때문에 이는 곧 국가 전투력의 기준이 될 수밖에 없다. 그리고 장비의 성능은 자체 개발한 무기를 많이 가진 군사 강국일수록 더욱 극명하게 나타난다. 즉, 무기체계에 적용될 수 있는 신기술을 얼마나 많이 갖고 있고, 혁신적인 기술을 얼마나 빨리 무기체계에 적용할 수 있는지에 따라 그 나라의 국방력이 정해진다. 그중에서도 현대 장비의 가장 기본이 되는 소재기술이 급부상하면서 한국이 보유한 소재기술에 세계의 관심이 쏠리고 있다. 더 튼튼하고 더 유연하고 더 가벼운 소재야말로 장비의 성능을 결정짓는 핵심이기 때문이다.

과거 한국의 과학기술 개발은 도전의 연속이었다. 아무런 기반 시설도 없고 기술을 개발할 인력도 터무니없이 적은 상황에서 과학자들은 매일 밤을 새우며 이론을 정립하고 기술을 검증하는 등 피, 땀, 눈물을 쏟아가며 국산 무기를 개발했다. 과거 일본 식민지에서 독립한 지 불과 30년밖에 되지 않은 나라가 지금도 많은 나라들이 개발하지 못하는 미사일 개발에 성공한 것부터 시작해 각종 전차와 전투함을 자국의 기술로 도배시키고 있다. 이는 연구진의 노력도 대단하지만 우리의 소재 기술이 없었다면 불가능한 일이었다. 이것이 가능했던 원동력은 국산 무기 개발이라는 목표가 있었기 때문이다. 아무래도 상당수의 부품과 소재는 외산 수입품에 의존할 수밖에 없었다. 다행히 경제가 성장하고 기술이 발전하면서 부품의 국산화율은 점차 높아져 갔다.

그럼에도 일부 소재의 국산화는 아직 큰 장벽으로 남아있다. 기존의 설계를 벤치마킹할 수 있는 부품과 달리 소재는 소재 그 자체가 하나의 기술이자 특허이기에 모방이 어렵다. 게다가 보통 첨단 무기에 쓰이는 첨단 소재들은 그 시점에서 가장 최고 수준의 기술로 만들어진다. 이는 매우 정밀한 시설과 장비를 필요로 하

최초의 스텔스기 F-117 나이트호크

며, 인력 역시 세계 최고 수준의 인재들이 투입돼야 한다.

아무리 막대한 자본을 들여 좋은 설비를 갖춘다 한들 창의적인 아이디어와 현상을 이해할 수 있는 날카로운 통찰이 없다면 신소재 개발은 불가능하다. 한마디로 열정적이고 천재적인 인재들이 오랜 시간을 들여야 겨우 개발할 수 있다는 것이다. 그래서 대한민국은 신소재 개발에 큰 노력을 기울였으나 오랫동안 그리 주목할 만한 성과를 거두지 못했었다.

하지만 21세기에 접어들면서 오랜 노력이 결실을 보기 시작했다. 스텔스 도료부터 여러 종류의 메타물질과 그래핀 등 정말 각기 다른 분야에서 새로운 소재들이 쏟아져 나오기 시작한 것이다. 우선 스텔스 도료는 1999년부터 시작된 사업이다. 당시 미국은 이미 세계 최초의 스텔스기 F-117을 보유하고 있었고, 아직도 세계 최고 스텔스기의 자리를 유지하고 있는 F-22를 생산하고 있었다. 당시 우리 군 관계자들은 걸프전과 코소보전에서 스텔스기가 보인 막강한 위력에 대해 잘 알고 있었다.

스텔스 도료는 스텔스 형상의 전투기가 아니어도 전투기의 성능을 향상할 수 있고 스텔스 기술의 기본이었기에 높은 수준의 차세대 스텔기를 개발하기 위해서

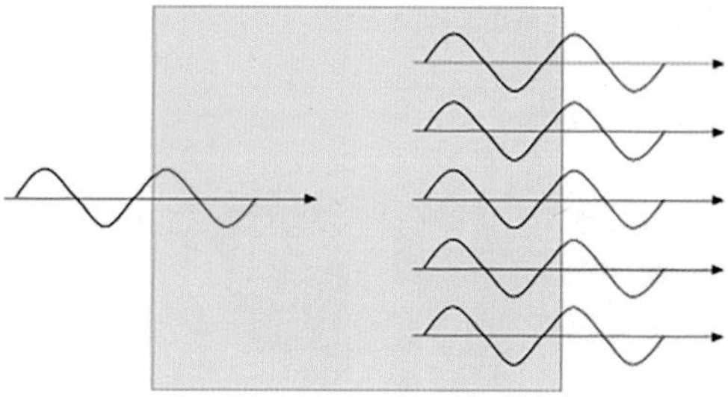

평면파를 위상으로 표현한 개념도

는 반드시 확보해야 하는 기술이다. 당연히 이를 개발하기 위한 범국가적인 개발 사업이 진행됐다. 하지만 개발 초기에는 여러 문제가 많았다. 일부 업체에서는 효율적인 스텔스 기술을 개발했다고 주장하는 온갖 사기꾼들이나 성능을 부풀린 기업들을 상대하며 많은 시간을 허비했다. 다행히도 적합한 업체를 선정하고 스텔스 도료 개발을 본격적으로 시작했다. 그리고 개발 10년 만인 2009년 마침내 스텔스 도료를 한국의 기술로 완성했다. 해당 도료는 우리 군이 보유한 F-4 전투기로 테스트되어 그 성능이 입증됐다.

스텔스 도료가 완성된 시점에서 연구진은 또 다른 고민에 빠졌다. 미국에서 스텔스 도료를 사용하는 전투기들을 조기 퇴역시키기 시작했기 때문이다. 문제는 막대한 비용이 원인이었다. 스텔스 도료를 도포한 전투기는 우수한 스텔스성을 보이지만 매 비행마다 도료를 다시 칠하는 등의 관리가 필요하고 이를 전문 인력이 수행해야 했기에 매우 높은 유지비가 소모되었다. 게다가 도료를 바를 수 없는 조종석의 캐노피에는 레이더 반사면적을 낮추기 위해 스텔스 코팅을 해야 했다. 그래서 국내 연구진이 스텔스 도료를 개발했을 때는 너무 때늦은 개발이라는 황당한 비난까지 들어야 했다. 이에 포기할 우리 연구진이 아니었다. 연구진들은 더욱더 나은 스텔스 기술을 개발하기 위해 메타물질 연구에 돌입했다.

메타물질은 자연에서 발견되지 않는 특성을 가지도록 설계된 인공 물질을 총칭

제로 굴절률 메타물질을 이용한 수중실험

한다. 어떤 물질을 어떤 형상으로 설계하느냐에 따라 강철보다 단단하면서 고무보다 잘 늘어날 수도 있다. 그래서 빛이나 전파를 왜곡할 수 있는 메타물질은 사람의 육안이나 레이더상에서 보이지 않도록 만들 수 있다. 그렇기에 매개가 되는 물질과 설계된 형상에 따라 그 기능은 천차만별이다. 현재 대한민국은 투명 메타물질, 레이더 전파를 흡수하는 메타물질, 수중음파를 투과시키는 메타물질 기술을 확보한 상태다.

투명 메타물질은 앞서 말한 대로, 메타물질을 착용한 장비나 사람을 빛과 열로부터 차단할 수 있다. 이런 메타물질을 착용한 장비는 광학장비나 적외선센서로 탐지하는 것이 불가능하다. 아직 단가가 높고 생산성이 낮다는 단점이 존재한다. 반면 레이더를 흡수하는 메타물질과 수중음파를 투과시키는 메타물질은 상당한 수준까지 발전됐다.

수중음파를 흡수하는 메타물질은 디지털 신호를 이용하는 가상화 메타물질과 구리 등의 물체를 이용하는 두 방법이 있다. 여기서 가상화 메타물질은 디지털 회로 처리기술로 파동과 주파수를 자유자재로 조작하는 기술이다. 실제 존재하는 소재를 이용해 메타물질을 설계한 것이 아니기 때문에 가상화 메타물질이라고 불린다. 이 기술을 이용하면 잠수함 내외부 주파수와 파동을 조절해 잠수함을 추적할 때 쓰이는 음향탐지기 소나를 무력화할 수 있다.

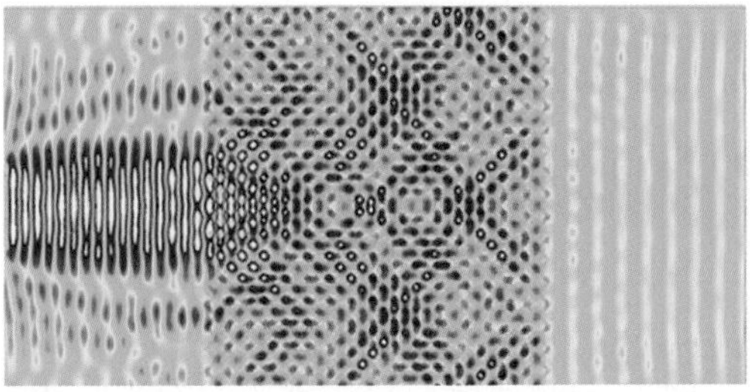

최적화 알고리즘이 적용된 메타물질에 음파를 발사하는 시뮬레이션 결과

한국은 구리를 이용해 음파를 투과시키는 기술 역시 보유하고 있다. 한국표준과학연구원은 물보다 전달률이 빠른 메타물질을 규칙적으로 배치해 소리가 퍼져나가지 않는 음향 메타물질을 개발했다. 해당 기술을 잠수함 전체 겉면에 적용하는 것은 어렵겠지만 선체를 이중으로 설계하는 복각식 설계 등을 적용한다면 잠수함의 소음을 획기적으로 줄일 수 있게 된다.

또한 레이더 전파를 흡수할 수 있는 메타물질도 상당히 진보된 상태로 알려져 있다. 현재는 플라스틱 필름에 메타물질을 접착해 스텔스 도료 등을 대체할 수 있는 스텔스 필름을 만드는 연구가 진행되고 있다. 그 수준 역시 상당한 것으로 알려져 있는데 수직입사된 레이더파에 대해서는 90%, 경사입사된 레이더파에 대해서는 80% 정도의 높은 흡수율을 보이고 있다.

여기서 중요한 것은 필름을 구성하는 핵심재료인 그래핀의 대량생산에 있어 한국이 세계 최고 수준의 기술력을 가지고 있다는 점이다. 그래핀은 흑연을 2차원 구조로 분리한 메타물질로 높은 탄성을 가졌으며, 다이아몬드보다 2배 강한 경도와 높은 열전도성을 가진 꿈의 물질이다. 이는 스텔스 소재뿐 아니라, 플렉시블 디스플레이, 반도체, 차세대 배터리 등 거의 모든 미래 산업의 핵심소재로 쓰이는 재료다. 이렇게 뛰어난 그래핀의 대량생산 기술을 처음으로 개발한 것이 한국 연구진이다.

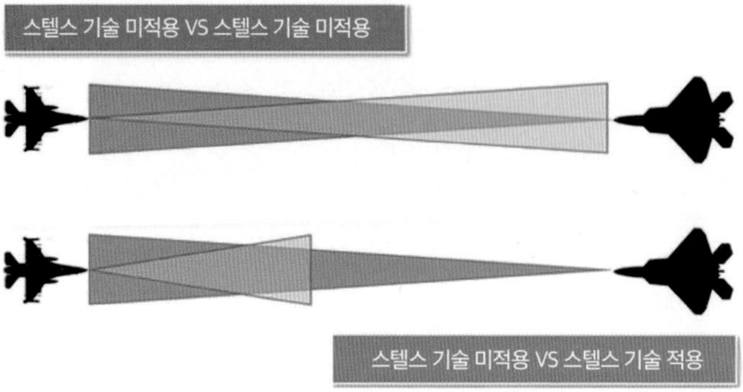

스텔스 기술 적용 유무

그래핀은 이미 상당히 오래전부터 그 개념이 등장했다. 이를 분리해 내는 데 상당한 시간이 걸렸으며, 대형화하고 대량생산하는 데는 그보다 더 오랜 시간이 걸릴 것이라는 평가를 받고 있었다. 그런데 서울대학교 홍병희 박사의 연구진이 구리와 같은 고체물질을 매개로 한 화학증기증착법을 개발하며 대량생산의 길이 열렸다. 눈에 보이지도 않는 크기였던 그래핀 소자는 홍병희 박사의 손에서 수십 cm 크기로 커졌고, 신문을 인쇄할 때 쓰는 롤러를 사용해 생산성을 크게 향상시켰다. 이 연구개발로 한국은 끊이지 않고 엄청난 길이의 그래핀 소자를 생산할 수 있게 됐다.

또한 홍박사 연구팀은 그래핀으로 반도체의 생산수율을 높이는 클리퍼를 만들고 있다. 심지어 파킨슨병 치료약물로까지 사용이 가능하다는 사실까지 밝혀내 관련 사업을 추진하고 있다. 엄지 손톱만한 그래핀 소자가 신문지만 해지기까지 불과 10년이 걸렸음을 생각할 때, 수년 안에 그래핀이 사용된 제품들이 상용화될 것으로 보인다. 또한 이를 활용한 군사분야에서는 스텔스 코팅재, 착용형 디스플레이, 고경도 방탄판, 신형 복합장갑 소재, 외골격 로봇의 외부장갑으로 도입될 수 있다.

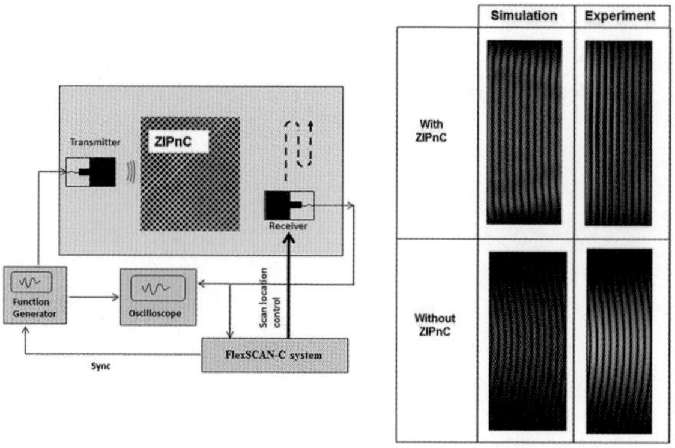

제로 굴절률 메타물질 실험 세팅 및 결과

스텔스 도료와 메타물질은 분명 대단한 기술이라지만 이 둘만으로 한국이 소재 독립을 달성했다고 보기는 어렵다. 특히, 고도의 기술과 정밀도를 요구하는 군용 장비에 쓰이는 소재들의 경우에는 기존 소재보다 우수하고 저렴한 데다 대량생산까지 용이한 소재를 만들어야 되기 때문이다. 일례로 항공기에 쓰이는 탄소섬유의 경우 아직도 해외 수입에 의존하고 있다. 상당량을 일본으로부터 수입해야 하기에 국산화 요구가 크지만 외산을 완벽히 대체하기까지는 상당한 시간이 걸릴 것으로 보인다.

공군

우주로켓 · 전투기 · 확산탄 · 수송기
스텔스 전투기 · 전자전기 · 우주군

1

우주로켓

한국의 누리호 발사 비화

한국 기술력에 대해 저평가되고 있는 것이 몇 가지 존재한다. 그중 대표적인 게 바로 로켓이다. 이에 대해서 그동안 "못 만들어서 만들지 못했던 것 아니냐"라는 것이다. 하지만 이는 사실이 아니다. 한국은 충분히 로켓을 개발할 수 있었지만 만들지 못하도록 억압을 받아왔다. 이에 대한 근거는 한국의 로켓 개발 역사를 살펴보면 정확히 알 수 있다. 한국이 그동안 액체로켓 엔진을 만들지 못했던 경악스러운 비화를 지금부터 소개하겠다. 그 역사는 고려 시대 때부터 시작됐다.

첨단과학의 집합체라 불리는 로켓은 약 780년 전 중국 금나라에서 최초로 만들어졌다. 당시 금나라는 몽골이 자꾸 침략하며 호시탐탐 영토를 노리는 탓에 걱정이 이만저만이 아니었다. 계속되는 전쟁을 이만 그치고 싶었던 금나라는 몽골이 다시는 영토를 탐하지 못하도록 화약과 창을 이용한 강력하고 놀라운 무기를 개발했다. 이것이 바로 화약의 추진력을 이용한 최초의 로켓이다. 금나라는 이 신무기를 불 달린 창이라는 뜻으로 '비화창'이라 이름을 붙였다.

얼마 후 다시 몽골군이 습격해왔다. 하지만 이내 몽골군은 하늘을 뒤덮은 불덩이를 보고 혼비백산하며 달아났고, 다시는 금나라를 탐할 엄두도 내지 못했다. 당시 금나라는 최초의 로켓 '비화창'의 화력으로 몽골군을 압도할 수 있었던 것이다. 이후 비화창의 로켓 기술은 주변국에 전파돼 변형 로켓들이 만들어졌다. 우리나라도 이 로켓의 원리를 이용하여 무기를 개발하기 시작했는데 이것이 바로 조선 시대의 비장의 무기, 신기전이다. 미국이라는 나라가 생기기도 전에 한국 아니 조선이 세계가 놀랄만한 무기를 만들었던 것이다.

신기전

현재는 각종 기술과 제약에 묶여 제 실력을 못 내고 있는 실정이다. 또 한국은 세계 유일의 분단국가로 반세기를 지내고 있다. 하지만 한국은 6.25전쟁 이후 짧은 시간 동안 전후 복구와 민주주의 정착이라는 놀라운 성과를 보여줬고, 세계 경제 대국과 나란히 어깨를 견줄 수 있을 만큼 경제 대국 초입에 들어서고 있다. 또한 군사 강국과도 대등한 힘겨루기를 할 수 있을 정도로 강력해졌다.

세계 1~3위가 워낙 강하다 보니 그 빛을 못 보는 것이 현재 상황이다. 로켓 기술도 마찬가지다. 한국은 1978년에서야 미군의 나이키 미사일을 개조해 백곰 지대지 유도탄을 개발했다. 백곰 개발은 1971년 박정희 대통령의 친필 메모로 시작됐지만, 미국의 지속한 개발 반대 압력을 받는 상태였다. 그나마도 운이 좋게 1975년 파산 직전에 있던 로스앤젤레스 근처 록히드사의 로켓 추진제 제조공장을 인수할 수 있었다. 이 시설로 인해 국내에서 로켓 추진제를 생산하는 계기가 되었다.

이후 현무 미사일 개발과정에서 한국은 미국에 사거리 180km 이상의 로켓은 개발하지 않겠다고 각서를 썼는데, 이것이 바로 한미 미사일지침이다. 이는 얼마 전까지도 국내 로켓과 미사일 개발의 족쇄가 되어 왔다. 또한 80년대 초에는 많은 로켓 연구원들이 국방과학연구소를 떠나야 하는 시련도 있었다. 이를 로켓 연구자들은 '잃어버린 세월'이라고 말하는데 한국의 로켓 기술은 백곰 유도탄 개발 이후, 약 20여 년 동안 거의 발전이 없었다고 해도 과언이 아니었다. 20년 동안 한미 미사일지침에 묶여 국산 미사일 개발이 얼어붙었지만, 한국은 끊임없이 로켓 개발에 대한 열의는 잃지 않았다.

백곰 지대지 미사일

로켓의 본격적인 액체로켓 개발은 1997년에서야 시작됐지만, 예산은 불과 연간 25억 원, 연구 인력은 30여 명에 불과했다. 다행인지 불행인지 이듬해 1998년 대포동 쇼크가 터졌고, 김대중 정부는 액체로켓 개발에 좀 더 적극적으로 나섰다. 이미 북한이 액체로켓 기술을 갖고 있다는 판단에 따라 액체추진과학로켓 KSR-III의 예산도 늘어났다. 하지만 당시 한국항공우주연구원 100여 명의 연구인력 중에서 외국에서 액체로켓 개발에 참여해 본, 경험이 있는 사람은 단 한 명도 없었다. 어렵사리 2002년, 발사한 액체과학로켓 KSR-III는 순수 우리 기술로 개발하는데 성공했지만, 위성을 쏠 수 있는 성능은 되지 못했다. 2007년에 비로소 러시아와 우주기술보호협정 후 나로호 본격 개발을 할 수 있었다. 본격적으로 소형 위성을 발사할 수 있는 발사체 개발이 시작된 것이다.

독자 개발이냐, 아니면 해외협력을 통한 개발이냐를 놓고 줄다리기가 이어졌다. 정부는 2002년 말 나로호(KSLV-I) 개발사업에 착수하면서 독자 개발보다는 해외협력을 통해 조속히 로켓 기술을 확보하는 것을 선택했다. 국내 기술만으로는 개발이 어려워 기술 및 부품 도입 협상을 추진해야만 했고 이듬해인 2003년에는 33번째 국가로 미사일 기술통제체제 MTCR에도 가입했다.

"MTCR은 탄두 중량 500kg, 사거리 300km가 넘는 탄도미사일의 기술과 부품을 MTCR 비회원국에 수출하는 것을 금지한다. 하지만 MTCR 회원국 간에는 탄두 중량 500kg과 사거리 300km까지의 미사일 기술 수출을 허용하고 있고 우주발사체 기술은 거리 제한 없이 회원국 간에 이전을 허락한다."

라는 제한적인 규제가 있다. 하지만 로켓 기술은 미사일과 같은 이중 용도의 기술로, 실제 기술 이전은 쉽지 않은 상황이었다. 더욱이 MTCR 회원국 가운데 액체로켓 기술을 가진 나라는 7개 국가 정도였다. 한국은 해당 국가들에게 찾아가 기술 지원을 요청했다. 한국은 가장 먼저 미국의 지원을 기대했고 미국을 찾아가 협상을 시도했지만 거부당했다.

일본 역시 마찬가지였다. 러시아에도 연구원을 파견해 협상을 진행했고 프랑스와도 협상을 진행했다. 하지만 좀처럼 진행되는 것은 없었다. 그렇게 모든 것이 불가능할 것 같았던 때, 뜻밖에도 러시아와 손을 잡게 되면서 나로호 개발의 국제협력 파트너는 미국이 아닌 러시아가 됐다.

당시 러시아는 경제난 해소책의 하나로 우주기술 판매에 적극적으로 나서고 있었다. 러시아의 로켓기술 협력은 2001년 블라디미르 푸틴 러시아 대통령이 방한해 한국의 우주개발 참여 의사를 밝힘으로써 탄력을 받기 시작했다. 당시 국내에서는 우주개발 의지가 강한 노무현 전 대통령이 러시아와의 협력에 나섰고, 결국 2004년 9월 21일 한러 우주기술협력 협정이 체결됐다.

순탄하던 러시아와의 협력에 예상치 못한 제동이 걸렸다. 러시아 의회가 기술 보호를 이유로 두며 발목을 잡았고, 당시 미국도 러시아에 한국과의 로켓기술 협

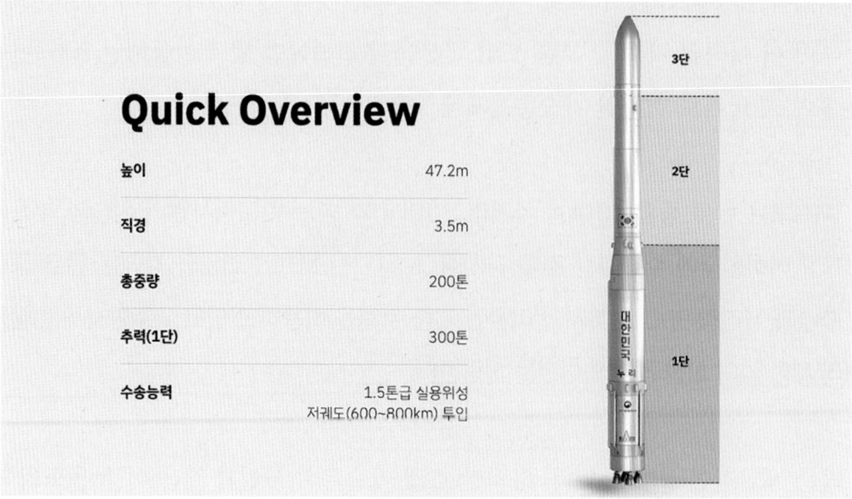

누리호 개요

력에 대해 문제를 제기하는 상황이 빚어졌기 때문이다. 결국 '한국은 러시아가 제공한 우주기술을 제3국에 유출하지 않고 보호한다'는 한러우주기술보호협정을 2006년 10월에 체결했고, 2007년 7월에 협정은 발효했다. 우여곡절이 많았지만 이후 한국항공우주연구원은 즉각 흐루니체프(러시아의 우주로켓회사)와 나로호 개발 계약을 하고 나로호 개발에 들어갔다.

로켓 엔진의 아버지라 불리는 베르너 폰 브라운 박사가 우주 로켓의 시대를 연 후, 지금까지 5천 회가 넘는 로켓 발사가 이루어졌다. 하지만 대부분은 미항공우주국에서 이루어졌고, 중국과 러시아가 그 뒤를 따랐다. 로켓 발사에서 가장 중요한 기술은 바로 '로켓 엔진' 기술이다. 우주까지 힘차게 날아가는 강력한 힘을 가지기 위해서는 엔진이 가벼우면서도 튼튼하고, 적은 연료로도 강한 추진력을 낼 수 있어야 한다. 따라서 이 로켓 엔진 기술을 보유하기 위한 국가 간의 경쟁이 매우 치열했다.

그동안 한국은 한국항공우주연구원(KARI)을 통해 75톤 급 출력의 신형 액체

발사대에 기립한 누리호

로켓 엔진 개발에 박차를 가했다. 그 이유는 2021년에 발사 예정인 누리호에 장착할 엔진을 만들기 위해서다. 2018년 11월 28일, 나로우주센터에서 엔진이 장착된 시험발사체를 발사했다. 목표 엔진 연소 시간은 140초 이상이었다. 이 발사체는 무려 151초를 기록하며 큰 성공을 거두었다. 그렇게 지금의 자랑스러운 대한민국은 세계 7번째 액체 엔진 보유국이 됐다.

여기에 공식적으로 한국의 로켓 개발에 더욱더 박차를 가할 희소식이 들려왔다. 바로 한미 미사일 지침이 종료됐다는 소식이다. 2021년 5월 22일, 한미 정상회담에서 공식적으로 한미 미사일 지침이 종료됐다는 사실이 밝혀졌다. 이로써 한국은 42년 만에 미사일 주권을 확보하게 됐다. 기존까지 미사일의 최대사거리만 늘리는 것에 그쳤지만, 여지껏 한국을 옥죄이던 족쇄가 풀린 것이다.

이제 한국은 2021년 누리호 발사를 앞두고 있다. 미사일 지침이 해제되면서 국산 대륙 간 탄도 미사일 ICBM의 전력화가 머지않았다. 이 상황에서 우주에도 로켓을 쏘아 올릴 수 있는 기술이 성공한다면 한국은 진정한 기술 강국으로 자리매김할 수 있게 된다. 한국은 못 만들어서 만들지 못했던 나라가 아니다. 못 만들게 하니까 만들지 못했던 것이다. 이것이 무엇을 의미하는지는 다른 나라도 분명히 알아야 할 것이다. 그렇게 결전의 날이 도래했다.

2

전투기

T-50 골든이글

한국의 방산무기 시장에 수출 청신호가 켜졌다. 최대 100조에 달하는 초거대 사업에서 경쟁사의 실수와 기만이 드러났기 때문이다. 그로 인해 신뢰성이 보장된 한국 제품이 다시 주목받고 있다. 최근 세계 민항기 업계 최강자 보잉이 한국 항공기 제작사 KAI의 대결에서 비겁한 기만과 사기로 승리했다는 사실이 만 천하에 드러났다. 보잉의 이러한 만행은 이번이 처음이 아니다. 최근에도 이와 유사한 문제를 일으킨 적이 있다. 이뿐만 아니라 민항기 시장에서 엄청난 항공사고를 일으켜 해당 기종이 전량 회수 당한 일도 있었다. 그럼에도 제 버릇을 못 고치고 또 사기극을 벌인 것이다. 이에 보잉은 사업을 주관하던 미군의 신뢰를 완전히 잃고 말았다. 앞으로 보잉이 계속 문제을 일으키면, 그들의 경쟁사였던 우리의 KAI가 다시 기회를 잡을 수 있을 것으로 보인다.

해당 사업은 미 공군의 구형 T-38 훈련기를 대체하는 T-X 프로젝트다. 이 단일 사업 자체만으로도 총 20조 원이 넘는 대사업이다. 뿐만 아니라 사업 이후 추가로

T-38

판매하게 될 가능성도 있다. 이 잠재 수량까지 합치면 1천여 대에 가까운 훈련기를 팔 수 있다. 그렇게 된다면 자그마치 100조 원이 넘는 매출을 기록하게 된다.

과거 한국은 미국의 록히드마틴과 공동 개발한 T-50 골든이글을 선보였다. T-50 골든이글은 이탈리아, 미국, 터키 등 세계 각국의 쟁쟁한 기업들이 낸 5기종과 경쟁해 최종입찰 후보에 들어갔지만 아쉽게도 보잉의 T-7A에 패했다. 그런데 그 이유가 정말 황당했다. 보잉은 전투기로 개량이 가능할 정도로 성능이 우수했던 T-50의 높은 단가에 주목했다. 그리고 입찰을 따내기 위해 적자나 마찬가지인 반값 입찰을 미군에 제안했다. 이에 더해, 무려 100대를 추가로 제작해 주겠다며 물량 공세로 T-50과의 경쟁에서 승리했다.

또한 보잉은 낮은 입찰가에 대한 근거로, 단가 하락과 수율 상승을 동시에 이뤄낼 수 있다는 호언장담을 덧붙이기까지 했다. 자신들의 훈련기 제작에 온갖 최첨단 미래 기술이 동원된다는 것이었다. 현물이 오고 가는 시장에서 싼 게 비지떡인 건 온 세상 삼라만상의 이치나 다름없다. 결국 보잉의 신형 훈련기에서 온갖 문제가 쏟아지면서 보잉의 만행이 만 천하에 드러나고 말았다. 보잉의 훈련기는 각종 기체 결함은 물론, 소프트웨어 문제까지 터지고 있는 상황이었다.

T-50 골든이글

보잉은 훈련기 외에도 민항기 시장에서 비슷한 실수를 했고 심지어 이를 은폐하려다 엄청난 주가 하락을 겪었던 적이 있었다. 이로 미루어 보면 보잉의 문제가 개선될 가망은 없어 보인다. 사업을 추진했던 미 공군은 사업 지연을 우려했다. 이에 따라 T-50의 임대 혹은 수출 가능성이 다시 부각되고 있다.

T-50 골든이글은 한국 항공 역사에 상당히 기념비적인 항공기다. 최대 시속이 마하 1.5에 달하는 첫 국산 초음속 항공기이기 때문이다. 직전에 만들었던 KT-1이 최대 시속 650km 정도의 터보프롭 훈련기였다는 점을 생각해 보면 한국의 T-50 개발이 얼마나 큰 도전과 모험이었는지 알 수 있다. 비록 기술이 부족해 미국의 록히드 마틴과 공동 개발을 했지만 결국 이는 KF-21 개발의 초석이 됐다.

첫 국산 고등훈련기 T-50 골든이글은 길이 13m, 폭 9.5m, 높이 4.8m로 자체 중량 6.4톤, 이륙 중량 11톤 정도의 복좌 훈련기다. 레거시 호넷이라고도 불리는 F-404 엔진은 F/A-18A/B에도 쓰인 명품이다. T-50은 이 엔진을 채용해 경공격기 수준의 우수한 기동성과 탑재량을 가진 뛰어난 초음속 항공기로 인정받고 있다. 또한 이 특성을 그대로 이어받은 FA-50 파이팅이글은 개발도상국들에게 무수한 러브콜을 받고 있는 기체이기도 하다. 고가의 전투기를 살 수 없는 상황에, 일

KT-1 터보프롭 훈련기

반 전투기보다는 저렴하지만 우수한 성능을 원하는 이들에게 적격이기 때문이다.
하지만 훈련기를 구하는 대부분 나라에서 가장 원하는 기체는 음속에 가까운 비행이 가능한 초음속 훈련기다. 이는 미국도 마찬가지다. 미국의 T-X 사업은 T-38 탈론의 대체 사업이다. T-38은 1호기가 나왔던 1959년부터 1972년까지 1,140대 이상이 생산 및 배치된 고등훈련기다. 한국군 역시 T-50이 나오기 전까지 T-38을 대여해 사용했다.

T-38은 자체 중량 3.2톤에 최대 이륙중량 5.5톤으로 T-50의 절반밖에 되지 않는다. 하지만 2,900파운드 엔진 두 개를 장비한 쌍발기이기 때문에 아주 우수한 비행 성능을 보여준다. 그렇기에 오랫동안 미국의 주력 훈련기로 활약할 수 있었다. 또한 T-38이 세계 군용항공기 시장의 표준이었다고 해도 과언이 아니다. 그러나 T-38은 너무 오래됐다. 아무리 세계 최고 항공기 제작 능력을 가진 미국이라도 만든 지 수십 년이 지난 비행기의 수명을 늘리기는 쉽지 않다.
뿐만 아니라 시대가 변하면서 훈련기에 요구되는 성능 수준 역시 높아졌다. 하지만 T-38은 이를 충족할 능력이 없었다. 이런 점 때문에 T-38은 F-22나 F-35같은 최첨단 전투기를 타기 앞서 전환 훈련에 사용된 훈련기로 적당한 기종이 아니

F-22 Raptor

게 되었다. 그래서 미 공군은 T-38을 대체할 차기 훈련기 사업으로 T-X 프로그램을 추진했다. 이번 사업의 목적은 F-22, F-35와 같은 고가의 고성능 전투기를 조종하기 전, 다른 뛰어난 훈련기로 조종사의 조종 능력을 향상시키는 것이었다.

T-X 사업의 이런 높은 기준은 한국의 T-50 골든이글에 정확히 부합했다. 미군 역시 지나치게 비용을 의식한 나머지 성능이 떨어지는 타국의 여러 훈련기 사이에서 독보적인 존재감을 보이는 T-50에 깊은 관심을 보였다. 또한 F-22와 F-35를 제작했던 록히드마틴이 T-50의 기술협력을 했다는 점도 큰 장점이었다.

위와 같은 이유로 KAI가 제시한 T-50이 미국의 T-X 사업을 수주할 가능성이 굉장히 높은 상황이었다. 그런데 유일한 경쟁자 보잉이 자신들의 훈련기를 말도 안 되는 가격으로 낮추면서 한국의 T-50이 탈락하고 말았다. 그럼에도 KAI는 만약의 상황에 대비해 T-X 프로젝트의 요구사항에 맞출 수 있도록 개량한 T-50A를 미 공군에 제안했다. 한국은 T-50A의 급유구를 새로 만들었다. 뒤이어 연료 탱크를 추가했으며 항전 장비와 소프트웨어를 개량했다. 그뿐 아니라 F-22, F-35처럼 일체형 디스플레이를 채용해 전환 훈련에 적합하도록 설계했다.

F-35 조종석

T-X용 T-50 조정석

보잉은 KAI가 미군에 제시한 163억 달러에 절반 수준인 92억 달러를 입찰가로 제시했다. 당시 큰 논란이 일었지만, 보잉은 첨단 기술을 적용해 단가를 획기적으로 낮췄다며 논란을 일축했다. '저율 생산 방법'으로 2022년까지 개발을 완료하고 2023년부터 조금씩 생산하겠다는 것이었다. 당시 많은 전문가들은 보잉의 훈련기 가격이 터무니없이 낮은 가격임을 우려했다. 하지만 보잉이 저렇게까지 강경한 입장이니 보잉의 주장을 믿을 수밖에 없었다.

반면 국내에서는 한국의 항공기술에 대한 비판이 쏟아졌다. 보잉처럼 단가를 낮추지 못한 것을 두고 시대에 뒤처졌다는 것이었다. 그런데 이후 누구도 생각 못했던 충격적인 반전이 등장했다. 한국의 기술이 뒤처진 게 아니라 보잉이 미국정부와 미군을 속이는 기만을 저질렀다는 게 드러났기 때문이었다.

보잉은 예전부터 온갖 배짱 장사로 유명했다. 항공기 판매 후, 무를 수 없는 단계가 되면 입을 싹 닫고 태도를 바꾸는 건 예사였다. 최근 전투기 입찰에서 연달아 패배하자 '우리 전투기를 수주하지 않으면 방위산업을 접겠다'며 미연방정부를 협박하는 등의 행동까지 서슴지 않았다. 그리고 이런 악행은 전투기 시장 뿐 아니라 민항기 시장에서도 이어졌다. 보잉 737 MAX가 두 차례 연속으로 추락하는 사건이 발생한 것이다. 조사 결과, 보잉이 그동안 감추고 있었던 치부가 세상에 드러났다.

보잉 737 MAX

보잉 737 MAX는 1967년 처음 출고된 보잉 737의 후계기다. 원래 보잉은 737의 뒤를 잇는 새로운 비행기를 개발하려 했다. 보잉은 경쟁사인 에어버스가 A320을 개량한 A320neo로 쏠쏠하게 돈을 버는 것을 목격했다. 이후 자신들도 어느 정도 신뢰성이 입증된 옛 항공기를 개조하는 것으로 방침을 변경하고 737의 개량사업을 추진했다. 그렇게 등장한 것이 바로 보잉 737 MAX이다.

시작부터 불순한 목적으로 만들어진 이 항공기는 설계부터 심각한 문제가 있었다. 기술 발전에 따라 더 좋은 엔진으로 교체하려 했지만 동체가 너무 낮아 엔진이 땅바닥까지 닿는 문제가 생긴 것이다. 보잉은 임시방편으로 항공기의 이착륙을 책임지는 랜딩기어의 길이를 늘려 이 문제를 해결했다. 그러나 오래된 구형 설계를 억지로 바꾸면서 무게중심에 문제가 생겼다. 결국 이로 인해 한 공기가 실속할 수 있는 위험이 생기게 된 것이다.

보잉은 이 문제를 해결하기 위해 항공기 제어시스템인 MCAS를 도입했다. 자동으로 항공기의 균형을 맞추는 기능을 737 MAX에 탑재한 것이다. 그러나 해당

보잉의 T-7A 레드호크

소프트웨어는 완전히 엉터리였고 오히려 항공기의 추락 위험을 높이는 결과를 초래했다. 보잉은 이 사실을 뒤늦게 파악했다. 그들은 이를 해결하기보다는 오히려 은폐하기 바빴다. 프로그램이 오작동할 수 있다는 사실을 숨기기 위해 아예 오류 경보 자체를 없애버리는 만행을 저지른 것이다. 심지어 조종사에게 해당 문제에 대한 주의조차 하지 않았다.

결국 2018년 10월과 2019년 3월 인도네시아와 에티오피아에서 두 차례의 추락 사고가 일어나며 300명 이상이 숨지는 참극이 발생하고야 말았다. 이후 광범위한 조사가 개시되며 책임소재가 분명해지자 보잉은 뒤늦게 문제를 인정했다. 결국 737 MAX는 운행 중단 처분이 내려졌다. 여기에 더해 코로나 사태로 민항기 시장이 완전히 소멸해버리면서 보잉은 큰 타격을 입게 되었다. 보잉이 회생하기 위해서는 77조가 필요하다며 이를 미연방정부에 요청하는 지경까지 이르게 된 것이다.

제작사가 이 모양이니, 미군의 차기 훈련기 사업에 채택된 T-7A 레드호크 역시 정상적으로 개발될 리가 없었다. 21년 6월 16일, T-7A가 기체 결함으로 사업이 1년 이상 지연될 것이라는 소식이 외신을 통해 보도됐다. 사업이 지연되는 만큼 훈련기 단가 또한 천정부지로 치솟을 수밖에 없다. 하지만 보잉은 이런 문제를 해결할 능력을 상실했다. 해결할 만한 능력이 있는 전문가들을 보잉이 직접 해임했기 때문이다. 그 이유 역시 무척 황당하다. 첨단 기술로 숙련 기술자를 대체할 수 있다는 것이었다. 이런 이유로, 항공업계는 보잉이 미군의 T-X 사업에 참여하지 못할 거라 예상하고 있다.

T-X 사업의 결과가 불투명해지자 오히려 다급해진 건 미군이었다. 최종 후보였던 T-50을 임대하거나 혹은 소량 구매해 보자는 의견이 나오게 된 것이다. 사실 성능이나 운용 목적에 맞는 것은 T-50이 유일했었기에, 미군 내에서도 호평이 많았다. 만약 보잉의 T-7 문제가 해결되지 않고 추가 지연이 발생한다면 미군은 T-7의 도입을 취소하고 새로운 훈련기를 알아볼 수밖에 없다. 그렇게 된다면 당연히 마지막까지 경쟁하고 최종 후보였던 한국의 T-50이 가장 유력한 대체기가 될 수밖에 없는 상황이다. 한국의 T-50 골든이글이 미국 땅에서 비행할 날을 기대한다.

FA-50

군 전문가들은 공대공 전투 능력과 기동성 측면에 있어서는 중국의 JF-17 블록 3가 FA-50 보다 우위에 있다고 분석한다. 하지만 그게 정말일까?

우선 FA-50과 JF-17은 설계 목적부터가 다른 기체다. 그러므로 비교하는 것부터가 부적절하다고 볼 수 있다. JF-17은 중국과 파키스탄이 요격기인 J-7과 공격기인 Q-5 등을 대체할 전투기로 개발한 기체이기 때문이다. 반면 FA-50은 T-50 고등훈련기를 기반으로 만들어졌기 때문에 설계 사상에서부터 태생적인 한계를 갖고 있다. 때문에 비행 속도나 실용 상승한도의 차이만 놓고 봐도 성능은 극명하게 갈린다.

또한, 두 기종의 차이는 무장 운용에서도 명백히 드러난다. JF-17은 FA-50보다 무장 운용폭이 월등히 뛰어나다. JF-17은 중국산 PL시리즈 공대공 미사일, 중국산 각종 무유도폭탄, 중국 및 파키스탄산 정밀유도폭탄, 중국산 공대지 미사일 및 대

FA-50

레이더 미사일을 운용한다. 그리고 C-802 중국산 공대함 미사일도 운용할 수 있다. 반면 FA-50은 AIM-9 사이드와인더 공대공 미사일, AGM-65 Maverick 공대지 유도 미사일, 각종 무유도 및 정밀유도폭탄 등이 무장 운용의 전부다.

이렇게 확연하게 차이가 나는 이유는 당초 FA-50이 지상군에 대한 근접항공지원인 CAS만을 목표로 개발되었기 때문이다. 따라서 타격 범위도 5~25km 수준에 불과하다. 국산 전투기라는 가장 큰 장점은 확보했지만 태생적 한계도 분명했던 것이다. 그래서 중국은 자신들의 강점을 모두 쏟아부어 말레이시아 전투기 사업에 총력을 기울였다. 말레이시아 정부는 한국과 중국의 전투기를 두고 큰 고민에 빠졌다. 중국산 전투기는 가성비가 너무 좋고, FA-50은 중국산 대비 가격은 비싸지만 여러 나라에 수출된 실적이 있고 실전 경험까지 있었기 때문이었다.

한편 미국의 집단 지성 쿼라(Quora)와 영국 군사 전문지 제인스(Jane's), AIN(Aviation International News) 등의 해외 외신은 말레이시아가 경공격기 12대를 도입하고 추가로 최대 24대를 옵션으로 구매할 계획이라고 전했다. 무엇보다 해외 외신들의 관심을 끌어모은 건 말레이시아 경전투기 수주전에 한국의 FA-50 블록 20이 등장했다는 것이었다.

중국의 JF-17 Block3

이전까지는 한국의 경공격기는 대외적으로 FA-50이라는 이름으로만 불렸다. 하지만 최근 외신 보도를 살펴보면 모두 일관되게 'FA-50 블록20 스나이퍼 타겟팅 포드'로 부르고 있다. 보도는 이어 "FA-50 블록 20은 개선된 레이더와 중장거리 공대공미사일을 창작했다"라며 "한국의 FA-50 블록 20이 상당한 경쟁력을 가진 전투기로 평가받음에 따라 한국의 경쟁국들은 긴장해야만 할 것"이라 전했다. 뿐만 아니라 외신들은 공통적으로 말레이시아 수주전이나 향후 수주 전망에서 FA-50의 우세를 점치고 있다. 즉 FA-50 블록20의 미래가 밝다고 내다본 것이다. FA-50 블록20은 주로 중국 JF-17 블록3, 인도 HAL Tejas와 비교된다. 하지만 그중에서도 말레이시아 공군의 군수 지원 상황을 고려한다면 가장 적합한 기종은 FA-50 블록20이라는 의견이 지배적이다.

현재 말레이시아에서 사용하는 기체들은 모두 FA-50과 연료가 호환된다. 또한 말레이시아가 보유하고 있는 대다수 전투기가 미국산이기 때문에 기종 간 호환성에 있어서도 FA-50이 유리하다는 분석이다. 말레이시아 공군은 그동안 러시아제 Mig-29를 운영하면서 수리 문제와 부품 및 연료 조달 등 창정비와 군수 지원 측면에서 골머리를 앓아왔다. 만약 말레이시아가 FA-50 블록20를 운영하게 된다면 이 같은 문제를 고민할 필요가 없어질 것이다.

반면 중국의 JF-17을 선택할 경우 중국과의 공급망을 추가로 개설해야 하기 때문에 유지 비용이 대폭 상승하게 된다. 말레이시아가 보유 중인 상위 기종 F-18호넷은 FA-50과 같은 GE F404 계열의 엔진을 사용한다. 때문에 조종사 양성 및 훈련 목적까지 생각한다면 말레이시아 공군의 선택지는 FA-50이 될 수 밖에 없다는 분석이 지배적이다. 이런 분석들로만 본다면 한국의 FA-50이 선택될 것은 자명해 보였다. 하지만 갑작스런 변수로 한국의 고전이 시작됐다. 말레이시아의 경제 상황이 악화됐기 때문이다.

유럽연합이 말레이시아 수력 수출 상품인 팜유에 대한 수입금지령을 내렸다. 말레이시아는 전 세계 팜유 생산량의 40%를 점유하고 있는 나라인 만큼 팜유 수입 금지령이 치명적일 수밖에 없다. 말레이시아의 이런 상황을 간파한 중국은 JF-17과 팜유를 물물교환하는 협상안을 말레이시아에 제시했다. 팜유는 바이오연료로도 사용이 되지만 플라스틱을 제조할 때 플라스틱이 부스러지는 것을 방지하고 각 재료의 결합력과 내구성을 높여주는 재료이기도 하다. 플라스틱 수요가 급증하고 있는 중국 입장에서는 전혀 손해 보는 장사가 아니었다.

또 중국은 말레이시아 정부에 전투기 관련 기술을 한국의 FA-50보다 더 많이 제공해 주겠다는 달콤한 말로 회유하기까지 했다. 그러나 그것은 어디까지나 정부 입장일 뿐이다. 말레이시아의 군 관계자는 한국의 FA-50을 선호하는 상황이다. 한국도 중국처럼 팜유 물물교환을 조건으로 내건다면 90% 이상의 확률로 FA-50이 선정될 것이라며 귀띔해질 정도다. 이처럼 현재 말레이시아는 정부와 공군의 입장이 미묘하게 대립하는 양상이다. 공군은 공군력 강화 입장에서 FA-50을 원하고, 정부는 팜유와 물물교환이 가능하면서도 전투기 개발 기술 이전에 좀 더 협력적인 중국의 JF-17을 더 높게 생각하는 분위기다.

원래 군사무기교역은 각 나라가 정치적으로 더 많은 것을 얻어 내고 대국민 이미지를 개선할 수 있는 방법으로 사용된다. 그래서 말레이시아 전투기 사업이 중

영국의 MBDA 아스람

국의 JF-17로 기우는 듯한 모양새였다. 그런데 각본 없는 반전이 시작되면서 중국이 울상을 짓게 됐다. 바로 한국의 FA-50 블록20이 될 거라는 소식이 들렸기 때문이다. FA-50 블록20에는 AIM-120 암람 중거리 공대공 미사일, 최대사거리 200km대의 ALCM 공대지 미사일이 장착될 예정이다. 공대함 미사일 장착에 대한 계획은 없지만 추후 경쟁력을 갖추기 위해서 개발 가능 여지를 남겨두고 있다.

애초에 FA-50의 개발 배경은 그동안 지상군의 지원을 맡았던 F-5의 노후화 문제 때문이었다. 뜨고 내리는 것조차 위험한 심각한 상황에 조종사들도 비행 자체를 꺼리게 됐다. 이에 따라 기존 60대가 운용되었던 FA-50의 역할을 늘려야 할 필요성이 제기되었다. FA-50은 전투기는 연료 부족 및 정밀유도무기 운용 능력이 부족하다는 단점이 있었다. 또한 탐지거리는 100km에 달하지만 타격 가능한 거리는 최대 25km에 불과했다. 그래서 ADD는 지난해 5월 FA-50 성능개량 사전 개념연구 제안요청서를 공개했다.

FA-50의 내부 연료 탑재량을 늘리고 정밀 표적식별장치와 중거리 정밀유도 공대지 무기, 중거리 공대공 무기를 장착하는 등의 개조를 통해 F-5의 공백을 메우

타우러스 공대지 미사일

자는 계획이었다. 여기에 더해 FA-50 기체 외부에 연료탱크를 추가로 장착해 작전 반경을 늘릴 수도 있다. 공대공 무장으로는 영국 MBDA 아스람을 추진 중이다. 이는 최대 사거리가 60km에 달할 뿐 아니라, 타이푼, 토네이도, F-35에도 탑재되는 최신 미사일이다. 이를 사용하게 되면 FA-50의 시계외공중전(BVR)의 능력이 한층 높아지게 된다.

또한 중거리 공대지 무기는 독일 타우러스 시스템즈의 타우러스 K-2를 장착할 예정이다. 이는 공군이 F-15K에 탑재하는 타우러스 미사일을 소형화 한 것이다. 사거리가 500㎞에서 400㎞로 줄어들었을 뿐, 그 외 성능 면에서는 기존 타우러스와 동일하다. 이와 더불어 정밀 표적식별장치는 미국 록히드마틴이 개발해 공군에서도 쓰고 있는 스나이퍼 ATP 포드 장착을 계획하고 있다. 록히드마틴은 이미 FA-50에 스나이퍼 포드를 장착하는 시험에 성공했다. 지난해 8월에는 체계 통합까지 완료하고 연말까지 관련 검증 작업도 마친 상태다. 여기에 추가로 FA-50의 기계식 레이더를 소형화한 AESA 레이더로 바꾸고, 장거리 공대공미사일 통합 및 지상정밀 공격용 타겟팅 포드 통합으로 장사정 거리의 정밀 지상 공격 무기를 통합하려는 움직임도 보이고 있다.

AIM-120 AMRAAM

사실 기존 FA-50에 AIM-120 암람 미사일만 통합해도 그동안 갖추지 못했던 시계외공중전이(BVR) 가능하다. 수출시장에서 지속적으로 고전하던 부분이 곧장 해소되는 것이다. 뿐만 아니라 여기에 성능이 3~5배 뛰어나다고 평가받는 AESA 레이더까지 장착된다니 호랑이에 날개를 달아준 셈이 되었다.

그동안 FA-50이 국제시장에서 고배를 마셨던 것이 이 바로 이 BVR 성능이 없다는 점 때문이었다. 그런데 이 BVR 교전에 필요한 레이더는 현용 ELM-2032 레이더로도 충분하다. 그 말인즉, 장거리 공대공 미사일만 통합하면 문제가 해결된다는 것이다. 그리고 이는 기술적으로 문제될 것이 전혀 없다.

게다가 그동안 짧았던 지상공격무기의 사거리를 확장함과 동시에 보다 정밀하면서도 장거리 공격까지 가능한 타게팅 포드를 추가한다면 FA-50의 성능 및 용도는 획기적으로 확장된다. 여기에 스나이퍼 타게팅 포드까지 통합하고 레이더유도폭탄도 GBU-12 JDAM 등으로 확장하면 웬만한 4세대 중형전투기에 준하는 위력을 갖게 된다. 그런데 공군은 국산 AESA레이더 장착까지 요구하고 있다. 이렇게되면 웬만한 4세대기를 뛰어넘는 수준까지 올라가게 된다.

더 놀라운 소식은 공군의 이런 요구가 채택될 가능성이 높다는 것이다. 그동안

KF-21에 장착된 AESA 레이더

고질적인 문제였던 국산 무기와 플랫폼 부재로 인해 고배를 마셔왔던 만큼 이번엔 정말 한국이 작심해서 마개조를 단행하는 것이라 할 수 있다.

이것이 FA-50 성능개량 사업을 지켜보는 외신들이 FA-50 블록20에 각별히 주목하는 이유다. 선수를 훈련시키는 연습 상대에 불과했던 T-50이 갑자기 FA-50이라는 플라이급 선수로 등극하게 됐다. 그 플라이급 선수가 갑자기 FA-50 블록20으로 개량됨에 따라 이제는 세계 미들급 챔피언들과 대결해도 전혀 손색이 없는 상대가 된 것이다. 외신들은 이제 FA-50 블록20과 JF-17 블록3를 비교한 보도를 대서특필하고 있다. 세계 그 어디를 뒤져봐도 JF-17과 가격경쟁을 할 수 있는 전투기는 쉽게 찾을 수 없다.

하지만 FA-50에 신뢰성이 입증된 미국산 무기가 장착되면 얘기가 달라진다. 중국산 무기는 값은 싸지만 무기체계에 대한 신뢰성은 바닥을 기고 있다. 뿐만 아니라 정비성이 떨어진다는 문제도 있다. 그에 반해 한국산 무기는 적당한 가격과 신뢰할 수 있는 무기체계로 평가받는다. 그러니 반미국가가 아닌 이상에야 한국의 FA-50을 선택할 수밖에 없는 것이다.

현재 KAI는 올해 하반기 매출을 공시하면서 매출액을 25.7% 상향 조정했다. 이는 수주액을 3조 원 수준으로 전망한 것이다. 이 중 주요 예상 수주건으로 말레이시아의 전투기 사업이 포함되어 있다. 말레이시아에 FA-50을 판매할 것이라고 예상한 것이다. 그에 대한 수주액을 1조 1,000억 원으로 공시하고 있다. 이로써 FA-50은 경공격기를 넘어 새로운 미들급 전투기에 준하는 성능으로 새롭게 태어나고 있다.

3

확산탄

한국에만 허용되는 특수 폭탄

한국은 일부 소수 국가만 갖고 있는 위력적인 폭탄을 보유하고 있다. 이 때문에 많은 나라가 한국을 견제하며 보이지 않는 압력을 가하고 있다. 하지만 한국과 같은 폭탄을 갖고 있는 미국과 중국, 러시아에게도 똑같은 압력을 행사할까? 아마 그러지 못할 것이다. 국제시장은 군사력이나 경제력 같은 힘의 논리에 철저히 지배되며 국가와 국가가 서로 간에 완력을 펼치는 곳이기 때문이다.

2006년 레바논 전쟁에서 이스라엘의 집속탄 40%가 불발되는 일이 있었다. 지뢰를 포함해, 불발된 각종 폭탄·무기류들이 갑작스럽게 폭발함에 따라 민간인들에 대한 신체적, 재산적 피해까지 나날이 높아졌다. 이를 해결하기 위해 2007년 2월 노르웨이 오슬로에서 46개국이 모여 최초로 "오슬로 선언"을 채택했다. 이 선언은 집속탄의 사용·제조·보유 및 이동을 금지하고, 폭탄 폐기와 불발탄 제거, 폭탄에 의한 피해자 지원을 위한 국제적 틀을 정하는 조약을 만들겠다고 선언한 것이다.

이후 집속탄 폭탄 연합의 주도로 대인지뢰 금지 조약 등 각종 대량 살상무기 제제 등 군축 협약에 관한 세계적인 압력이 시작됐다. 2007년 5월에는 뉴질랜드에도 “웰링턴 선언”이 발효되었고 아일랜드에서도 “더블린 회의”가 열렸다. 결국 현재는 133개국이 서명하고 164개국이 비준한 상태다. UN 또한 공식적으로 집속탄 금지 협약을 발표했고, 같은 해 8월 발효되었다. 이것이 바로 클러스터 폭탄 금지 조약의 시작이다. 이 클러스터 폭탄 금지 조약에 가입한 94개국과 비준한 30개국은 한국에 보이지 않는 압력을 가하고 있다. 하지만 한국은 절대 이런 행태에 굴복해서는 안 된다.

2019년, 중국이 세계를 향해 충격적인 발표를 했다. 중국이 ‘미국 모든 폭탄의 어머니’라고 불리는 모압 폭탄보다 강력한 폭탄을 개발했음을 발표한 것이다. 모압폭탄은 역사상 가장 강력한 재래식 폭탄으로 손꼽힌다. 미군이 개발한 신형 폭탄의 일종으로, ‘슈퍼 폭탄’이라는 수식까지 붙을 정도로 강력한 화력을 자랑한다. 무게는 9.5t에 이르며, 핵무기에 버금가는 살상능력까지 겸비했기에 ‘심리적 폭탄’이란 성격까지 갖게 되었다.

포압 폭탄 속에 들어있는 암모늄질산염이 공기와 결합해 폭발하면 반경 550m를 초토화시킬 수 있다. 이는 베트남전에서 미군이 처음 사용한 대형 폭탄 ‘데이지 커터’를 한층 강력하게 개선한 것이다. 따라서 중국이 모압 폭탄보다 강력한 폭탄을 개발했다는 것은 다른 무기를 개발했다는 것과 조금 다른 의미가 된다. 미국의 폭탄보다 강력하거나, 이에 준하는 초대형 재래식 폭탄을 중국이 개발했다는 것이기 때문이다. 이와 관련해 관영 글로벌 타임즈는 신화통신을 이용해 ‘중국 거대군수기업인 중국북방공업(NORINCO)이 새 초대형 공중 투하 폭탄의 성능 실험 장면을 최근 웹사이트에 공개했다’라고 보도했다.

영상을 보면 H-6K 폭격기가 공중에서 폭탄을 떨어뜨려 거대한 폭발을 일으키는 장면이 나온다. H-6K 폭격기는 이 폭탄을 1개씩 밖에 나르지 못한다. 폭탄의 크기와 무기가 엄청나기 때문이다. 신화통신은 이 폭탄을 중국판 ‘모든 폭탄의 어

미국의 GBU-43 MOAB 미사일 모습

머니'로 칭하면서 중국에서 핵폭탄을 제외하고는 가장 강력한 폭탄이라고 전했다.

한편, 전문가들은 폭탄의 길이를 6m로 추정하고 있다. 뉴욕타임스 보도에 따르면 중국이 개발한 폭탄은 미국 것보다 작고 가벼워 H-6K 폭격기에 탑재할 수 있다. 하지만 미국 폭탄은 너무 커서 폭격기가 아니라 대형 수송기에 실어 날라야 한다. 폭격기는 수송기보다 빠르게 비행하는 기체다. 또한 목표물을 겨냥하기도 더 수월하다. 결국 미국의 모압 폭탄보다 효율성 측면에서는 더 낫다고 말하는 셈이다. 미국과 중국처럼 다른 나라는 내로라하는 폭탄을 한두 개씩은 꼭 갖고 있다. 그러면 한국도 이들처럼 위력적인 폭탄을 보유하고 있을까?

F-35는 본격적인 다용도 전투기로서 각종 무장을 장착할 수 있도록 설계되었다. 또한 F-35는 F-22와 마찬가지로 무장을 장착해도 스텔스성이 줄어들지 않기 위한 목적으로 동체 중앙 아랫부분에 무장창을 설치했다. 무장창은 좌우로 나뉜 2개의 덮개로 덮여 있다. 주날개 아래에도 한쪽에 3군데씩 외부 스테이션이 마련되어 있다. 이 스테이션은 현재 천장 부위와 안쪽 덮개 경첩 부위에 설치되어 각 1발의 무기를 장착할 수 있다. 현시점 천장 스테이션에는 2,000파운드(907kg)

까지의 합동정밀직격탄을 장착하고, 안쪽 덮개 경첩 부위의 스테이션에는 AIM-120C AMRAAM 1발을 장착하는 것이 표준 장착 방식이다. 물론 폭탄은 크기만 맞는다면 어떤 종류든 장착할 수 있다.

이와 더불어 F-35는 다양한 무장이 장착 가능하다. 공대공 미사일로는 서방 측의 표준적인 단사정용 적외선 유도방식을 사용한 공대공 미사일인 AIM-9X와 표적탐지 기능을 강화한 능동형 미사일인 AIM-120C가 대표적이다. 그리고 공대지 미사일로는 AGM-65와 아파치용으로 개발된 AGM-114 헬파이어 공대지 미사일, 가장 최근에 개발된 합동 공대지 미사일 JAGM과 적 방공망 파괴용 AGM-88시리즈, 스탠드오프 공대지 미사일 AGM-158이 있다. 공대함 미사일로는 한국도 사용하고 있는 하푼 미사일, 정밀유도폭탄 GBU 시리즈가 있다. 이처럼 F-35는 다양한 무기를 사용할 수 있다.

한국에게는 특별한 무기가 하나 더 있다. 바로 클러스터 폭탄이다. 클러스터 폭탄은 탄체 내에 다수의 자탄을 가지고 있다가 표적 상공에 흩뿌림으로써 넓은 면을 공격하는 무기이다. 지나치게 넓은 지역을 초토화시키는 것이 가능해 큰 논란이 있는 폭탄이다. 피해 범위가 넓은 만큼 민간인들의 피해가 심각했기 때문이다. 클러스터 폭탄 금지 조약이 생긴 이유도 바로 이 때문이다. 세계 많은 나라들이 이에 동의하며 서명했지만 아직 서명하지 않은 나라가 있다. 미국, 러시아, 중국, 한국이다. 이들 나라는 서명을 하지 않았을 뿐만 아니라 실제로 클러스터 폭탄을 보유하고 있다.

클러스터 폭탄을 다른 말로 하면 확산탄이나 집속탄이라고 한다. 말 그대로 넓은 지역에 있는 모든 물체 및 생물을 초토화하기 때문에 민간인 피해가 어마어마했다. 특히 정확한 타겟을 정해 날아가는 최신예 미사일처럼 특정표적을 조준하는 것이 아니라 불특정 다수를 사살하기 때문에, 민간인을 사살하는 잔인한 무기로 선정되었고 결국 금지 조약까지 생긴 것이다.

그렇다면 왜 한국은 이 조약에 서명하지 않았을까? 그것은 바로 한국이 심각한

러시아의 신형 집속탄 '드렐'

안보 위협을 겪고 있기 때문이다. 유일한 분단국가이자 정전 국가인 한국은 언제든지 전쟁이 터져도 이상하지 않은 국가다. 잔인하다는 이유로 이러한 금지 조약에 일일이 서명을 한다면 한국이 보유할 수 있는 무기는 그리 많지 않을 것이다. 전문가들 또한 금지 조약이라는 문제로 클러스터 폭탄을 포기하기엔 전략적 가치가 너무나 좋은 폭탄이라고 평가한다.

앞서 F-35의 무장창을 설명한 이유는 F-35에 클러스터 폭탄도 무장할 수 있기 때문이다. 한국과 미국의 F-35 운용 가능 무장 목록에는 클러스터 폭탄이 포함되어 있다. CBU-87/97과 CBU-103/-104/-105가 확산탄이며, 이미 한국도 보유하고 있는 폭탄이다. 한국은 언제든지 F-35 전투기에 클러스터 폭탄을 장착할 수 있다는 얘기다.

CBU-87/97 1발의 중량은 430kg이다. 이는 탄체 안에 들어간 성형작약에 의한 장갑관통능력과 파쇄형 탄체에 의한 인마살상 및 경장갑파괴능력, 지르코늄 소이링에 의한 화재 발생 능력 등을 가진 3종류의 BLU-97 복합 효과 탄약 202를 내포한다. 참고로 미국은 걸프전쟁 때 CBU-87을 투하해 생지옥을 연출하기도 했었다.

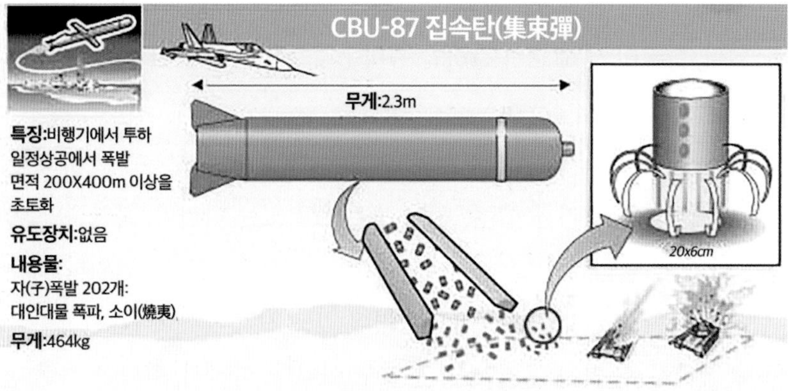

CBU-87 클러스터 폭탄

CBU-103/105/107은 기존 클러스터 폭탄의 명중정밀도를 향상시키기 위해 풍향 수정확산탄 키트를 장착한 미사일이다. 기존 버전의 클러스터 폭탄은 일단 투하하면 방향과 범위를 조절하지 못한다는 최악의 단점을 갖고 있었다. 103/105/107 버전은 풍향 수정 확산탄 장착으로 이를 그나마 수정·보완했다.

그중에서도 CBU-107 폭탄은 새롭게 개발된 클러스터 폭탄이다. 꼬리 부위의 핀 안에 관성 기준 장치나 가속도계를 장착하여 낙하 중에 바람의 영향을 수정하고 표적에 정확하게 명중할 수 있도록 개발했다. 또한 107의 자탄은 작은 화살 모양의 관통체 3,750개를 사용해서 화학무기 저장 탱크를 파괴하려는 목적을 지니고 있다.

이처럼 스텔스기인 F-35 무장 목록에 클러스터 폭탄이 들어가 있기 때문에 한국은 언제라도 어떤 나라와 전쟁이 발발하더라도 F-35를 통해 죽음의 비를 내릴 수 있다. 한국은 현재까지도 클러스터 폭탄에 많은 투자를 하고 있다. 가장 많이 투자하는 나라로 1위가 미국이고 한국은 2위다. 그럴 수밖에 없는 것이, 한국은 다른 군사 선진국들처럼 핵을 보유국이 아니기 때문이다. 핵무기가 없는 만큼 더욱더 이런 무기가 절실한 상황이다. 한국은 주변국들과 매우 인접해 있는 나라다.

바로 코앞에는 북한이 있고, 밑으로는 일본이 있다. 조금만 더 나가면 중국과 러시아도 있다. 한국이 세계 군사 강국들 틈바구니를 비집고 들어가 있는 형국이다.

북한은 한 방에 몇 십만 명을 학살할 수 있는 핵을 다수 보유하고 있고 세계적으로 금지한 생화학 무기를 셀 수 없이 보유하고 있는 나라다. 북한뿐만 아니라, 동북아시아 주변 나라들은 모두 군비를 늘려 각국의 군사력을 키워나가고 있다. 그런 반면 한국은 핵무기처럼 전쟁 억지력이 있는 전략 자산이 없다. 그렇다고 적성국을 긴장시킬 수 있는 무기가 많은 것도 아니다. 따라서, 한국은 전력 증강을 위해서라도 클러스터 폭탄처럼 넓은 지역을 초토화할 수 있는 무기 체계가 반드시 필요한 상황이다. 비록 클러스터 폭탄이 재래식 무기이고, 비난이 들끓는 무기라 하더라도 말이다. 주변국의 강한 압박에 굴해서는 안된다.

똑같은 칼이라도 어떤 사람에게 쥐여주냐에 따라 사람 살리는 칼이 될 수도 있고, 사람을 해치는 무기가 될 수도 있다. 한국이 갖고 있는 칼은 대한민국 국민을 지키고, 더 나아가 사람을 살리는 칼이 될 것이다.

4

수송기

한국형 건쉽

많은 이들이 대한민국이 40톤 급 전략 수송기를 개발에 대해 무의미하다고 얘기한다. 만약 전쟁이 난다면 미군의 C-17 글로브마스터 같은 전략 수송기의 도움을 받을 수 있다는 것이다. 또한 우리가 단독으로 전쟁을 수행한다고 하더라도 제공권을 확보할 때까지 수송기는 무용지물이라는 의견도 뒤따른다. 하지만 군 관계자들은 이런 주장에 대해 '수송기의 존재 이유를 잘 모르는 이들의 짧은 견해일 뿐'이라며 일축한다. 한국에 수송기가 필요한 이유는 수송 임무에 투입될 수송기가 부족해서가 아니다. 현재 국군은 군의 종합적인 전투력을 강화할 수 있는 모체가 필요한 상황이다. 그리고 새롭게 개발될 한국형 수송기가 이 포지션을 담당하게 될 것이다.

수송기를 개발할 수만 있다면 정말 다양한 파생형 지원기를 만들게 된다. 뿐만 아니라 다른 무기와 융합해 생각지도 못했던 무기로 발전할 가능성도 생긴다. 이런 융합의 사례가 바로 풍산이 개발 중인 활강유도포탄과, 한국형 수송기 플랫폼

미군의 전략 수송기 C-17 Globemaster III

을 결합해 만드는 '건쉽'이다.

건쉽은 지속적인 화력을 지원할 수 있는 특수 목적 항공기를 말한다. 현대의 전투기들은 기본적으로 제트엔진을 사용하는 제트기다. 제트기는 속도가 너무 빨라 목표를 정확히 파악할 수 없고, 조금만 머뭇거려도 순식간에 위치를 벗어난다. 미사일이나 폭탄을 투하하는 순간을 제외하면 지속적인 화력 지원이 어렵다. 그래서 미군은 지상화력지원이 필요할 때 A-10과 같은 저속의 공격기나 AC-130 스펙터 같은 수송기 개조형 건쉽을 통해 화력을 지원한다.

건쉽(Gunship)의 원래 의미는 '포함'이다. 포함은 말 그대로 포를 장비한 작은 군함을 말한다. 최초의 포함은 1~2문의 포를 싣고 강을 순찰하는 건보트였다. 이는 주로 3~4척 단위로 몰려다니며 도적이나 적군이 강을 건너는 것을 막는 보조함으로 활용되었다. 포함이 본격적인 군함으로 발전해 활약하기 시작한 건 1861년~1865년까지 5년 동안 벌어졌던 미국 남북전쟁부터였다. 미국 남북전쟁은 노예제 폐지를 두고 미국 전체가 남과 북으로 나뉘어 벌어진 내전이다. 그리고 미국 남부를 반으로 가로지르는 미시시피강은 이 내전에서 매우 중요한 전장이었다.

북군보다 상대적으로 철도 등 산업 설비가 모자랐던 남군은 미시시피강의 수운에 의지해야만 했다. 또한 남부 각지에서 수확한 면화를 영국 등 타국으로 수출하는 수출로로 쓰기도 했다. 그래서 링컨 대통령이 이끄는 정식 정부군인 북군은 해상 봉쇄를 하는 등의 다양한 방식으로 이 미시시피강의 수운을 차단하려 했다.

수출로를 차단하는 것과 미시시피강 자악은 별개의 문제였다. 강에서는 북군의 강력한 해군이 활약을 할 수 없었기 때문이다. 미시시피강이 아무리 큰 강이라 할지라도 거대한 군함이 강으로 진입하는 것은 좌초의 위험이 높았다. 또, 위험을 무릅쓰고 강에 진입하더라도 해안가에 설치된 요새의 해안포 세례에 침몰할 가능성이 높았다. 때문에 북군은 제해권을 쥐었음에도 남군의 수운을 차단하지 못했다. 이런 전황을 바꾸기 위해 북군은 새로운 형태의 포함인 '모니터함'을 건조했다. 모니터함은 배에 철갑을 두르고 배 크기보다 훨씬 큰 대포를 달았다. 또 일부 모니터함은 회전포탑을 채용해 하나의 포로 여러 임무를 수행할 수 있도록 했다.

이 강력한 포함은 강변에서 전투를 수행하는 보병들에게는 공포의 대상이었다. 당시는 총기 제작 기술이 빠르게 발전한 반면 전술은 제자리걸음 하던 시절이었다. 나폴레옹 전쟁에서 보병이 줄을 맞춰 싸우던 것처럼 전열 보병식 전투가 사라지지 않은 것이다. 그런 전장에 회전포탑을 단 모니터함이 등장해서 포탄을 사방팔방 쏟아부으니, 오와 열을 맞춰 뭉쳐있던 군인들은 짚단처럼 쓰러질 수밖에 없었다. 강 안에 설치된 요새 또한 상황은 마찬가지였다.

결국 느리지만 지속적으로 막강한 화력을 뿜어낼 수 있는 모니터함의 공세에 남군은 미시시피강의 지배권을 상실하고 말았다. 이후 미시시피강을 이용해 강을 건넌 그랜트 장군 부대가 미국 남부를 휩쓸며 남북전쟁은 북군의 승리로 돌아가고 말았다. 이 모니터함에 대한 이야기는 지속적인 화력을 구사할 수 있는 건쉽이 얼마나 강력한지를 보여주는 좋은 사례라고 할 수 있다.

이렇게 강력했던 건쉽도 1차 세계대전을 기점으로 역사에서 사라지게 됐다. 큰 포를 다는 데 집중하다 보니 강이나 연안에서만 쓸 수밖에 없었는데, 제대로 된 배를 상대로는 무력했기 때문이다. 그리고 무엇보다 항공기가 등장하면서 건쉽의 필요성이 크게 떨어졌다. 결국 2차 대전이 시작될 무렵 모니터함은 경비정으로도 쓰기 어려운 구식 함으로 전락하고 말았다. 하늘에서 폭탄을 수직으로 내리꽂으려면 슈튜카와 같은 급강하 폭격기를 쓰는 게 나았고, 폭탄을 쏟아붓기 위해서는 B-25와 같은 폭격기를 사용하는 편이 좋았기 때문이다. 그래서 많은 이가 포함을 군대에서 다시 쓸 일은 없을 것이라 생각했다.

이런 인식을 미 공군의 전신인 육군항공대가 바꿔버렸다. 육군항공대는 B-25 폭격기를 개조해 M2 브라우닝 기관총과 75mm 대포를 기수에 장착해 지상 공격용으로 활용했다. 하늘의 건쉽을 만든 것이다. 이는 폭탄을 사용하는 일반 폭격기들과는 달리 지원이 필요한 아군에게 끊임없이 화력을 제공할 수 있었기에 큰 호평을 받았다.

이 초기형 건쉽은 한국전쟁까지 쓰였는데, 많은 중공군과 북한군이 이 건쉽의 포탄 세례에 맞아 전멸했다. 하지만 이는 곧 한계에 부딪혔다. 전투기들이 점차 고속의 제트기로 바뀌었고 공대공 미사일까지 등장하면서, 그저 많은 무장을 탑재한 건쉽의 생존을 보장할 수 없게 됐기 때문이다. 그래서 미 공군조차 건쉽 운용을 포기하려고 했다. 그런데 미 육군이 이에 반대했다. 당시 미 육군은 공군의 항공지원에 불만이 많았다. 공군이 쏜살같이 달려와 주는 것은 좋지만 폭탄 몇 발만 던지고 사라지는 데다, 잘못하면 아군까지 통구이로 만들어버리기 일쑤였기 때문이다. 미 육군의 요청만으로 공군 조종사들에게 건쉽 조종을 강요할 수는 없었다. 그래서 미 육군은 지속해서 강력한 화력을 제공해 줄 수 있는 하늘의 포병을 만들기 위해 노력했다.

그 결과 탄생한 것이 바로 베트남전에서 활약한 무장헬기다. UH-1에 로켓 포드와 기관총 등 각종 무장을 달아 지상에서 전투하는 보병을 지원하도록 한 것이다. 미군은 이 헬기에 건쉽이라는 이름을 붙여서 무장헬기를 건쉽이라 부르는 이들이 있다. 그러나 UH-1은 건쉽이라고 하기에는 너무 작고 볼품없었다. 그

우리 군의 CH-47D

AH-1 코브라 헬기

래서 등장한 것이 한국군도 보유하고 있던 CH-47의 개량형 ACH-47 'Guns a GO GO'였다. CH-47 치누크를 개조한 것인 만큼 무장이 어마어마했는데, 40mm 자동 유탄발사기와 20mm M-24 기관포 2문, 그리고 M-2 브라우닝 중기관총 4문, M-60 1문, 로켓포드 2개가 달려있는 괴물 건쉽이다. 이 건쉽은 미국의 주적이었던 베트콩 게릴라들을 말 그대로 쓸어버렸다.

이후 한국군이 아직까지 후기형을 운영하고 있기도 한 AH-1 코브라 공격 헬기가 등장함에 따라 수송헬기를 운용한 건쉽은 전장에서 사라지게 됐다. 느리고, 공격헬기보다 무장을 많이 실을 수 없었기 때문이다. 그렇다고 건쉽이 전장에서 아예 사라진 것은 아니었다. 오히려 본격적으로 건쉽 개발이 진행되기 시작했다.

수송헬기를 이용한 건쉽으로 재미를 본 미국은, 재미있는 발상을 하게 된다. 멀리 갈 수 있는, 바꿔 말하면 오래 날 수 있고 많은 무장을 실을 수 있는 수송기에 대포를 달고 화력을 쏟아부으면 어떻겠냐는 생각이었다. 최근 미군은 과거와 달리 공군에 무지막지한 투자를 하며 압도적인 제공권을 확보한 상태다. 그렇기에 이는 꽤 설득력 있게 받아들여졌다.

그 결과 미군은 구식 C-47과 C-119 수송기를 개조해 AC-47과 AC-119 건쉽을 만들었다. 하지만 두 항공기는 충분히 만족스러운 성과를 보여주진 못했다. 미군은 당시 최신 기종이었던 C-130 수송기를 개량해 AC-130 건쉽을 만들었다. 이 엄청난 건쉽은 공중에서 105mm 곡사포를 직사로 발사할 수 있으며, 각종 폭탄과 30mm 기관포로 막강한 대지 공격력을 가져 많은 이들의 환영을 받았다. 베트남전은 물론, 걸프전, 이라크전 등에 이르는 현대 거의 모든 전장에서 활약하며 미 육군에 화력을 지원해온 것이다.

이를 본 한국군 관계자 또한 한 가지 아이디어를 내놨다. 새롭게 개발될 한국형 수송기를 건쉽으로 개조하자는 것이었다. 사실 어느 나라보다 건쉽이 필요한 나라는 바로 대한민국이다. 북한은 전 국토의 요새화라는 명분 아래 수십 년 간 온 국토에 갱도와 지하 요새를 건설하고 산마다 벙커를 지어놨다.

포병 화력만으로는 이들을 정확히 찾아내 격파하기 어렵다. 그렇다고 벙커버스터 등을 사용할 수 있는 전폭기를 사용하자니, 고작 동네 뒷산 벙커를 파괴하는 데 낭비될 정도로 충분하지 않다. 이런 상황에서 건쉽처럼 하늘을 장악할 수 있는 데다가 포탄 비까지 뿌려줄 수 있는 공중전력이 있다면 정말 큰 도움이 될 것이다. 하지만 이전까지는 제공권 문제가 발목을 잡았다. AC-130과 같은 느리고 큰 수송기 개조형 건쉽은 북한의 방공망으로도 충분히 격추가 가능하기 때문이다. 그렇기에 제공권을 완전히 장악할 때까지 쓸 수 없다는 단점이 있었다.

이번에 제안된 한국형 건쉽은 이런 문제로 고민할 필요가 없다. 북한 방공망의 사거리 밖인, 휴전선 이남에서 북한군을 공격할 수 있는 방법을 찾았기 때문이다. 바로 풍산의 유도 포탄을 사용하는 것이다. 풍산이 개발 중인 활강유도 포탄 GGAM은 AC-130이 사용하는 105mm 곡사포보다 훨씬 강력한 155mm 포탄을 사용한다. 또 지상 발사 시 사거리가 100km에 달하며, 공중에서 압축공기를 이용한다면 최대 150km까지 사거리가 늘어나게 된다. 이처럼 150km의 사거리를 가진다면 휴전선 이남에서 북한의 주력부대를 모두 타격할 수 있다. 뿐만 아니라 육군의 진격에 맞춰 평양이나 이북의 적까지 타격할 수 있게 된다.

미 공군의 AC-130U 건쉽

한 마디로, 한국형 수송기가 정말 40t급으로 설계된다면 사거리 150km 급의 155mm 포를 수 문이나 장비한 세계 어디에도 없는 괴물 건쉽이 되는 것이다. 또한 수송기의 크기를 생각한다면 각종 지대지 미사일이나 유도 포탄을 탑재해 폭격기로 활용하거나, 정찰 드론이나 자폭 드론을 탑재하는 드론 캐리어의 역할까지 함께할 수 있다.

이처럼 하나의 무기 개발은 다른 무기 개발의 가능성으로 이어진다. 하나의 플랫폼을 통해 여러 무기가 융합해 아무도 생각하지 못했던 창의적이고 강력한 무기가 탄생할 수 있는 것이다. 앞으로 대한민국이 이런 플랫폼으로 쓸 수 있는 무기들을 더 많이 가지기를 바란다.

5

스텔스 전투기

6세대 전투기와 가오리X

21년 9월 30일, 방위사업청이 KF-21 보라매의 최신 CG 영상을 공개했다. 해당 CG 영상에 매우 특이한 형상의 항공기가 등장했다. 미국의 스텔스 폭격기 B-2와 닮은 3대의 항공기가 KF-21 보라매를 뒤따른 것이다. 해당 항공기는 바로 국산 무인전투기 '가오리-X'였다.

가오리-X는 지난 2020년 국방과학연구소 ADD의 창설 50주년 기념행사에서 비행 장면을 공개하며 정확한 모습이 처음으로 공개된 항공기다. 아직도 정확한 제원은 비밀에 감춰져 있는 한국군의 비밀 무기다. 이에 따라 대한민국이 떠들썩해졌다. 오로지 미국만 가지고 있는 줄 알았던 가오리 형상의 스텔스기가 국산인 것도 모자라, 심지어 실제 비행까지 성공한 사실을 알게 됐기 때문이었다.

이처럼 많은 이들이 잘 모르고 있지만, 사실 대한민국의 무인기 개발 역량은 상당히 우수하다. 한국의 무인기 개발 역사는 짧지 않다. 그 시작은 1978년 대공사격 훈련용 무인표적기 개발이었다. 이후 대우중공업에서 1993년 국산 무인기 도

한국의 군단무인기 RQ-101 송골매

요새를 내놓았지만, 여러 가지 문제로 결국 정식 배치를 하지 못했다. 연구진은 포기하지 않고 여러 문제를 고쳐나갔다. 결국 2000년, 도요새의 문제점을 개선한 군단급 무인기 '송골매'가 전군에 배치됨에 따라 대한민국은 세계 10대 무인기 제조 및 운용국에 합류했다.

2007년에는 대한항공에서 반경 50km 영역을 주야간 정찰·감시할 수 있는 KUS-7을 개발했다. 이를 바탕으로 2010년부터 사단급 무인기 KUS-9을 개발해 2014년 실전 배치에 성공했다. 2012년부터는 한국항공우주산업에서 차기 군단급 무인기 KUS-15의 개발을 시작했다. 또한, 2019년 ADEX에서 중고도 전략 무인항공기인 KUS-FS가 공개되기도 했다. 이처럼 한국은 그동안 꾸준히 무인기를 연구개발해왔다. 즉, 이번에 공개된 가오리-X가 갑자기 등장한 급조된 기체가 아니란 것이다.

최근에는 대한항공이 한국형 중고도 무인기 MUAV를, 한국항공우주산업 KAI가 차기 군단급 정찰형 무인기를 개발하고 있다. MUAV는 전장 13m, 전폭 25m, 전고 3m로, 1,200마력의 엔진을 이용해 최대 24시간 동안 작전을 수행할 수 있다. 차기 군단급 정찰형 무인기의 성능도 만만치 않다.

한국의 차기 군단급 정찰형 무인기의 모델이 된 MQ-1C 그레이 이글은 2001년

차기군단무인기의 모습

인류 최초로 전장에 투입된 MQ-1 프레데터의 개량형이다. 길이 8.5m, 폭 17m로 4개의 하드포인트에 360kg 정도의 무장탑재가 가능하다. 한국군단에 이와 같은 군단급 정찰형 무인기가 도입된다면 군단 단위에서 적 지휘부에 대한 참수 작전을 수행할 수 있다. 이처럼 무인기 전력은 하루가 다르게 성장하고 있다. 이번에 CG로 공개된 가오리-X는 그 끝판왕이라 할 만하다. 특히 가오리-X에서 가장 주목할 만한 점은 국산 엔진을 장비한다는 점이다.

지난 21년 5월 11일부터 13일까지 3일 동안 개최됐던 에어로스페이스 컨퍼런스 2021에서 가오리-X에 쓰일 국산 엔진의 개발진척도가 공개됐다. 한국이 개발하고 있는 터보팬엔진은 2013년부터 개발하기 시작한 것이다. 현재는 코어부가 완성되었으며, 터보팬 엔진 전체 체계가 순조롭게 개발되고 있다. 전문가들은 이런 개발 진행 상황이면 수 년 안에 괄목할 만한 성과가 있을 것으로 분석하고 있다. 이렇게 완성된 터보팬엔진은 현재 대한항공이 개발 중인 가오리-X 무인전투기에 탑재될 예정이다.

무엇보다 중요한 건 가오리-X에 적용된 스텔스 기술이다. 가오리-X는 일반적인 항공기와 달리 동체 뒷부분에 수직미익이 없는 평평한 형태로 설계되었다. 이 기

MQ-1C 그레이 이글

술은 스텔스 성능을 극대화하기 위한 것으로, 6세대 항공기를 개발에 반드시 필요한 기술이다.

만약 수직미익이 없다면 고속 이동 시 안정성이 심각하게 떨어진다. 이를 극복할 수 있는 전자제어체계나 자율비행 등의 기술이 있어야만 군용기를 만들 수 있다는 것이다. ADD가 가오리-X를 당당히 '무인 전투기 UCAV'라고 말하는 것으로 미루어 짐작건대, 관련 기술을 이미 확보한 것이 분명하다.

가오리-X에는 성능 검증이 끝난 한국형 스텔스 도료 및 각종 스텔스 소재 역시 적용되어 있다. 한국은 이미 지난 2009년 스텔스 도료개발에 성공했다. 1999년부터 2008년까지 10년 동안 진행된 전파흡수재료사업은 상당히 좋은 성과를 낸 것으로 알려져 있다. 해당 사업은 과학기술부가 선정한 국가우수개발사업 100선에 포함되었으며 국방과학연구소가 50주년을 기념해 공개한 'ADD 연구개발 50선'에 선정되기도 했다.

여기서 잠깐 재밌는 얘기를 하고 넘어가자면, 해당 스텔스 도료를 개발한 업체는 다름 아닌 '노루표 페인트'다. 그래서 ADD가 공개한 이미지를 보면 노루표 페인트의 귀여운 노루 마크를 확인할 수 있다.

국방과학연구소의 가오리-X 모델링

그런데 우리 군은 가오리-X를 만들어서 대체 어디에 쓰려고 하는 걸까?

일각에서는 가오리-X에 대해 쓸모없다는 주장을 하기도 한다. 폼 잡자고 돈만 낭비하는 것 같다는 의견도 있었다. 사실은 그렇지 않다. 머지않은 미래에 가오리-X는 우리 국군의 미래 작전에서 중추적인 역할을 맡게 될 것이다.

현재 대한항공이 개발 중인 가오리-X는 상당히 우수한 스텔스 무인전투기로 알려져 있다. 하지만 배치되고 있는 무인기들에 대한 평은 그리 좋지 않다. 속도가 아음속이라 유인전투기와 교전이 발생하면 생존을 장담할 수 없기 때문이다. 그럼에도 세계 여러 나라가 무인기를 개발하는 이유는 개량형 5세대 전투기나 6세대 전투기와 함께 유무인 복합체계를 구성하는 것이 유인기의 임무 효율과 생존성을 극대화할 수 있기 때문이다.

유무인 복합체계는 한 대의 고성능 유인전투기를 다수의 무인전투기가 따르는 시스템을 말한다. 고성능 유인전투기가 정보수집기 등으로부터 정보 및 명령을 수신해 무인기에 임무를 할당한다. 그리고 위험도가 높은 임무를 무인기가 수행하도록 해 유인전투기의 생존성을 극대화한다. 예를 들어 5세대기로 개량된 KF-21 블록3에 유무인 복합체계가 탑재된다면 KF-21 보라매 전투기는 수대의 가오리-X와 함께 작전을 수행할 수 있다.

KF-21과 함께 비행중인 가오리-X 3D

5세대 이상의 스텔스기는 스텔스 성능 확보를 위해 내부무장창에만 무장을 탑재할 수 있다. 때문에 공격무장의 탑재량이 지극히 제한될 수밖에 없다. 하지만 가오리-X가 KF-21을 대신해 내부무장창에 공격무기를 탑재할 수 있다면, 상대적으로 저가인 가오리만 노출된다. 설령 격추되더라도 상대적으로 저렴한 무인기의 손실이므로 리스크가 적을뿐 아니라 귀중한 조종사의 생명까지 보호할 수 있다. 여기에 더해, 만약 한국형 수송기가 개발되어 미사일을 다량 탑재한 미사일 캐리어로 보조한다면 그때는 이 무인기의 성능이 비약적으로 상승된다.

KAI는 현재 유무인복합체계 MUM-T를 통해 KF-21과 연동할 계획을 가지고 있다. KF-21 보라매가 뛰어난 센서퓨전성능을 이용해 무인기에 명령을 내리거나 반대로 무인기가 수집한 정보를 분석해 적의 정확한 위치를 파악하는 것이다. 이를 위해서는 한국형 데이터링크 체계인 LINK-K에 무인 전투기와 KF-21이 모두 통합되어야 하는데, 바로 이것을 목표로 하고 있다.

이는 보라매 이후의 6세대기를 만들기 위한 사전 준비라 할 수 있다. 아직 4.5세대 전투기의 시제기도 띄우지 못한 마당에 6세대기가 웬 말이냐 할 수 있다. 하지만, 새 전투기의 시제품이 나올 무렵이면 다음 전투기의 개념이 연구된다. 그래야만 새 전투기가 구식이 될 무렵 신형 전투기의 시제기를 출고할 수 있기 때문이다. 통상 전투기 체계를 개발하는데 15~20년 정도의 시간이 소요된다. 그만큼 공군은 2030년대 중반이면 북한을 제외한 동북아의 모든 국가들이 6세대기를 보유할 것이라 판단하고 있다. 그러므로 이런 상황에서 지금 차세대 전투기를 준비하는 것은 매우 시의적절한 판단이다.

군은 6세대기 개발에 반드시 탑재할 예상 장비와 전투기용 레이저무기의 진행도를 공개했다. 조만간 전투기에 탑재할 수 있는 실전용 고출력 에너지 무기체계가 완성될 것임을 밝혔다. 그러나 가오리-X의 개발계획에 따르면 가오리-X는 바로 무인전투기로 데뷔하지 않는다. 정찰형 무인기가 먼저 개발된 이후 다시 무장을 탑재하고 운용할 수 있도록 개량한 무인전투기가 따로 양산될 예정이다.

미국에도 이와 유사한 전투기가 있다. 바로 RQ-170 센티넬이다. 센티넬은 미국이 개발한 스텔스 무인정찰기로, 오사마 빈라덴 사살 작전을 생중계한 무인기로도 유명하다. 그만큼 은밀하게 침투해 세밀한 정보를 수집할 수 있는 우수한 스텔스 무인기라는 것이다. 이에 따라 군 관계자들은 우리의 가오리-X 또한 각종 비밀작전이나 상륙 전 정보수집, 적방공망제압에서 대활약을 펼칠 것으로 기대하고 있다.

가오리-X는 이번 KF-21 보라매의 CG 영상에서 보라매 전투기의 뒤를 따르는 형태로 등장했다. 이를 통해 방위사업청이 가오리-X를 KF-21과 결합한 유무인 복합체계로 운영하려 함을 알 수 있다. 또한 KF-21의 완전 스텔스형인 블록 3 역시 추후 개발하려 하는 것이 다시 한번 확인됐다. 유무인 복합체계의 핵심이 유인체계의 생존성 향상이라는 점을 고려할 때, 스텔스 무인기와 함께하는 KF-21이 스텔스 무인기보다 레이더 피탐율이 높은 것은 말이 되지 않기 때문이다. 그러므로 CG영상에서는 반매립 무장창을 장비한 블록 2가 등장했으나, 장기적으로는 내부 무장창을 탑재하고 각종 센서를 완전히 매립한 블록 3가 가오리-X와 함께 유무인 복합 전투체계로 활약하게 될 것이다.

6

전자전기

한국의 전자전 능력

한미연합사령부와의 합동 방어 능력을 통해 드러난 한국의 전자전 능력은 세계에서도 손꼽힌다. 하지만 중장기적 관점에서 한국군도 독자적인 전자적 능력을 갖춰야 한다는 주장이 나오고 있다. 그동안 한국이 다른 군사 선진국과 비교해 전자전 투자에 소홀했던 것은 사실이다. 그러나 다가오는 미래 전장에서는 전자전을 통해 전쟁의 승패가 판가름 난다고 해도 과언이 아니다. 그만큼 전자전이 중요한 전술 중 하나로 자리 잡고 있다.

한국이 처음으로 전자전 장비를 개발하고 운용하기 시작한 것은 무려 1975년 박정희 정부 때의 일이다. 당시 국방과학연구소와 현재 LG전자의 전신인 금성전기가 힘을 합쳐 함정용 전자전 장비를 개발했다. 이를 우리 함선에 처음 적용한 것을 시작으로 한국군의 전자전 능력이 개화되었다. 이후 군은 무선 감청을 막고 적의 전자전 공격을 회피할 수 있는 주파수 도약 능력을 갖춘 PRC-999K를 1991년 첫 양산 및 도입하는 등 다양한 형태의 전자전 능력을 확보해 왔다.

21세기에 들어서도 공군을 중심으로 전자전이라는 개념에 대한 연구와 지원이

중국의 전자전기 Y-9G

꾸준히 이어져왔다. 공군은 전자파학회, 국제전자전 협회, 한국지회 등과 함께 국제전자전 컨퍼런스를 개최하면서 한국만의 노하우를 쌓아왔다. 이렇듯 군의 전자전 연구는 매우 진지하고 심도 있게 진행되고 있었다.

돌연 공군은 전자전기 도입을 취소했다. 이에 많은 논란이 있었는데 사실 전자전기 도입이 취소된 이유는 전자전 패러다임의 급격한 변화 때문이었다. 전자전 패러다임이 변화하면서 기존 전자전기 플랫폼으로는 향후 전장에서 요구하는 성능을 만족시키기 어렵게 되었다. 다행히 F-35A와 KF-21이 부분적인 전자전 능력과 대전자전(ECCM) 능력, 센서퓨전을 통해 일부 전자전기를 대체할 수 있다. 그래서 시대 흐름에 맞는 요구운용특성(ROC)에 맞는 기체를 도입하겠다는 것이다. 이는 당연히 상당한 시간이 소요될 수밖에 없다. 당분간은 F-35A와 KF-21 , 한미연합자산 등을 이용해야 할 수밖에 없는 상황이다. 하지만 한국 지형에 맞는 전자전기를 도입해야 한다는 것만큼은 변하지 않는다. 그동안 우리가 전자전 기술에 소극적이었던 만큼 주변국의 상황은 어떤지 알아두어야 한다.

현재 중국은 러시아 수송기를 카피한 Y-9 수송기를 개량해 Y-9G라는 이름의 전자전기로 운용하고 있다. 일본은 자신들이 자체 제작 및 개발한 전술 및 전략

일본의 전자정보수집기 RC-2

수송기인 가와사키 C-2를 개량해 EC-2 전자전기를 배치하려 하고 있다. 이것만 놓고 보더라도 적을 무력화할 전자전 능력과, 적의 전자전 공격을 방어할 대전자전 능력이 없다면 미래 전장에서 살아남을 수 없다는 것은 분명해 보인다.

그렇다면 우리는 어떤 전자전기를 도입해야 하는 걸까? 그걸 알기 위해선 일단 최근 전자전의 트렌드 변화를 알아야 한다.

기존의 전자전기는 크게 두 가지로 분류할 수 있다. 바로 '스탠드오프 전자전기'와 '에스코트 전자전기'다. 스탠드오프 전자전기는 적의 미사일 사거리 밖에서 강력한 전파출력으로 광범위한 전파방해를 가해 특정 지역의 레이더를 완전히 마비시키거나 태워버리는 방법으로 전역 전체를 커버할 수 있는 작전급 원거리 타격형 전자전기를 말한다. 대표적으로는 미국이 운용하고 있는 EC-130 컴파스콜이 있다. 이는 적의 지휘, 통제, 통신, 정보를 담당하는 C31체계에 대한 교란 임무를 수행한다. 또한 EC-130은 우리 군도 운용하고 있는 C-130 허큘리스 수송기를 전자전기로 개량한 기체이기도 하다.

이런 스탠드오프 전자전기의 장점은 수송기의 여유로운 공간을 활용할 수 있다. 대량의 정보를 동시에 처리할 수 있는 대형 장비를 장착하고, 이를 이용해 적

미국의 EC-130 Compass Call

의 레이더 감시와 방어망을 사전 거리 밖에서 안전하게 무력화할 수 있다는 것이다. 또한 수송기라는 대형 플랫폼을 사용하기에 장비를 추가하거나 개량하는데 큰 어려움이 없다는 장점도 있다.

그러나 먼 거리에서 전파를 쏘면 협곡이나 산맥에 의해 전파가 왜곡되기에 큰 효율을 발휘하기는 어렵다. 이는 전체 지역의 70%가 산간 지역인 한반도의 지형적 특성을 고려했을 때, 제 성능을 발휘하기 어렵다는 말이다. 또한 대량의 장비를 싣는 만큼 비행 속도가 느리다. 그래서 전자전을 어느 정도 방어하거나 회피할 수 있는 F-35, KF-21 같은 스텔스기의 공격을 받는다면 생존을 장담하기 어렵다.

이와 같은 이유로 현재 공군은 국방과학연구소가 제시한 CN-235, C-130 등을 전자전기로 개조하는 것을 반대하며 비즈니스 제트기 도입을 선호하고 있는 상황이다.

비즈니스 제트기는 일반 수송기와 달리 전투기의 순항 속도에 가깝게 움직일 수 있는 아음속 여객기를 말한다. 수송기와 비슷한 탑재량을 가지면서도 속도가 더 빨라 생존성을 확보한다는 장점이 있다. 그렇지만 사실 한국 공군이 가장 원하고 있는 것은 EA-18G 그라울러와 같은 에스코트 전자전기다.

에스코트 전자전기는 중국의 J-16이나 우리 군의 F-15K와 같이 대량의 무장을 장착해 레이더에 취약한 전폭기 편대와 함께하며 적의 레이더로부터 이들을 보호하는 역할을 한다. 경우에 따라 AGM-88 HARM등의 대방사 미사일(ARM)을 이용한 적방공망제압(SEAD) 임무를 수행하기도 한다. EA-6B 프라울러, EF-111 레이븐, EA-18G 그라울러 등이 대표적인 에스코트 전자전기의 사례라고 할 수 있다.

초창기 에스코트 전투기는 A-6, F-111 등의 노후화된 공격기를 개조해 만들었다. 수송기보다 훨씬 빠르고 기동성 역시 훌륭했기에 전투기 편대와 함께 작전할 수 있고, 전자전을 위한 인원을 추가 탑승시킬 수도 있다. 에스코트 전자전기의 장점은 스텔스 능력이 없는 아군을 보호할 수 있다. 그와 동시에 스텔스 능력이 없음에도 스텔스 전투기의 임무를 수행할 수 있다는 점이다. 스텔스기는 자체적인 생존능력은 뛰어나다. 하지만 아쉬운점은, 스텔스 능력을 유지해야 하기 때문에 내무부장창에 무기를 조금밖에 사용하지 못한다. 또한 스텔스기는 자신의 모습만을 감출 뿐 함께 작전을 수행해야 하는 전투기를 보호해 줄 능력이 없다.

반면 에스코트 전자전기는 대량의 무장을 장착한 전폭기들로 구성된 스트라이크 패키지에 앞서 전자전을 펼쳐 다른 전투기들을 보호할 수 있다. 전투기 편대와 함께 적 방공망 깊숙이 침투하므로 스탠드오프 전자전기와 달리 전파가 왜곡되거나 악화될 염려가 적기 때문이다.

이로 인해 보다 효율적으로 전자전 공격을 가할 수 있게 된다. 때에 따라 스텔스기처럼 공습 패키지를 위협하는 레이더와 대공미사일을 파괴할 수도 있다. 북한과 중국의 기갑부대를 제압하기 위해 F-15K, FA-50 경공격기 등 다량의 4세대기를 운용하는 공군에게 에스코트 전투기가 매력적일 수밖에 없는 이유다. 그러나 5세대 스텔스기의 숫자가 점차 늘어나는 요즘 추세에 따라 에스코트 전자전기 역시 치명적인 위협을 맞닥뜨리게 되었다. 우리의 자랑인 KF-21만 두고 봐도 이를 알 수 있다.

4인승 에스코트 전자전기인 EA-6B 프라울러

KF-21은 통합전자전 체계의 레이더경보체계(RWR)로 적의 공격을 감지하고 전자지원체계(ESM)와 AESA 레이더로 전자전기를 찾을 수 있다. 통상 전자전은 많은 전력을 요구하므로 적의 레이더가 사용하는 특정 주파수에 공격을 집중하게 되는데, AESA 레이더는 주파수를 마음대로 변경할 수 있기 때문에 전자전기를 탐지할 수 있다. 또한 그라울러와 같은 전자전기가 AESA 레이더를 무력화시키는데 성공했다고 하더라도, 적외선 탐색 및 추적장치 IRST로 탐지할 수 있다.

한 마디로 4세대 전폭기를 호위하기 위해서라도 에스코트 전자전기가 필요하지만, 첨단의 AESA 레이더가 장착된 전투기가 늘어날수록 전자전기 역시 미래 전장에서 살아남을 수 없다는 것이다. 이에 따라 F-35나 KF-21처럼 전자전기를 지켜줄 수 있는 스텔스기의 중요도가 높아졌다.

군은 이미 다수의 4~4.5세대 전포기와 5세대 스텔스기를 갖고 있다. 여기에 전자전기만 갖춰진다면 공군은 미래 전장에 필요한 모든 전력을 갖추게 된다. 그래서 향후 한국에 도입될 전자전기는 적 무기 체계의 센서 스펙트럼을 먼저 탐지해 전자 공격을 가할 수 있는 수준의 강력한 출력을 발휘할 수 있어야 한다. 또한 IRST 등의 다양한 탐지 수단을 회피할 수 있는 적외선 전자장비인 DIRCM의 능

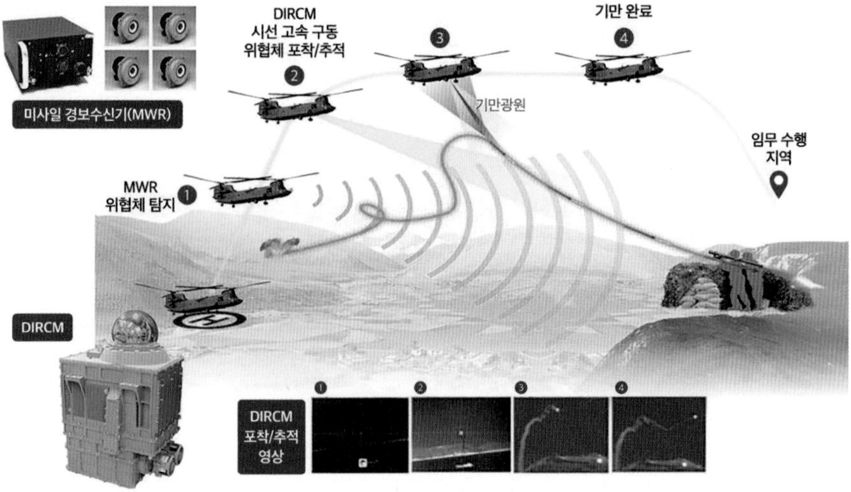

DIRCM 운용 개념도

력이 요구된다. DIRCM은 채프나 플레어 등 고열의 기만체에 속지 않는 적외선 유도(IR)미사일에 대응하기 위해 만들어진 방어 장비다. 적외선 미사일의 시커 그 자체를 교란해 공격을 방어하는 것이다.

당장 도입할 전자전기의 경우 고도의 전자전 능력이나 효율적인 DIRCM을 장착할 수 없다면 상용 비즈니스 제트기를 개조해 운용할 수도 있다. 그러나 장기적으로 한국이 자체적인 전자전기를 개발하기 위해서는 그저 속도에 의존하는 것을 뛰어넘어, 강력한 전자전 능력과 DIRCM 탑재가 간능한 자체 개발 플랫폼이 필요하다.

현재 우리 군과 산업계는 이에 필요한 전력을 준비하고 있다. 100인 이상이 탑승할 수 있고 25톤을 수송할 수 있는 전술·전략급 수송기 개발사업이 바로 그것이다. 군 전문가들은 현재 한국의 항공엔진 자체 개발과 창정비 경험을 바탕이라면 충분히 독자 플랫폼을 구축할 수 있을 거라 분석한다. 실제로 한국은 KF-21에 탑재된 통합 전자전 포드와 DIRCM을 탑재한 기술력을 보유하고 있다. 전 세계에서 전투기에 DIRCM을 장착한 것이 확인된 전투기는 미국의 F-35와 러시아의

SU-57 등과 KF-21 보라매뿐이다. 또한 대한민국은 세계 6번째 DIRCM 개발국가로 알려져 있다.

KAI의 사업 일정이 예정대로 진행된다면 한국은 2030년대 중반이면 막강한 공준 전력을 확보할 수 있게 된다. 향후 공군은 425사업을 통해 획득할 정찰위성과 LINK-K로 대변되는 자국산 데이터링크, 스텔스기와 대량의 전폭기는 물론 수송기와 전자전기 등의 진원 전력까지 갖춘 완벽한 현대 공군으로 재탄생하게 된다. 이렇게만 된다면 한국은 세계에서 공군력으로 자주국방을 달성하게 되는 몇 안 되는 국가로 이름을 올리게 되는 것이다.

한국의 전자전 무기(1) - 대방사미사일

북한이 엄청난 자원과 노력을 투입해 방공망을 구축함에 따라 한국의 대방사미사일 도입이 급해졌다. 과거 북한은 한국전쟁에서 적화통일을 달성하기 직전에 미군 폭격기에 녹아내렸던 경험을 가지고 있다. 이런 참사를 다시는 반복하지 않기 위해, 1만 문이 넘는 대공포로 저층 방공망을 도배해놨다. 뿐만 아니라 SA-2, SA-3, SA-5 등 각종 대공 미사일 수백 기를 북한 요처에 중첩시켰다.

아무리 한국 공군이 낙후된 북한 공군을 압도한다고 하더라도 아무런 대책 없이 이런 변태적인 방공망에 뛰어들 수는 없다. 북한의 탐지 설비를 무력화하고 공군에게 위협이 되는 적의 방공망을 하나하나 걷어낸 뒤에야 지상군을 지원하는 전장항공차단 BAI(Battlefielf Air Interdiction)이나 근접항공지원 CAS(Close Air Support)를 수행할 수 있다. 이와 함께 SEAD 전력을 잘 갖춘다면 북한을 지원할 것이 확실한 중국의 북부 전구 진격을 효과적으로 막아낼 수 있다.

과거 우리는 다 이긴 전쟁에 중공군이 참전함에 따라 분단국가라는 치욕적인 역사를 갖게 되었다. 그래서 막강한 지대공 전력을 무력화하고 항공차단 AI(Air Interdiction)를 수행하기 위해서라도 강력한 SEAD 전력이 반드시 갖추어야만 한다. 항공 차단만 잘 이뤄져도 중국의 북부 전구가 청천강에 도하해 평양으로 진격하는 것을 저지할 수 있다. 그 사이 제공권을 확보한 우리 공수부대가 청천강 이남에 투입되어 방어선을 구축할 수 있게 된다. 하지만 지금까지 우리의 SEAD 전력은 반쪽에 불과했다. 미국의 도움이 없다면 아무것도 할 수 없었기 때문이다. 게다가 한국군이 보유한 유일한 대레이더 미사일 AGH-HARM에는 치명적인 약점이 있다. 바로 적이 레이더를 꺼버리면 목표를 찾지 못하고 헤매다 추락한다는 점이다.

한국의 국산 전자전 포드 'ALQ-200K'

미군은 HTS 포드를 사용하거나 AGM-88E를 사용해 이 문제를 해결했다. HTS포드는 적 위치를 기록해뒀다가 이를 미사일에 제공하는 장비를 말한다. 또한 AGM-88E에는 별도의 GPS 추적기능과 MMW 시커가 추가되어 있다. 하지만 한국군은 HTS 포드도 없고 개량된 미사일도 없어 적이 레이더를 끌 경우 제압할 방법이 없다. 설사 HTS 포드가 있다고 하더라도 제대로 작전을 수행하기 어려웠다. 이를 보조할 전자전 능력이 부족했기 때문이다. 이와 관련해 'ALQ-200K와 같은 국산 전자전 포드가 있는데 뭐가 걱정이냐'라는 의견도 있다. 하지만 여기엔 한 가지 문제가 있다. 우리는 전자전 수행에 필요한 전자 정보가 모자라다는 것이다.

미국은 전 세계 모든 강대국의 전자정보 ELINT, 신호정보 SIGINT, 통신정보 COMINT를 가지고 있다. 하지만 미국은 단 한 번도 우리에게 전자전에 관한 정보나 장비를 전부 공개한 적이 없다. 우리가 구입하는 미국산 무기에는 전자전 관련 장비가 빠져있다. 이에 대한 정보나 장비는 전시에만 제공받도록 되어있다.

한국의 백두정찰기

이런 미국 의존에서 벗어나기 위해 군 역시 RC-800 호크를 개조한 백두, 금강 정찰기를 운용하고 있다. 이 중 백두정찰기를 통해 각종 전자정보와 신호정보를 수집한다. 하지만 백두정찰기는 우리나라에 6대밖에 없기에 정보수집능력과 양이 부족할 수밖에 없다. 때문에 북한 국경 너머 중국군에 대한 정보가 많이 부족하다. 이에 따라 전자전 포드를 국산화했음에도 데이터베이스가 부족해 제대로 활용할 수 없는 참담한 상황이 펼쳐진 것이다. 또한, 전자전 포드를 제대로 쓸 수 없다면 대방사 미사일도 소용이 없다. 즉, 미군 없이는 한국은 보유 중인 대방사 미사일조차 제대로 못 쓰는 처지가 되는 것이다. 하지만 이제는 아니다.

방위사업청은 지난 21년 6월 30일 백두체계능력보강 2차 사업을 공지했다. 이번 2차 사업은 2026년까지 4대의 신형 백두정찰기를 추가하는 사업으로, 8,700억에 달하는 대형 사업이다. 새롭게 개발될 신형 백두정찰기는 전자정보 ELINT와 통신정보 COMMINT는 물론 계기정보 FISINT와 화염탐지기능이 추가된다. 화염탐지기능을 활용해 공중에서 적 미사일 발사 여부를 사전에 탐지할 수 있다. 또한 2026년은 KF-21 보라매의 블록1이 양산되는 해이기도 하다. 보래매는 전자전포드를 장착하고 추후 내장할 수 있도록 설계되어 전자전 임무를 능히 수행해

낼 수 있다.

이로써 신형 백두정찰기가 배치되고 보라매가 양산되는 2026년부터 한국군은 완전히 독자적인 SEAD 임무를 수행할 수 있다. 이게 다가 아니다. 현재 KF-21 보라매는 대방사미사일-Ⅱ사업으로 획득할 신형 대레이더 미사일을 장착할 수 있도록 개발이 진행되고 있다.

이 대방사미사일-Ⅱ는 미군의 주력 대레이더 미사일인 AGM-88E를 롤 모델로 만들어지고 있다. 그 말은 GPS 추적기능을 이용해 적이 레이더를 끄더라도 사전에 확인한 GPS 상의 좌표를 기억해 해당 좌표로 유도되어 적의 레이더를 파괴할 수 있다는 말이다. 또한 밀리미터파를 추적할 수 있는 MMW 시커를 장착해 레이더뿐 아니라 레이더를 컨트롤하기 위해 밀리미터파를 뿌리는 적의 통제시설까지 파괴할 수 있다. 단순히 하나의 레이더를 무력화하는 것이 아니라 적의 방공망을 지휘하는 핵심시설을 파괴해 적방공망을 완전히 무력화시킬 수 있는 강력한 적방공망제압 능력을 한국이 보유하게 되는 것이다.

한국의 전자전 무기(2) - EMP

EMP는 전자기 펄스(Electromagnetic Puls)의 약자로 짧은 시간에 퍼져나가는 강력한 파장인 '펄스' 형태로 방출되는 전자기파를 말한다. 핵무기를 예시로 EMP에 설명하자면 다음과 같다.

핵폭탄이 높은 고도에서 폭발하면 감마선과 대기가 서로 충돌하게 된다. 이때 일부 감마선 에너지가 대기의 분자들과 충돌하며 전자의 산란이 일어나게 되는데 이를 '콤프턴 산란'이라고 한다. 이 콤프턴 산란이 일어나면 분자를 구성하는 원자들이 갖고 있던 전자기력이 변화하면서 전자들이 요동치게 된다. 이것이 바로 전자기 펄스, 즉 EMP다. 요동치는 전자의 파장은 전자 장비가 감당할 수 있는 수준을 넘어 전자 장비 회로 속으로 유입된다. 그에 따라 전압이 급격히 상승하고 과열이 발생하게 되는데, 과부하를 감당하지 못한 전자장비는 결국 완전히 타버리게 된다. 이것이 바로 EMP가 전자 장비를 파괴하는 방법이다.

이처럼 전자 장비를 파괴하는 군사 공격을 전자전 ECM(Electronic Counter Measure)이라고 한다. 즉 모든 전자를 사용한 탐지 및 통신장비에 대한 대응 방법이라는 것이다. 그리고 EMP는 그중 가장 직접적이고 강력한 전자전 무기에 해당한다. 현대 전장은 일개 병사조차 전자 장비를 주렁주렁 달고 다닐 만큼 첨단화되어있다. 이러니 EMP가 무적의 무기이자 게임 체인저로 여겨지는 것이다.

지난 2018년 국방과학연구소는 핵폭탄의 감마선을 이용하지 않고 일반 폭약만을 이용해 강력한 EMP 무기를 만드는 데 성공했다. 이 무기는 반경 1km에 걸쳐 강력한 피해를 줄 수 있다. 이 밖에도 다양한 방식으로 최대 반경 5km 지역을 초토화할 수 있는 EMP 무기를 만들었다.

세계 최강의 EMP 기술 보유국인 미국이 개발 중인 비핵 EMP 무기의 최대 반경이 6.8km 정도인 점을 고려하면 한국은 사실상 미국에 다음가는 세계 최고 수준의 기술을 보유한 것이다. 그러나 이는 하루아침에 만들어진 것이 아니다. 한국의 EMP 무기 개발은 1990년대 중반부터 시작됐다. 그 어떤 나라보다도 빠른 속도로 인터넷망이 퍼져나가던 당시 시대상을 생각할 때, 한국은 EMP가 가진 가능성을 다른 선진국들보다 일찍 파악했다고 할 수 있다. 이후 한국은 여러 방식의 EMP 무기들을 차근차근 확보하기 시작했다.

우리가 가진 EMP 무기는 핵을 사용하지 않았기에 비핵 EMP 무기로 분류된다. 한국의 EMP는 크게 두 가지로 나뉜다. 첫 번째는 막스 발전기 방식의 EMP다. 여러 장치를 병렬로 연결해 에너지를 안정적으로 분산 시켜 두었다가 직렬로 전환해 일시에 초고출력 전자기파를 만들어 EMP를 발생시키는 원리다.

두 번째는 자기장 압축방식의 EMP가 있다. 이는 전기코일로 감싼 구리관을 두고 코일에 에너지를 공급하면서 생긴 자기장을 이용하는 방식이다. 자기장이 생

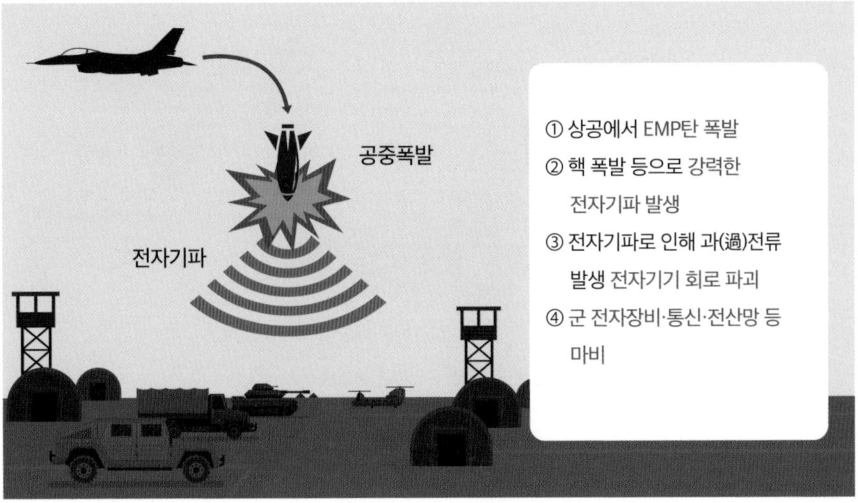

전자기파(EMP) 폭탄의 개념도

성된 구리관에 화약을 폭발 시켜 자기장을 압축하면 순간적으로 수십 kV급의 매우 강한 전압이 만들어진다. 그리고 이 전압을 다시 EMP로 전환하면 매우 강력한 무기가 된다.

2018년에 공개된 신형 EMP 무기 역시 바로 이 폭약 압축식이다. 소형화가 쉽기 때문에 다양한 형태의 모델로 개조하는 것이 용이하다. 워낙 기밀을 필요로 하는 무기이다 보니 자세한 제원을 공개하진 못하지만, 이론상으로는 한국이 EMP 수류탄이나 EMP 포탄을 만드는 것도 불가능한 일은 아니다.

미국의 사례를 보면 한국의 EMP 성능을 짐작할 수 있다. 미군은 지난 이라크전에서 시가지에 있는 방송시설, 발전소 등을 무력화하는데 이 비핵 EMP를 사용했다. 최근 전장에서는 부수적 피해(Collatral Damage)에 대한 논란이 뜨겁다.

부수적 피해(Collatral Damage)는 군사행동으로 발생하는 민간인의 인적, 물적 피해를 뜻한다. IED와 같이 치명적이고 은밀한 게릴라 기법이 발전하고 테러와 전쟁처럼 평시와 전시 구분이 희미해지면서 군사작전에서 발생하는 부수적 피

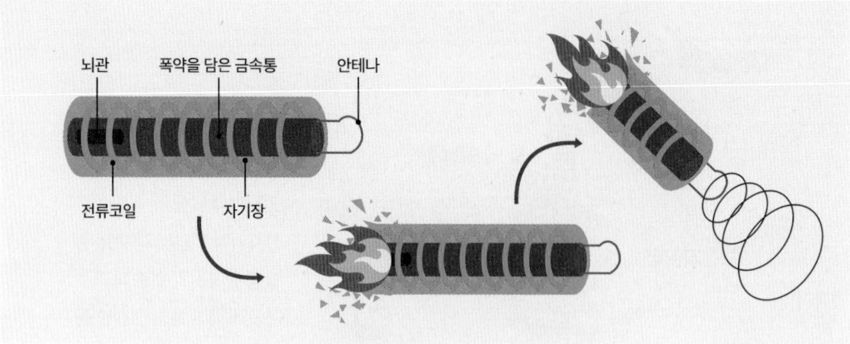

① 강력한 전자기파를 발생시키기 위해 폭발직전에 미리 전류를 흘려 보낸다.
② 폭약이 터지면 코일의 폭이 급격히 줄면서 순간적으로 대전류가 발생한다.
③ 안테나에 대전류 펄스가 흐르면 강력한 EMP가 발생한다.

전자기파(EMP) 폭탄의 핵심원리

해가 급증하고 있다. 이를 해결하기 위해 꼭 필요한 필수 무기가 바로 비핵 EMP 처럼 인명피해 없이 적을 무력화할 수 있는 무기다. 인명피해 뿐만 아니라 시설을 파괴하지 않는다는 것도 큰 장점이다. 적을 사살하는 게 아닌, 체포해야 하거나 시설의 여러 자료를 보존해야 할 경우 EMP 공격을 가한다. 그리고 적의 지휘통신체계와 각종 전자 장비를 무력화한 뒤 적을 제압하는 것만큼 좋은 방법은 없기 때문이다.

대한민국의 EMP 무기의 수준이 아무리 높다고 하더라도 세계 최강국인 미국과는 아직 차이가 있다. 미국은 1962년 핵실험 과정에서 EMP의 존재를 세계 최초로 확인한 나라다. 또한 핵무기 없이도 가장 강력하고 실용적인 EMP 무기를 만들 수 있는 세계 최고의 EMP 강국이다.

최근 미국은 EMP를 고도화시킨 HPM 계통의 무기를 개발하고 있다. 이는 '대전자기기 고출력 극초단파 발전형 미사일 프로젝트' 또는 'CHAMP'라고 불린다. 이 CHAMP는 추후 폭격기, 전폭기 또는 미사일 캐리어로 개조된 C-130 수송기 등에서 발사되어, 타깃 상공에서 지속적인 EMP 공격을 가할 것으로 알려져 있다.

이 부분에서 EMP와 HPM이 차이가 분명히 드러난다. EMP 무기는 전자 장비가 과부하 될 정도로 전자를 요동치게 만들기 위해 일시에 모든 에너지를 쏟아 낸다. 하지만 공격이 일회성에 그칠 수밖에 없다는 단점이 있다. 때문에 방호시설이 있다면 적의 장비를 모두 무력화시킬 수 없고 목표 이외의 시설에도 에너지가 소모되어 효율이 떨어진다.

HPM 방식의 CHAMP 미사일에 대한 3D모델

반면 HPM은 저출력의 EMP를 오랫동안 특정 방향으로 유도한다. 말이 저출력이지 순간적으로 엄청난 출력을 내는 일반적인 EMP 무기에 비교해 저출력이라는 것이다. 일반 전자 장비를 무력화시키키기에는 충분한 수준의 EMP를 발생한다. 또한 발생한 EMP를 특정 방향에 집중할 수 있어 효율이 매우 뛰어나다. 뿐만 아니라 훨씬 오랫동안 반복적인 공격을 가하기 때문에 반드시 무력화시켜야 할 지역이나 대상을 확실히 제압할 수 있다. 미국이 개발하고 있는 CHAMP의 경우 순항미사일이 비행하는 동안 전자기 펄스를 최대 100회 정도 특정 방향으로 쏘아내는 것이 가능하다. 이는 EMP 공격의 신뢰성을 크게 올려준다.

지금까지 사용해왔던 재래식 무기는 폭발을 통해 대상이 제거됐는지를 확인할 수 있었다. 그러나 EMP 무기는 상대가 무력화됐는지를 확인할 수 없었다. 적이 미리 EMP 방호시설에 장비를 보관한다든지, EMP 공격이 끝난 후 반격에 나설 수도 있다는 것이다. CHAMP는 장시간에 걸쳐 100회 이상 공격하기 때문에 설령 상대가 EMP 방호시설로 장비를 이전시켰다 하더라도 CHAMP의 공격이 끝날 때까지 장비를 쓸 수 없게 된다.

한국 또한 HPM 무기를 개발 중이다. 이미 지난 2008년, 고출력의 전자기파를 반복적으로 발생시키는 기술 개발을 완료했다. 이후 특정 목표에 핀포인트 타격을 가할 수 있도록 지향성 개발까지 진행한 상태다. 2018년 EMP 탄의 개발 완료 소식이 전해진 것을 생각해 보면 HPM 개발이 완료됐거나 지연됐더라도 막바지에 접어들었을 것이라 예상하는 전문가들의 의견이 있다.

미국의 CHAMP처럼 기능할 수 있는 국산 HPM이 전군에 배치된다면 이후 갱도에 숨어있는 북한의 미사일들이나 우리를 위협하는 주변국인 중국, 일본의 주요 전략무기들은 유사시 HPM으로 손쉽게 무력화시킬 수 있다.

7

우주군

아르테미스

지난 21년 5월 21일 한미 정상회담의 내용을 자세히 아는 사람은 많지 않을 것이다. 대부분 관심사가 한미 미사일 지침에 쏠려있기 때문이다. 그런데 한미 미사일 지침 종료와 맞먹는 역대급 사건이 벌어졌다. 해외 군 전문가들과 국내 군 관련 인사들은 이 공동성명으로 한국의 국방력이 또 다른 전기를 맞을 것으로 예상하고 있다.

5월 21일, 전례 없는 역대급 메가딜이 오고 간 한미 정상회담은 한국에 시사하는 바가 매우 크다. 이번 정상회담에서는 백신 협력, 경제협력, 미사일 지침 완전 종료, 그리고 대만해협 명기와 항행의 자유선언까지 하나하나 엄청난 주제들이 논의되고 선언되었다. 그중에서 이번에 다루고자 하는 내용은 '아르테미스 약정 서명'에 대한 내용이다.

이번 협정 내용을 살펴보면 "문재인 대통령과 바이든 대통령은 민간 우주 탐사, 과학, 항공 연구 분야에서 파트너십을 강화하기로 약속하고, 한국의 아르테미스 약정(Artemis Accords) 서명을 위해 협력할 것이다."라는 대목이 나온다. 이것으

한·미 정상회담中, 문재인 대통령과 조 바이든 대통령

로 한국은 미국이 주도하는 아르테미스 프로젝트의 10번째 참여국이 될 것이 확실해 보인다. 이는 군사적 관점에서는 정말 엄청난 일이다. 대한민국이 세계 최강의 우주 강국 미국으로부터 인정받아 우주 열강으로 거듭날 수 있는 첫걸음이기 때문이다.

한국은 반도체 등의 첨단 기술산업에서 두각을 나타내는 기술 강국이다. 그러나 한국에 부족한 것이 하나 있다. 바로 우주 발사체 기술이다. 그러나 한국은 이번 회담을 통해 이 주권을 완전히 확보했다. 우주 항공기술이 대체 뭐길래 그렇게 중요하다고 강조하는 걸까?

결론부터 말하자면 한국이 아르테미스 계획에 참여한다면 우리의 잠재적 적성국뿐만이 아니라 거의 모든 나라를 24시간 끊임없이 감시할 수 있게 된다. 이것이 아르테미스가 갖는 무서운 힘이다. 겉으로 보이는 아르테미스 계획은 트럼프 행정부 시절부터 진행된 달 탐사 계획이다. 이 계획은 인류 역사상 처음으로 달에 발자취를 남겼던 아폴로 계획의 뒤를 잇는 인류의 두 번째 유인 달 탐사 프로젝트다.

아르테미스라는 프로젝트명은 그리스 로마 신화의 인물 관계에서 비롯되었다. 아르테미스는 아폴로의 쌍둥이 누이이자 달의 여신이다. 아르테미스 프로젝트가 아폴로 프로젝트를 계승한다는 의미를 담고 있는 작명이라 할 수 있다. 프로젝트를 책임지고 있는 나사는 2024년까지 달에 유인 착륙을 하는 것이 목표이다. 그런데 달 탐사보단 아르테미스 계획의 엄청난 규모에 주목해야 한다. 이는 미국과 영국뿐 아니라, 세계 각국의 우주 기구와 우주 관련 민간 기업들까지 연계된 어마어마한 국제 프로젝트이기 때문이다. 구체적으로는 미국, 영국, 호주, 캐나다, 이탈리아, 룩셈부르크, 아랍에미리트, 일본과 같은 나라가 참여하고 있으며, 이번 회담 결과를 고려할 때 한국 역시 사실상 합류가 확정됐다.

아폴로 16호

아폴로 계획과는 달리 스페이스X, 블루오리진 등 민간 우주기업이 참여한 부분 민영화 방식으로 진행된다. 이를 통해 프로젝트의 효율이 극대화되고 향후 관련 산업에 막대한 영향을 미칠 것으로 보인다. 그 중심에 있는 것이 바로 루나 게이트웨이다.

루나 게이트웨이는 국제 우주정거장 다음으로 계획된 차세대 우주정거장이다. 주목할 점은 달을 뜻하는 '루나'와, 관문을 뜻하는 '게이트웨이'를 합성한 이름에서 알 수 있듯이 달 궤도에 지어진다는 점이다. 바로 이 부분이 아르테미스 계획의 핵심이며, 한국의 참가가 왜 엄청난 사건인지를 알 수 있는 대목이다.

달에 방문하는 것에만 목적을 뒀던 아폴로 계획과는 달리, 아르테미스 계획은 달 궤도에 전진기지를 설치하고 더 나아가 본격적으로 달을 개발할 의도를 갖고 있기 때문이다. 이로써 프로젝트에 참가한 국가들은 그러지 못한 국가들과의 격차를 크게 벌릴 수 있게 됨은 물론, 향후 이를 바탕으로 진행될 화성 탐사에서 우선적인 권리를 획득할 수 있다. 만약 프로젝트가 성공한다면, 미국조차 엄청난 예산 때문에 단독 실행이 불가능한 우주 개발사업의 주류국가로 한국이 발돋움 할 수 있게 된다. 그런데 많은 이들이 돈도 되지 않고 막대한 예산만 잡아먹는 우주 개발에서 주류가 되는 것이 무슨 의미가 있냐는 반문을 던진다.

확실히 우주 개발 초장기였던 20세기였다면 달 탐사나 화성 탐사에서 얻을 수 있는 것은 그리 많지 않았을 것이다. 그러나 이번 계획은 그렇지 않다. 지난 과거, 우주개발 주도권은 나사를 비롯한 세계열강들이나 그 나라의 국가기관에서 거의 독점해왔다. 스페이스X, 블루오리진 등 민간으로 이전되기 시작했지만, 그것도 일부 국가의 민간 업체만 가능했다. 이 모든 나라의 공통점은 세계에 영향력을 행사할 수 있는 군사 강국이며, 모두 우주 로켓 개발을 통해 막강한 미사일을 개발할 수 있다는 것이다. 이 열강들이 먼저 우주의 핫스폿을 선점하기 위해 공산진영과 싸우고 있는 것이다.

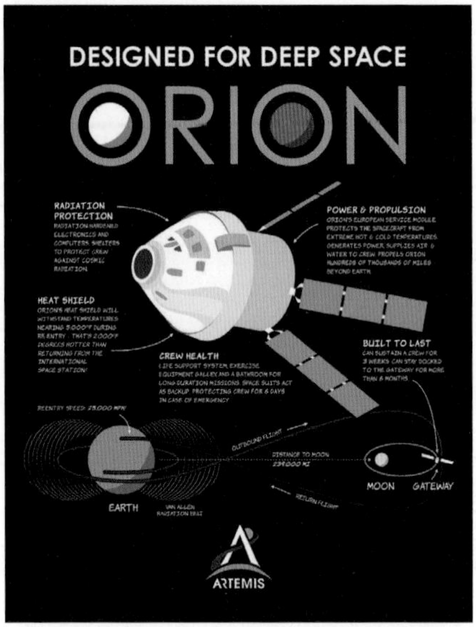

아르테미스 계획에 쓰일 'Orion'

이는 굉장히 중요한 문제다. 과거 콜럼버스의 신대륙 발견을 지원해 대항해 시대를 개막한 스페인이 세계 제국으로 발돋움했듯이, 미지의 세계를 개척하는 것은 그 노력 이상의 막대한 대가를 가져올 수 있게 해준다. 따라서 대한민국이 본격적인 우주개발 초창기에 주류 국가로 편입될 수 있다는 것은 한정된 자산으로 군사력을 올려 열강 반열에 들어설 수 있는 좋은 기회가 되는 것이다.

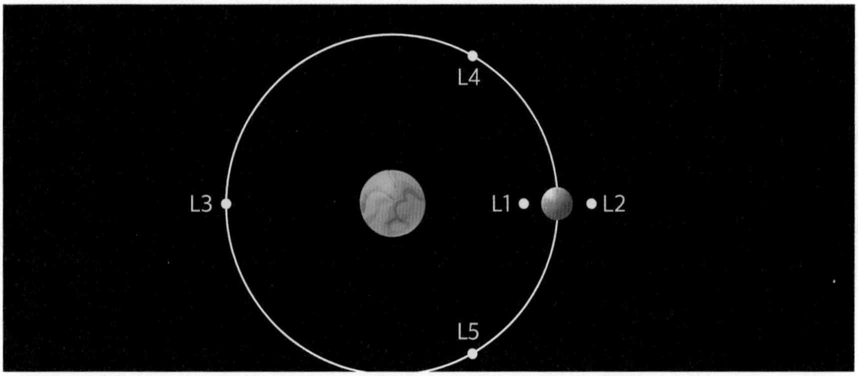

라그랑주 포인트

현재 미국은 지구 주변에 있는 5개의 랑그라주 포인트를 장악해 절대적인 패권을 확립하려 하고 있다. 라그랑주 포인트란 작은 천체인 지구와 다른 천체들의 당기는 힘이 0이 되는 지점을 말한다.

이곳에서는 아무런 힘도 영향을 끼치지 않기 때문에 우주에 정지된 시설을 건설할 수 있다. 그런데 이 포인트는 지구 주변에 5개소뿐이다. 이곳을 점거한다면 전 지구를 감시할 수 있을 뿐 아니라 지구 밖으로 나가려는 모든 행동을 제약할 수 있게 된다. 달 궤도 우주정거장에 이어 화성탐사 전진기지 또한 이곳에 설치될 것으로 보인다. 즉, 아르테미스는 우주에서 다른 국가들을 24시간 탐지할 수 있는 주요 요충지를 먼저 선점하겠다는 계획이다. 그리고 바로 이 엄청난 계획에 대한민국이 참여국으로 이름을 올리게 된 것이다.

인류의 역사 동안 정말 많은 국가가 있었지만 수백 년 동안 세계에 막대한 영향을 끼치던 국가들은 오랜 기간 동안 건재했다. 비록 옛날처럼 5대양 6대주를 지배하지는 못하지만 세계 최대의 영토를 가진 북방의 불곰 러시아, 유럽에 막강한 영향력을 행사하는 영국, 열강의 샌드백으로 전락했지만 이제는 세계를 위협하며 미국에 도전장을 내미는 중국까지…. 한 번 열강은 영원한 열강이라는 것을 증명하는 나라들이 많다. 미국처럼 뒤늦게 성장한 나라를 제외하고 이 강국들의 명단은 쉽게 바뀌지 않았다. 경제력이 강해도 군사, 정치, 문화 중 단 하나라도 부족하다면 열강의 지위를 유지할 수 없기 때문이다.

2차 세계대전이 끝난 뒤 손꼽히는 경제 대국이었던 브라질이나 아르헨티나, 곧 중국을 제치고 세계 최대 인구 대국이 될 인도가 바로 좋은 예다. 이 국가들의 잠재력은 엄청나지만 수십 년 동안 그저 엄청난 잠재력을 가진 중진국에 머물고 있을 뿐이기 때문이다.

이번 한비정담회에서 아르테미스 계획 참가만큼이나 중요한 일이 결정되었다. 한미 미사일 지침 완전 종료가 결정된 것이다. 이번 성과로 한국은 과거 군사용 발사체를 개발할 수 없다는 조약에 묶여 우주 개발이 제약되던 상황에서 벗어날 수 있게 되었다. 우리의 기술과 자본으로 그 어떤 발사체도 개발할 수 있게 됐다는 말이다. 바로 이 발사체 기술이야말로 현대 세계에서 열강을 결정하는 기술이다. 우리가 흔히 쓰는 GPS는 인공위성을 이용한 삼각측량 기술이다. 이 기술이 없다면 열강들이 자랑하는 핵무기도 무용지물이 된다.

현재 한국은 러시아의 1단 로켓과 자국산 2단 로켓을 결합한 나로호를 성공적으로 개발했고, 이어 첫 국산 액체로켓인 누리호 발사에 성공했다. 아직 궤도안착은 성공하지 못했으나 미사일 지침 완전 종료에 따라 아무 걱정 없이 군사용 고체로켓을 만들게 될 것이다. 지난 2021년 연말에는 국방과학연구소 ADD를 비롯한 여러 기관들이 이를 위한 민관협력체계를 구축하겠다고 발표하기도 했다. 미국이 미사일 지침의 완전 종료에 동의하고 한국을 아르테미스 계획에 참여시킨 이유 역시 여기에 있다. 한국의 경제력과 기술력 그리고 굳건한 동맹관계라면 미국과 함께 우주 개발에 참여할 수 있는 좋은 파트너가 될 수 있다고 생각했기 때문이다. 하지만 불과 얼마 전까지만 해도 미국은 한국의 참여에 그리 적극적이지 않았다. 이미 돈과 기술을 댈 국가들은 많다는 식의 묵묵부답으로 일관했던 것이다.

이에 따라 먼저 참여가 확정된 일본의 로비가 있었다는 의혹이 여러 매체를 통해 제기되었지만 이번 회담에서 미국은 완전히 태도를 바꿨다.

지난 3월 러시아의 유리 보리소프 부총리는 2025년 ISS에서 탈퇴하겠다고 언급했다. 또한 자국의 우주정거장 개발계획에 중국을 참여시킬 것까지 선언했다. 이 말인 즉, 미국 주도 아래 있는 아르테미스 협정에 대해 전면으로 대항하겠다는 것이다. 아르테미스 계획을 통해 우주패권을 장악하고 중국과 러시아의 우주진출을 차단할 생각이었던 미국에게 이는 크나큰 위협으로 다가왔다.

우주군 러브콜

지난 21년 8월 26일, 한국항공우주연구원이 공개한 영상으로 주변국인 중국과 일본이 발칵 뒤집혔다. 그 이유는 한국이 진정한 ICBM 기술을 확보했기 때문이다. 공개된 영상은 대한민국의 첫 완전 자체개발 우주로켓 누리호의 발사 전 최종 점검 영상이었다. 심지어 한 달만인 10월 21일에 누리호의 발사에 성공하면서 한국은 SLBM 보유를 선언한 지 한 달만에 ICBM 기술까지 확보했다.

한국이 지난 21년 9월 1일, 발사에 성공한 SLBM은 준중거리~중거리 탄도탄 정도에 불과하다. 그런데 누리호 발사 이후 한국이 본격적인 고체로켓 개발을 시작한다면 5년 안에 대륙간 탄도탄 ICBM급 사거리의 SLBM을 개발하는 것도 불가능하지 않게 된다.

놀라운 것은 이게 다가 아니다. 미국의 반발을 우려한 군이 SLBM 발사 직전 한 발 빠르게 움직여 미군과 접촉한 사실이 공개됐다. 지난 21년 8월 25일 박인호 공군참모총장은 존 레이먼드 미 우주군 참모총장의 공식 초청을 받아 미국 우주사령부를 방문했다. 8월 26일에는 '우주 지휘관 회의'에 참석해 우주 작전, 우주조직은 물론 우주 인력의 교육 및 전문화, 민군 우주 협력에 대해 논의했다.

이번 행사에는 미국, 영국, 일본, 캐나다 등 미국의 핵심 동맹들이 모두 참석했

국제우주정거장에 생긴 구멍

다. 사실상 중국을 견제하기 위한 반중 동맹 모임이라고 해도 과언이 아니다. 우리 군은 해당 모임에서 SLBM 실험을 미국에 통보하고 협력을 요청했다. 한국의 SLBM 발사 성공이 보도되자마자 전 미국 대사이자 태평양 방면 사령관이었던 해리 해리스가 축전을 보낸 것이 이를 증명한다. 미국은 사전에 이 사실을 알고 있었고, 이미 한국에 협력했다는 것이다.

여기에 한국을 반중 우주 동맹의 최전선으로 삼고자 하는 미국의 의도가 숨어 있다. 함부로 휘둘렸다가는 한국만 크게 손해를 볼 수 있기 때문에 현명한 판단이 필요하다. 반대로 이 상황을 잘만 이용한다면 큰 이득을 볼 수도 있다. 그렇다면 어떻게 해야 한국을 둘러싼 강대국들의 우주 경쟁에서 한국이 살아남을 수 있을까?

미국은 현재 중국, 러시아와 우주 패권을 두고 치열하게 경쟁하고 있다. 특히 올 초부터 여름까지는 러시아와 오랫동안 기 싸움을 벌였다. 러시아가 더 이상 국제우주정거장에 참여하지 않을 것이라는 말까지 나올 정도였다. 이처럼 경쟁이 하도 치열하다 보니 아이들 싸움만도 못한 자존심 싸움까지 벌어지기도 했다.

중국 텐원 1호의 발사장면

2018년 8월, 국제우주정거장에 도킹한 소유즈 우주선에서 갑작스러운 내부 압력 하강이 발생했다. 원인은 소유즈 우주선에 뚫린 2mm의 드릴 구멍이었다. 러시아 측에서는 이 구멍을 낸 범인이 장기간 우주 거주로 정신이 나간 미국 측 우주비행사라 주장했다. 하지만 미국이 이를 받아들일 리가 없었다.

그 후 21년 8월 13일, 미 우주항공국 NASA가 러시아 연방우주공사 로스 코스모스를 강하게 비판하는 일이 있었다. 그런데 어이없을 정도로 굉장히 유치했다. 내용을 요약하면, '우리 조종사의 정신 상태는 멀쩡하다'라는 것이었다. 이는 지난 2018년 러시아 언론이 국제우주정거장 드릴사태의 범인은 정신이 이상해진 미국 우주비행사라 주장한 것에 대한 보복이었다.

결국 이 드릴 사태는 로스 코스모스와 나사의 정면충돌로 확대됐다가 두 기관의 수장들이 회담을 한 뒤에야 일단락됐다. 그런데 우주 경쟁이 심해지면서 이를 러시아 언론이 다시 보도해 문제가 심화되고 있다. 중국 역시 이 대립 구도에

누리호 시험발사체의 발사 모습

가세하고 있다. 지난 21년 5월 15일 중국의 화성 탐사선 텐 원 1호가 화성 유토피아 평원에 착륙했다. 텐원 1호는 2020년 7월 23일 창정 5호 로켓에 실려 발사됐다. 탐사선에 실려 있는 탐사 차량인 주룽 1호가 화성 토양을 채취하면 이를 모아 2030년에 귀환할 예정이다. 이 때문에 미국이 발칵 뒤집혔다. '더 이상 우주는 미국의 독무대가 아니다!'라는 우려가 각계에서 쏟아졌기 때문이다.

현재 미국은 절대 중국과 러시아의 도전을 용납하지 않고 있다. 그 이유는 현대 그리고 미래의 전장은 우주를 지배하는 나라가 전쟁의 승패를 좌우하기 때문이다. 결국 미국의 세계 패권이라는 말은 미국의 우주 패권이라는 말과 상통하는 것이다.

누리호는 대한민국 최초의 저궤도 발사 로켓이다. 이후 개발할 중궤도 및 정지궤도 발사체의 밑바탕이 될 대한민국 우주개발의 시작이기도 하다. 21년 10월 21일 1차 발사에 성공했다. 이미 지난 2018년 11월 28일 시험발사체를 성공적으로

우주발사체 고체연료와 액체연료의 차이점

구분	고체연료	액체연료
구조	간단	복잡
추진력	액체 대배 약함	강함 (고체 대비 장거리 발사 유리)
연료 주입 및 발사	• 발사체 내 항상 저장 • 별도 연료 주입 불필요 • 이동에 용이하고 신속 발사 가능	• 장시간 연료 주입 • 이후 장시간 대기 불가능
점화	일회용	재사용 가능
제작비	저가	고가
노출 및 연소 안전성	• 노출 위험 없음	• 누출 위험 존재 • 연소 불안정

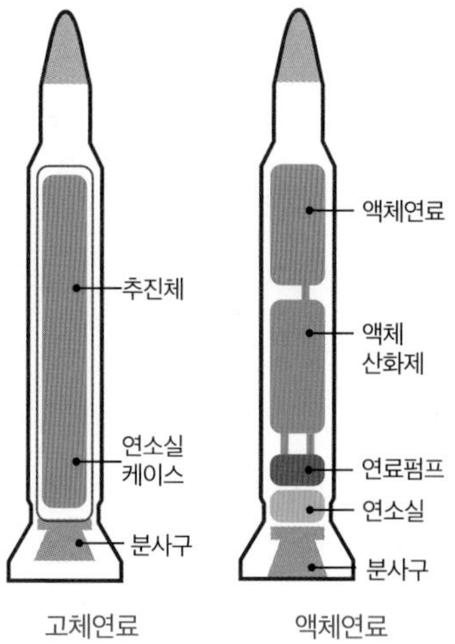

발사했던 경험이 있으므로 두 차례 실패했던 나로호와 달리 단번에 성공할 수 있었다. 이에 따라 본격적인 군용 고체추진 발사체 개발을 시작할 수 있게 됐다. 그리고 그 시작은 고체 우주로켓의 개발이다.

지금까지 한국의 우주로켓은 액체연료를 사용하는 액체로켓이었다. 액체로켓은 추력을 내기 쉽지만 보관이 어려워 발사 직전에야 발사체에 충전할 수 있다. 또한 충전 시간이 길다는 단점도 있다. 그래서 언제든 발사해야 하는 군용 미사일에 액체로켓 기술을 사용하는 것은 그리 좋은 방식이라 할 수 없다.

이 때문에 핵보유국들이 운용하는 대륙간 탄도탄 ICBM은 모두 고체연료를 사용한다. 기술 부족으로 액체연료 ICBM을 사용하던 북한 역시 핵미사일 연료를 고체연료로 바꾸고 있다. 하지만 한국은 그럴 수 없었다. 한·미 미사일 사거리 지침에 따라 장거리 발사가 가능한 군용 고체로켓 개발이 금지되어 있었기 때문이다.

조약이 종료됨에 따라 최근부터 본격적인 개발이 이뤄지고 있으나 우주발사체에 고체로켓을 적용하기까지는 상당한 시간이 걸릴 것으로 보인다. 다행히 한국은 이미 현무, KTSSM과 같은 단거리, 준중거리 탄도탄에 쓰인 고체로켓 기술을 보유하고 있다. 그러므로 미사일 지침 폐기 이후 불과 3개월 만에 SLBM 보유를 선언했듯, 우주발사체나 ICBM으로 사용할 수 있는 고체로켓 역시 일반적인 속도보다 훨씬 빨리 개발할 수 있을 것이다.

타국의 압력 역시 걱정할 필요가 없다. 미국이 한국의 탄도탄 개발을 지원해 주고 있기 때문이다. 대한민국 공군참모총장과 존 레이먼드 미 우주군 참모총장, 제인스 디킨스 미 우주군 사령관은 양국의 한미 우주영역인식(SDA) 능력 확장을 위한 논의를 마쳤다. 주된 내용은 우주 감시 정보 공유, 한국 공군의 우주 관련 연합연습 참가, 우주기술 지원, 미사일 방어와 우주 능력 통합 등이었다. 디킨슨 우주 사령관은 "한국은 태평양 내 가장 강한 동맹 중 하나이자 책임감 있는 우주 진출 국가"라며 "복잡한 우주 환경 속에서 우주가 평화롭고 안전하게 사용될 수 있도록 함께 노력하자"라고 말하기도 했다. 이 말은 한마디로, 한국을 밀어주겠다는 것이다.

사실 미국이 이러는 데는 의도가 있다. 한국을 우주 동맹국으로 만들어 중국과 러시아의 우주 진출을 저지하려 하는 것이다. 미국이 한국의 미사일 지침을 풀어줬다는 것은 미국이 한국을 주 패권의 핵심동맹으로 보고 있는 것이다.

현재 군사 학자들은 우주와 사이버 세상 역시 새로운 전장이 되었다는 '5차원 전쟁'을 주장하고 있다. 실제로 지난 2008년 남오세티야를 둘러싼 조지아와 러시아의 전쟁에서 러시아는 조지아에 대규모 사이버 공격을 가했다. 이로 인해 전쟁 중 조지아의 통신망이 완전히 마비됐다. 또한 지난 2010년 미국과 이스라엘이 정밀 타격형 사이버 무기 '스턱스넷'을 이용해 이란 원전에 공격을 가했다. 이로 인해 이란의 핵 개발 프로젝트가 크게 지연됐다.

이 스턱스넷 이후로는 사이버전은 더욱 발전했다. 전쟁 전 모든 준비를 사전에 마친 후 순식간에 공격을 끝내는 제로데이 공격 등 지능적이고 지속적인 위협으로 발전하고 있다. 또 세계 각국에서 벌어지고 있는 여러 분쟁과 내전에서는 SNS를 이용한 선전·선동이 거의 필수로 받아들여지고 있다.

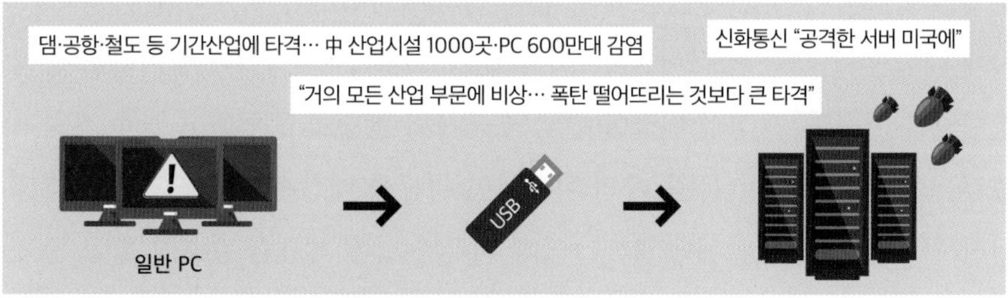

① 인터넷에 연결된 일반 PC에 폭 넓게 감염(자각 증상 없음)
② USB 저장장치를 통해 외부 인터넷과 차단된 기간 시설 내부망에 침투
③ 통제 서버를 장악한 뒤 발전 터빈 등 각종 설비의 제어기 감염, 터빈의 회전수를 허용치 이상으로 올리거나 냉각 시스템을 마비시켜 시설 파괴

스턱스넷 바이러스의 기간시설 파괴 원리

이렇게 사이버 세계가 땅과 바다, 하늘에 이은 새로운 전장으로 부각하면서 우주 역시 새로운 전장이 됐다. 현재 인류가 사용하는 통신망의 상당수는 유선이다. 우리가 사용하는 인터넷 역시 해저케이블을 통해 이어져 있다. 그러나 무선통신이 발달하면서 점차 위성에 대한 의존도가 높아지고 있다. 당장 우리가 사용하는 스마트폰만 하더라도 위성으로부터 통신을 받아 중계하고, 기상 정보와 위치 정보를 제공받는다.

이는 군대 또한 마찬가지다. 좀 더 정확히 말하면 군대야말로 위성이 없으면 군사작전을 수행할 수 없을 정도로 위성 의존도가 심한 곳이다. 군사강국들이 자랑하는 정밀유도 무기들은 위성이 제공하는 GPS가 없다면 제 성능을 발휘할 수 없게 된다. 또한 위성이 제공하는 통신망 없이 여러 장비와 부대를 네트워크로 연결한 지휘 통신망을 유지할 수도 없다. 세계 최강 군사 강국인 미국 역시 마찬가지다. 그래서 미국은 육해공과 사이버 그리고 우주 모든 영역에서 동시에 작전을 수행해 상대의 군사력을 완전히 파괴한다는 다영역작전(Multi Domain Operation)을 새로운 군사교리로 채택해 관련 전력을 확충하는 중이다.

미국이 아무리 막대한 국방비를 쓴다고 하더라도 세계 모든 지역에서 압도적인 우세를 확보하는 것은 불가능하다. 특히 동북아시아처럼 경제적·군사적으로 미국에 대항할 수 있는 강국이 있는 지역에서는 아무리 미국이라 할지라도 승리를 장담하기 어렵다. 그래서 미국이 한국의 군사력 팽창을 용인하고 각종 제한적인 협정을 풀어주는 것이다. 즉, 우리 한국군이 미군을 대신해 중국을 견제할 방패가 되길 원하는 것이라 할 수 있다. 그러나 미국과 함께 세계를 수호할 황금 방패가 될지, 아니면 중국 견제를 위한 고기 방패로 이용되고 버려질지는 모른다. 미국이 밀어준다고 무조건 다 받는 것이 능사는 아니란 것이다.

무조건 거절하는 것도 답은 아니다. 동북아가 혼란한 이때가 아니라면 SLBM 개발이나 원자력 잠수함 건조 같은 민감한 사안들을 미국의 방해 없이 추진하기 어렵기 때문이다. 그렇게 되면 대한민국의 자주국방 역시 요원해진다. 한마디로, 지금의 한국은 호랑이 등에 탄 상황이나 마찬가지이니 이왕 받는 도움을 잘 쓸 수 있도록 현명하게 대처해야 한다는 것이다. 다행히 군 관계자들은 이를 잘 이해하고 있는 것 같다. 한국 공군참모총장은 '한국 공군·미국 우주군 우주 정책협의체에 관한 약정서 개정 및 서명식'을 통해 미국과의 우주 협력을 재확인했으며 정보·감시·정찰 위성 GPS 위성 운영 및 한국형 위성항법체계인 K-GPS 개발과 협력 방안을 논의했다. 미국을 이용해 한국의 자주국방에 최선을 다하는 것이다. 완전한 자주국방을 통해 한국이 자주외교를 하는 자주강국이 될 날이 머지않았다.

글을 마치며…

존경하는 독자 여러분께,

전투력과 전략의 결합으로 이루어진 군사 능력의 본질을 이해하고자 함께한 이 책의 여정이 오늘 마무리됩니다. 이 책은 다수의 군사 전문가들의 열정과 전문 지식을 바탕으로 구성되었으며, 독자들과 함께하는 동안 이것이 우리에게 심오한 통찰력을 제공하고 현대 군사의 복잡성에 대한 인식을 높이는데 도움이 되기를 희망합니다.

이 책을 통해 우리는 다양한 시대와 지역에서 전쟁의 역사적 맥락을 탐구하고, 현대의 군사기술이 전략과 전술에 미치는 영향을 조망해 보았습니다. 또한 필자는 군사 무기의 진화와 향후 전략적 동향을 분석하며, 독자들에게 최신의 전문 지식과 통찰력을 제공하기 위해 노력했습니다. 그뿐만 아니라 전쟁과 군사 무기의 본질에 대한 이해를 높이기 위해, 전쟁이 인류의 역사 및 현대 사회에 미치는 다양한 영향과 결과에도 초점을 맞추었습니다.

우리는 전략적 판단력과 평화 유지를 위한 노력의 중요성을 강조하며, 독자들이 이러한 관점을 통해 전쟁과 평화의 상호작용을 더 깊이 이해할 수 있기를 기대합니다.

마지막으로, 꺼리튜브라는 이름으로 이 책으로 발간하게 되어 독자 여러분께 진심으로 감사드립니다. 더불어, 앞으로도 꺼리튜브는 최신의 군사 관련 연구와 분석을 담은 더 많은 출판물과 유튜브 영상을 통해 여러분들이 그동안 어렵게 생각했던 밀리터리 정보를 더욱 유익하게 전달하도록 노력하겠습니다.

감사합니다.

| 꺼리튜브 |

활동분야

- 유튜브 채널 10여개 운영
- 글로벌 랭킹1%, 국내 상위 01.% 유튜버
- 유튜브 보유 채널 전체 누적 조회수 10억회 이상
- 롱폼 영상 1개월 조회수 7500만회 이상 달성
- 조회수 100만 뷰 이상 콘텐츠 100여개 이상 보유
- 주요 저서 : 대한민국 육.해.공 군사무기
  세상에 밝혀지지 않은 현대무기 비화
  국내 상위 0.1% 유튜브 40억 매출 꺼리
  튜브 성공 노하우

보유

- 기업 및 공공기관 유튜브컨설팅
- 국내대학 유튜브 컨설팅 및 강의
- 청년 및 중년 동기부여 강의
- 기업 및 공공기관 홍보영상물 제작
- 대한민국 군 홍보영상물 제작

주요 약력

- 주식회사 한국영상미디어 대표
- 인터넷 신문사 뉴스리더 대표
- 수빈 ENT 대표
- 바르게 살기 협의회 회원
- 법무부특별보호관찰위원
- (사)가온교육연구센터 이사
- 인앤피플컴퍼니 전임강사
- 연세대학교 정치학석사(재)

발행일 2024년 4월 15일

발행인 조순자

저자 꺼리튜브

편집·표지디자인 서시영

발행처 인성재단(지식오름)

정 가 49,000원 **ISBN** 979-11-93686-33-1